Jean-Louis Bravard / Robert Morgan

Intelligentes und erfolgreiches Outsourcing

Folgende Titel sind bisher in der Financial Times Deutschland Bibliothek erschienen:

Bernard Baumohl
Die Geheimnisse der Wirtschafts-indikatoren

Michael Brückner
Uhren als Kapitalanlage

Michael Brückner
Megamarkt Luxus

Rolf Elgeti
Der kommende Immobilienmarkt in Deutschland

Hans Joachim Fuchs
Die China AG

Charles R. Geisst
Die Geschichte der Wall Street

Adrian Gostick / Chester Elton
Zuckerbrot statt Peitsche

Robert L. Heilbroner
Die Denker der Wirtschaft

Leander Kahney
Steve Jobs' kleines Weißbuch

Steffen Klusmann
101 Haudegen der deutschen Wirtschaft

Steffen Klusmann
Töchter der deutschen Wirtschaft

Dr. Karin Kneissl
Der Energiepoker

Jeffrey K. Liker
Der Toyota Weg

Jeffrey K. Liker / David P. Meier
Praxisbuch „Der Toyota Weg"

Jeffrey K. Liker / David P. Meier
Toyota Talent

Carolin Lüdemann
Business mit Stil

Paul Millier
Auf dem Prüfstand

Geoffrey A. Moore
Darwins Erben

Howard Moskowitz / Alex Gofman
Selling Blue Elephants

Peter Navarro
Das komplette Wissen der MBAs

Daniel Nissanoff
FutureShop

J. Porras, S. Emery, M. Thompson
Der Weg zum Erfolg

Joachim Schwass
Wachstumsstrategien für Familienunternehmen

www.finanzbuchverlag.de/ftd

Jean-Louis Bravard
Robert Morgan

Intelligentes und erfolgreiches Outsourcing

Ein kompakter Leitfaden für das rationale Auslagern von Unternehmensprozessen

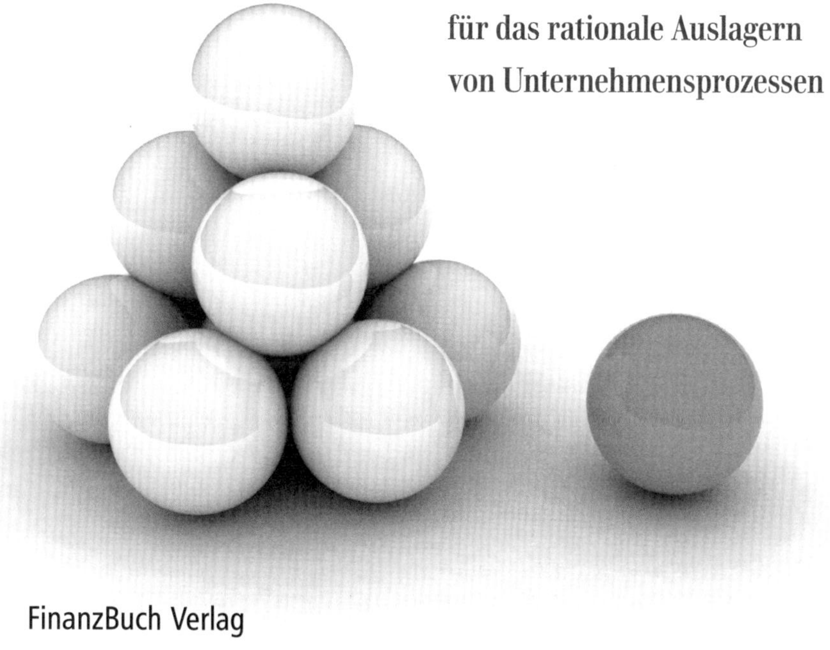

FinanzBuch Verlag

Bibliografische Information der Deutschen Bibliothek:
Die Deutsche Bibliothek verzeichnet diese Publikation in der Deutschen Nationalbibliografie; detaillierte bibliografische Daten sind im Internet über http://dnb.ddb.de abrufbar.

Übersetzung: Almuth Braun
Lektorat: Jörg Weger
Korrektorat: Leonie Zimmermann
Covergestaltung: Melanie Feiler
Satz und Druck: Druckerei Joh. Walch, Augsburg

Bravard/Morgan · Intelligentes und erfolgreiches Outsourcing
1. Auflage 2009
© 2009
FinanzBuch Verlag GmbH
Nymphenburger Straße 86
80636 München
Tel.: 089 651285-0
Fax: 089 652096

Die Autoren erreichen Sie unter:
bravard@finanzbuchverlag.de
morgan@finanzbuchverlag.de

ISBN 978-3-89879-377-3

Inhalt

Vorwort

Ein Brief an die Leser

„Die Welt ist stets bereit, Talente mit offenen Armen zu empfangen." Dieser Satz beschreibt das, worum es beim Outsourcing tatsächlich geht.

- Craig Barrett, ehemaliger CEO und heute Chairman von Intel

Die Erfahrung beweist uns weltweit, dass rund zwei Drittel der Outsourcing-Verträge nicht zu den angestrebten Vorteilen beziehungsweise dem erhofften Shareholder-Value führen. Als Grund für derartige Misserfolge wird häufig genannt, dass Outsourcing eine „unausgereifte" Maßnahme sei - eine Begründung, mit der das beteiligte Senior-Management auf clevere Weise von jeglicher Schuld freigesprochen wird.

Vielleicht ein wenig zu clever. Die Misserfolgsquote bei Zusammenschlüssen und Übernahmen *(Mergers and Acquisitions,* abgekürzt *M&A)* ist genauso hoch wie beim Outsourcing, aber kein Mensch würde behaupten, M&A sei „unausgereift". Jeden Monat gibt es Meldungen über irgendeine(n) CEO, der/die seinen/ihren Job nach dem gescheiterten Versuch, sein/ihr Unternehmen durch Übernahmen umzugestalten, verloren hat.

Kurz gesagt, die Verantwortung sowohl für den Erfolg als auch für den Misserfolg einer M&A-Transaktion tragen der CEO und der Vorstand. Das Gleiche gilt für Outsourcing.

Outsourcing ist die schärfste Waffe in unserem Arsenal

Warum? Weil Outsourcing und M&A kein Selbstzweck sind, sondern ganz einfach Instrumente, die ein Vorstand zur Verfolgung der Unternehmensstrategie einsetzen kann. Ein Chirurg, dessen Patient während der Operation verstirbt, kann sich auch nicht darauf hinausreden, das Skalpell sei nicht „ausgereift" gewesen. Ebenso kann kein Vorstand nach Belieben wem auch immer die Schuld geben, wenn sein Outsourcing-Vertrag nicht zum Erfolg führt – letztlich aber weiß er, dass er die tatsächliche Verantwortung für den Misserfolg eher bei sich selbst suchen sollte.

Dadurch dass Outsourcing eine ungeheuer wirkungsvolle und eindeutige Maßnahme ist, steigt die Verantwortung umso mehr. Bei richtiger Anwendung kann es im Rahmen einer grundlegenden Umwandlung der Unternehmensstruktur, von der die Mitarbeiter, die Abläufe, die Unternehmenskultur und die Ausgaben betroffen sind, eine Schlüsselrolle spielen. Es kann zu einer stärkeren Gewinnorientierung führen, die Bilanz neu gestalten, dabei gleichzeitig die Dynamik des Unternehmens aufs Höchste steigern und ihm Alternativen für die Zukunft offenhalten. Im Optimalfall versetzt Outsourcing den CEO in die Lage, den Aktienkurs des Unternehmens effektiv zu steuern. Das ist der Grund dafür, dass Outsourcing kein Managementinstrument, sondern ein Führungsinstrument ist. Eigentlich sind wir der Überzeugung, dass Outsourcing die cleverste und schärfste Waffe im gesamten Arsenal an Führungsinstrumenten ist.

Outsourcing und sein schlechter Ruf

Allerdings ist es eine Waffe, die stark negativ belegt ist. Weil die dem Outsourcing zugrunde liegende Idee so häufig unsachgemäß verwendet, falsch dargestellt und missverstanden wurde, sorgt schon der Begriff an sich unverdientermaßen für zahlreiche negative Assoziationen. Im Bewusstsein der Öffentlichkeit steht Outsourcing für die Verlagerung von Arbeitsplätzen ins Ausland, den rücksichtlosen Umgang mit den Interessen der Arbeitnehmer und die Profitgier gesichtsloser Unternehmen. Kurz gesagt: Man hält es für etwas Schlimmes.

Das ist, schlicht gesagt, Unsinn. Als Instrument ist Outsourcing, genau wie M&A, an und für sich weder gut noch schlecht. Die Art und Weise, wie dieses Instrument angewendet wird, bestimmt jedoch grundlegend, wie es sich auf Unternehmen und ihre Mitarbeiter auswirkt. Wenn der Vorstand willkürlich die Entscheidung zum Outsourcing eines Arbeitsbereiches oder eines bestimmten Prozesses trifft und sich anschließend der Verantwortung entzieht, diese Umstellung zu kommunizieren, umzusetzen und zu steuern, hat das katastrophale Auswirkungen. Wenn das Outsourcing jedoch wohl überlegt, schlüssig und offen kommuniziert und vom Engagement der höchsten Führungsebenen angespornt wird, kann es nachweislich die Unternehmensperformance verbessern, den Shareholder-Value erhöhen, die Wettbewerbsfähigkeit stärken sowie bei den Arbeitnehmern erheblich das Wohlbefinden steigern und die beruflichen Aussichten verbessern - nicht zuletzt auch bei denen, die von einem externen Dienstleister übernommen werden.

Alles eine Frage des Verständnisses

Was muss ein CEO also tun, um die Vorteile dieses Instruments vollständig auszuschöpfen? Zuerst einmal muss er ein Verständnis für die Beschaffenheit dieses Instruments und seine Leistungsfähigkeit entwickeln. Zweitens muss er wissen, wie man die Unternehmensbeziehungen beim Outsourcing handhabt und anregt, damit einerseits die Unternehmensinteressen geschützt sind und gleichzeitig das outsourcende Unternehmen in Bezug auf Investitionen, Know-how und Innovation eine optimale Leistung von seinem Outsourcing-Partner bezieht.

Drittens, und das ist vielleicht der wichtigste Punkt, muss der CEO des outsourcenden Unternehmens erkennen, wo die Grenzen dessen liegen, was man mit Outsourcing erreichen kann. Auf den ersten Blick scheinen Outsourcing-Initiativen attraktive Punktlösungen für bestimmte Probleme zu sein. Aber ein Unternehmen braucht in den seltensten Fällen Punktlösungen.

Was zur nachhaltigen Verbesserung der Performance eines Unternehmens dagegen tatsächlich erforderlich ist, ist ein grundlegender Wandel der zugrunde liegenden Unternehmensphilosophie und Unternehmenskultur. Damit das anspruchsvolle Leistungsangebot und die Kerntätigkeit eines Outsourcing-Anbieters für beide Partner Früchte tragen, ist ein kultureller Wandel nötig. Eine Erneuerung der Unternehmenskultur im gesamten Betrieb wird aber nur dann vonstattengehen, wenn sie vom Vorstand unerbittlich vorangetrieben wird – denn wenn das nicht geschieht, kann keine noch so umfangreiche Outsourcing-Initiative allein die kulturellen Risse kitten.

Warum dieses Buch geschrieben wurde

Dies war eine kurze Zusammenfassung unserer Auffassung von Outsourcing. Aber warum haben wir die Zeit und Energie investiert, sie in Buchform zu bringen? Die direkte Antwort auf diese Frage lautet: Wir haben erkannt, dass es nötig ist, dass Spitzenführungskräfte das Potenzial des Outsourcings erkennen und dass die damit einhergehenden Fehlannahmen und weit verbreiteten Irrglauben entmystifiziert werden.

Die Idee zu diesem Buch kam den beiden Autoren im Frühjahr 2003, als sie in London eine höchst renommierte Spezialbuchhandlung für Wirtschaftsliteratur aufsuchten. Wir stellten fest, dass die Buchhandlung zwar jeden erdenklichen Titel über Management in ihrem Programm führte, aber dass es kein einziges Buch über Outsourcing gab, weder in den Regalen noch im Katalog. Es gab Bücher über relativ neue Fachgebiete, wie das Management von operativen Risiken oder Wetterderivate, aber nichts über das Outsourcing der Informations- und Datenverarbeitung (IT) oder über Business-Process-Outsourcing (BPO), und das trotz der Tatsache, dass Ross Perot das IT-Outsourcing bereits 1962 – also vor mehr als 40 Jahren – erfunden hatte.

Nachdem wir diesen Mangel festgestellt hatten, machten wir uns Gedanken über den beträchtlichen Zeit- und Arbeitsaufwand, der aufzubringen war, damit wir gewährleisten konnten, dass Topmanager und selbst Finanzanalysten – möglicherweise erstmalig – den ganzen Umfang der Vor- und Nachteile einer Outsourcing-Strategie einschätzen konnten, die mithilfe eines gut geplanten und wirklich engagierten Programms zum Management und zur Ausschöpfung der Nutzen einwandfrei umgesetzt wird. Wir erkannten, dass wir durch die profunden und sich ergänzenden Praxiserfahrungen, die wir beide auf diesem umstrittenen Gebiet sowohl auf der Käufer- als auch auf der Verkäuferseite gemacht hatten, dazu prädestiniert waren, gemeinsam dieses Buch zu schreiben. Unser Ziel war, den CEOs eine klare, ausgewogene und unvoreingenommene Darstellung des Outsourcing-Prozesses zu bieten und ihnen eine wirklich praxisorientierte, umsetzbare Roadmap zu liefern, die alle wichtigen Fragen enthält und alle Themen behandelt, die in jeder Phase zu berücksichtigen sind.

Von der Beobachtung zur Roadmap

Dieser sehr konkrete Bedarf an einem besseren Verständnis von Outsourcing war es, der in erster Linie ausschlaggebend war für unsere Entscheidung, dieses Buch zu schreiben. Es handelt sich dabei allerdings nicht um ein „Kochbuch" für Führungskräfte, das Rezepte für schnelles taktisches Outsourcing bietet. Vielmehr ist es eine Zusammenstellung von Überlegungen und Anschauungen - die Synthese unserer umfangreichen persönlichen Beobachtungen und Erfahrungen, die wir in eine Form gebracht haben, die genau den praktischen Anforderungen von CEOs und anderen Spitzenführungskräften entspricht.

Wir gehen davon aus, dass das Sourcing von Unternehmenskompetenzen nicht als operative „Klempnerei" betrachtet werden sollte, sondern vielmehr wirklich im Fokus der CEO- und Vorstandsebenen stehen sollte, und dass man insbesondere Outsourcing mit ebenso viel Vorausplanung, Sorgfalt und Post-Deal-Management in Angriff nehmen sollte wie eine umfangreiche Anschaffung oder Veräußerung.

Ebenso wie bei M&A hängt beim Outsourcing der Erfolg vom Durchhaltevermögen, von den eindeutigen Zielen und von der klaren Zeitplanung bei CEOs und Vorstand ab sowie davon, dass diese wissen, dass mit der Vertragsunterzeichnung die Reise noch nicht zu Ende ist. Durch erfolgreiche, groß angelegte Outsourcing-Transaktionen werden dabei die Fähigkeiten des Senior-Managements zur Zusammenarbeit stets wachsen. Die externen Outsourcing-Partner müssen ihrerseits lernen, dasselbe Niveau in Bezug auf Führungsreife und Engagement an den Tag zu legen. Damit die Beziehung ein Erfolg wird, müssen beide Unternehmen nachhaltig Wert generieren können – was wiederum bedeutet, dass ihre Reaktionsfähigkeit, ihre Flexibilität und ihr Verhältnis zueinander eine Ebene der Intimität und Nähe erreichen müssen, die vor ein paar Jahren noch undenkbar gewesen wäre.

Hohe Leistungsfähigkeit verbunden mit Verantwortung

Wir haben bereits darauf hingewiesen, dass Outsourcing ein außerordentlich leistungsfähiges Instrument ist – womöglich sogar das leistungsfähigste Führungsinstrument überhaupt. Genau deswegen muss es mit Verantwortung, Sorgfalt und Commitment angewendet werden. Wir hoffen, dass dieses Buch Ihnen dabei hilft. Wenn uns das gelingt, leisten wir nicht nur einen Beitrag dazu, dass Outsourcing seinen negativen Beigeschmack verliert, sondern auch einen Beitrag sowohl zu einer echten Steigerung der Unternehmensperformance als auch zu einer Steigerung der beruflichen Zufriedenheit bei Menschen auf der ganzen Welt.

Jean-Louis Bravard und Robert Morgen
Januar 2006

Die Autoren dieses Buches

Jean-Louis Bravard repräsentiert die Verkäuferseite und ist ein ehemaliger Investmentbanker, der die gesamte Technologie für ein Wall-Street-Unternehmen gemanagt hat und seit Anfang der 90er-Jahre ein überzeugter Verfechter des Outsourcings ist. Heute ist er als Relationship Executive für einen der führenden Outsourcing-Anbieter tätig und hat in dieser Funktion unzählige globale und regionale Transaktionen eingefädelt.

Robert Morgan repräsentiert die Käuferseite und gründete vor mehr als zehn Jahren eine auf Outsourcing spezialisierte Unternehmensberatung, die Unternehmen vertritt, die Outsourcing als Teil einer Umgestaltung ihres Unternehmens in Erwägung ziehen. Sein Unternehmen berät Vorstände bei der Gestaltung flexibler strategischer Ansätze, beim Management des Outsourcing-Prozesses, beim Benchmarking und bei der Erzielung der angestrebten Gewinne.

Liste der verwendeten Abkürzungen

3G	Third Generation
4G	Fourth Generation
ATM	Automated Teller Machine/Bankautomat
ASP	Application Service Provider
BPO	Business Process Outsourcing
BTO	Business Transformation Outsourcing
CAPEX	Capital Expenditure/Kapitalausgaben
CEO	Chief Executive Officer/Vorstandssprecher, Vorstandsvorsitzender
CFO	Chief Financial Officer/Finanzvorstand
CIO	Chief Information Officer/IT-Vorstand
CIP	Continuous Improvement Programme
CMM	Capability Maturity Model
COO	Chief Operation Officer/Vorstand operatives Geschäft
CRM	Customer Relationship Management/Kundenbeziehungsmanagement
CSF	Critical Success Factor/kritischer Erfolgsfaktor
EPoS	Electronic Point of Sale
FAQs	Frequently Asked Questions
FSA	Financial Services Authority/Finanzaufsichtsbehörde
FUD	Fear, Uncertainty, Doubt/Furcht, Ungewissheit, Zweifel
GAAP	Generally Accepted Accounting Principles
HR	Human Resources
HRO	Human Resources Outsourcing
IAS	International Accounting Standards
IBS	International Banking System
ICT	Information Communications Technology
IOSCO	The International Organization of Securities Commissions/Internationale Vereinigung nationaler Börsenaufsichtsbehörden
IP	Intellectual Property/geistiges Eigentum

IR	Investor Relations
IT	Information Technology/Informationstechnologie
JV	Joint Venture
KMU	Kleine und mittlere Unternehmen
KPI	Key Performance Indicator
M&A	Mergers and Acquisitions/Fusionen und Übernahmen
OEM	Original Equipment Manufacturer
PC	Personal Computer
PR	Public Relations/Öffentlichkeitsarbeit
Q&A	Question and Answer
ROI	Return on Investment
SEC	Securities and Exchange Commission
SoC	Supplier of Choice
SOX	Sarbanes-Oxley
SLA	Service Level Agreement/Dienstgütevereinbarung (DGV)
USP	Unique Selling Proposition/einzigartiger Verkaufsvorteil

Danksagung

Die Autoren danken den folgenden Familien, Freunden und Kollegen für ihre unschätzbare Hilfe und ihre Mitarbeit an diesem Buch:

John Beedham
Eibhlín Bravard
Dan Brennan
Charles Cox
Pascal Deman
Jemima Fitzgerald
Stephen Francis
Rachel Hirst
Tim Kemp
Judith Kent
Ed Kirkby
Mark Lewis
Lisa Marriage
Rick Marsland
Peter Miller
Margaret Morgan
Phil Morris
Jennifer Powell
Daniela Zuin

Einleitung
Warum Sie outsourcen sollten

Es ist unsere langfristige Strategie, so viel wie möglich auszulagern, damit sich die IT-Organisation auf die Dinge konzentrieren kann, die uns wirklich dabei helfen, uns erfolgreich am Markt zu positionieren.

– Scott McNealy, ehemaliger CEO und heute Chairman von Sun Microsystems

Outsourcing: Was ist das überhaupt?

„Outsourcing" ist ein Begriff, der mit den unterschiedlichsten Assoziationen und Vorurteilen verbunden ist. Selbst in Nachschlagewerken findet man Definitionen, die von knapp bis erschöpfend und von oberflächlich bis gänzlich verfehlt reichen. Einige von ihnen sind im folgenden Kasten wiedergegeben.

Wie kann man „Outsourcing" kurz definieren?

„Was bedeutet Outsourcing?" – Das scheint eigentlich eine ganz einfache Frage zu sein. Die Definitionen, die einem eine willkürliche Auswahl an aktuellen englischsprachigen Nachschlagewerken und anderen Quellen bietet, lassen jedoch vermuten, dass die Antwort auf die Frage weitaus komplizierter ist als die Frage selbst.

Hier einige Beispiele:

Einkauf eines erheblichen prozentualen Anteils von Zwischenerzeugnissen von externen Zulieferern.

– *Bloomberg Financial Glossary*

Die Vergabe von Fertigungsschritten an Subunternehmer, vor allem an ausländische oder nicht gewerkschaftlich organisierte Unternehmen.

– *Webster.com*

Aufgaben in einem Unternehmen, die nicht von den Vollzeitmitarbeitern dieses Unternehmens, sondern von anderen Personen übernommen werden.

– *Investorwords.com*

Die Beschaffung von Dienstleistungen oder Produkten, zum Beispiel von Bauteilen für die Kfz-Produktion, von einem externen Zulieferer mit dem Ziel der Kostenersparnis.

– *The American Heritage Dictionary of the English Language, 4. Auflage*

Der Einkauf von Produktkomponenten, die außerhalb des Unternehmens konfektioniert werden, zum Beispiel der Einkauf billiger Teile aus dem Ausland anstelle von Eigenfertigung.

– *Random House Unabridged Dictionary* auf Infoplease.com.

Die Bezahlung eines externen Unternehmens für die Erbringung von Leistungen, für die eine Firma andernfalls ihre eigenen Angestellten eingesetzt hätte, zum Beispiel Softwareentwicklung.

– *The Free On-line Dictionary of Computing*

Oft wird Outsourcing definiert als die Weitergabe von Aufgaben oder Prozess-Schritten, die nicht zu den Kernkompetenzen eines Unternehmens gehören, und zwar von der unternehmensinternen Produktion an eine externe Firma (zum Beispiel einen Subunternehmer), die sich auf diese Tätigkeit spezialisiert hat. Outsourcing ist eine Unternehmensentscheidung, die aus qualitätsbedingten oder finanziellen Gründen getroffen werden kann. Der Begriff Outsourcing beinhaltet auch die Verlagerung von Arbeitsplätzen ins Ausland, entweder durch die Beauftragung lokaler Subunternehmer oder durch die Eröffnung einer Betriebsstätte in einer Region mit niedrigeren Arbeitslöhnen. In den 90er-Jahren wurde Outsourcing ein weit verbreitetes Schlagwort in der Geschäfts- und Managementwelt.

– *Wikipedia*

1. die Ausführung eines Produktionsschrittes, der zuvor innerhalb eines Unternehmens oder eines Werks ausgeführt wurde, außerhalb derselben. 2. die Fertigung von Inputs für einen Produktionsprozess beziehungsweise die Durchführung von Teilprozessen an einem anderen Standort, insbesondere in einem anderen Land. 3. eine andere Bezeichnung für *Fragmentierung.*

– *Deardorff's Glossary of International Economics*

Eine Praxis, die verschiedene Unternehmen mit dem Ziel der Kostenreduzierung anwenden und bei der Arbeitsbereiche an externe Zulieferer vergeben werden, anstatt diese unternehmensintern auszuführen.

– *Investopedia.com*

Die Unterschiede zwischen diesen Definitionen sind – was sowohl den sachlichen Inhalt als auch die Einzelheiten angeht – frappierend. Seit wann beinhaltet Outsourcing die Beschäftigung von nicht gewerkschaftlich organisierten Arbeitskräften? Seit wann hat Outsourcing vor allem mit Offshoring zu tun? Und seit wann bezieht es sich allein auf die Fertigung und die damit verbundenen Dienstleistungen? Und ist die Kostenfrage zwangsläufig der Hauptantrieb?

CEOs und Vorstände eines jeden größeren Unternehmens stehen hier vor einem ernsthaften Problem. Alle diese Definitionen berühren einige Aspekte dessen, was Outsourcing sein *sollte*. Aber der fehlende Konsens über die tatsächliche Bedeutung des Begriffs Outsourcing – selbst in unabhängig veröffentlichten Quellen – sowie die Bandbreite an Interpretationen, die jeder – angefangen bei den Politikern bis hin zu den Gewerkschaftsführern – in diesen Begriff hineinlegt, macht die Definition Ihrer eigenen Meinung und Geschäftsziele zu einer erfolgskritischen Angelegenheit. Denn nur so können Sie bestimmen, was Outsourcing für Ihr Unternehmen leisten sollte.

Und es kann eine Menge. Wenn Sie sich schnell einen Überblick über die Wirksamkeit von strategischem Outsourcing verschaffen wollen, dann lesen Sie die Fallstudie zu BP auf S. 293ff. Jahrelang verwendete Sir John Browne Outsourcing als strategisches Instrument zur Kostensenkung, zur Effektivitätssteigerung, zur Risikominimierung, zur reibungslosen Integration von Übernahmen sowie um zu gewährleisten, dass die prognostizierten Kosteneinsparungen die Markterwartungen erfüllten – und er nutzte Outsourcing, um den Aktienkurs seines Konzerns zu beeinflussen.

Für andere CEOs ist der erste Schritt in diese Richtung die genaue Definition des Begriffs Outsourcing, ehe sie anfangen können darüber nachzudenken, wozu dieses Instrument im Falle ihres Unternehmen in der Lage ist.

Unsere Definition

Was verstehen wir, die wir seit Jahrzehnten auf diesem Gebiet tätig sind, unter „Outsourcing“? Es folgt zuerst unsere grundlegende Definition:

- Outsourcing ist die vertragliche Nutzung und gewinnbringende Ausschöpfung von Ressourcen, Vermögenswerten und Kompetenzen Dritter.

- Outsourcing bietet garantierte Leistungsstandards hinsichtlich Qualität, Stabilität, Kosten-Nutzen-Kriterien und deren Messung.

- Outsourcing hat das Ziel, Leistungen zu erbringen, die zuvor unternehmensintern erbracht wurden.

- Outsourcing erfordert möglicherweise den Transfer eines Teils der Mitarbeiter an den externen Leistungserbringer

- und/oder eine Transformation/Verjüngung der administrativen Prozesse und Technologien.

Das Hauptaugenmerk dieses Buch ist nicht nur auf Outsourcing im Allgemeinen gerichtet, sondern auf eine ganz bestimmte Kategorie: das **strategische Outsourcing** als hoch entwickeltes Instrument zur Erfüllung oder Übererfüllung *langfristiger* Unternehmensziele. Das passt zu der oben genannten einfachen Definition, unterscheidet sich jedoch davon durch vier Hauptmerkmale:

1. Es erfordert eine grundlegende Führungsentscheidung zur positiven Neupositionierung des Unternehmens mithilfe eines umfangreichen strategischen Change-Programms.

2. Es beinhaltet die Reduzierung der damit einhergehenden Risiken durch eine vertraglich geregelte, gewinnbringende Ausschöpfung der Erfahrungen, der Ressourcen, der Vermögenswerte und der Kompetenzen eines spezialisierten externen Anbieters.

3. Es erfordert das Bekenntnis zur gemeinschaftlichen Steuerung von derartigen Beziehungen und zur Leistungsbereitschaft auf allen Organisationsebenen, vor allem vonseiten der Unternehmensführung.

4. Es erfordert eine Konzentration auf das Schlüsselziel: zu gewährleisten, dass ein erkennbarer und nachhaltiger Stakeholder-Value erzielt wird.

Wie lassen sich diese Faktoren in der Praxis erfolgreich umsetzen? Das Schlüsselkonzept für ein nachhaltig erfolgreiches strategisches Outsourcing wird oft folgendermaßen beschrieben: „Damit das Outsourcing Erfolg hat, muss eindeutig und ständig erkennbar sein, dass die Unternehmensführung voll hinter der Vereinbarung steht und sich dazu bekennt."

Wie wir in diesem Buch darlegen werden, trifft das beinahe immer – wenn auch nicht ganz – zu. Denken Sie daran: Sie beteiligen sich zusammen mit einem externen Spezialisten als Partner an einem Geschäftsmodell, das vertraglich höchst anspruchsvoll ist, und daher sollte es heißen: „Damit das Outsourcing Erfolg hat, muss eindeutig und ständig erkennbar sein, dass beide Unternehmensführungen voll hinter der Vereinbarung stehen und sich dazu bekennen."

Wie Sie Ihre M&A-Kompetenzen zu Ihrem Vorteil einsetzen

Eine Hürde gilt es jedoch noch zu überwinden, ehe die CEOs und ihre Vorstände Outsourcing einsetzen können, um klar definierte strategische Ziele zu erreichen. Zwar werden Sie schon eine Menge über größer angelegte Outsourcing-Aktionen gehört haben, aber wahrscheinlich haben Sie das Gefühl, dass Sie persönlich oder Ihr Unternehmen wenig unmittelbare Erfahrung in der strategischen Gestaltung, Implementierung und Durchführung dieses Vorgangs vorzuweisen hat. Das stimmt nicht!

Die Antwort ist naheliegender, als Sie denken. Es gibt ein Führungsinstrument, das deutliche Parallelen zum Outsourcing aufweist: M&A. Und auf diesem Gebiet sollten CEOs und ihre Vorstände, anders als beim Thema Outsourcing, instinktiv wissen, was sie zu tun haben. Wenn Sie wissen, wie Sie groß angelegte M&A-Projekte erfolgreich durchführen, dann sollten Sie unserer Meinung nach auch verstehen, wie Sie die Schlüsselaspekte des strategischen Outsourcings angehen müssen.

Warum ist das so? M&A – egal ob es um Erwerb oder Veräußerung geht – erfordert:

- eine echte strategische Absicht und ein Geschäftsszenario, das nachweislich Gewinne erwirtschaftet und ein logisches Verständnis für den Markt, die Mitarbeiter und andere Stakeholder hat;
- eine gründliche Untersuchungsphase zur Bestimmung des aktuellen und zukünftigen Wertes, der aktuellen und zukünftigen Verbindlichkeiten, der Konsolidierungssynergien (Personal, Vermögenswerte, Technologien, Kosteneinsparungen etc.) sowie zur Bestimmung von Strategien zur gewinnbringenden Ausschöpfung der Vereinbarung;
- einen fachmännischen, geregelten Kommunikationsplan, der konsistente, regelmäßige Mitteilungen an alle Stakeholder, einschließlich der Regulierungsbehörden, des Aktienmarkts und der Kunden, beinhaltet;
- eine deutlich erkennbare aktive Schirmherrschaft der beiden Unternehmensführungen, deren gemeinsames Engagement und deren gemeinsame Verpflichtung zu der Vereinbarung;
- eine Reihe eindeutiger Aussagen zum ROI mit zeitlichen Fristen zur Kontrolle der Markterwartungen und -interessen;
- eine sorgfältige Berücksichtigung der Fragestellungen zur kulturellen Integration;
- relevante, genaue Schlüsselkennzahlen;
- Schnelligkeit – ohne dass es dabei zum Kontrollverlust oder zu einer Risikosteigerung kommt;
- eine erhöhte Aufmerksamkeit, um sicherzustellen, dass das Tagesgeschäft so reibungslos wie möglich weiterläuft.

Alle diese Punkte besitzen beim strategischen Outsourcing die gleiche Gültigkeit wie bei M&A. Glauben Sie immer noch, dass Sie Ihre persönlichen Kompetenzen nicht für eine erfolgreiche und geschäftsfördernde Outsourcing-Vereinbarung einsetzen sollten?

Wie bei M&A auch sollte sich ein CEO darauf einstellen, auf den Rat externer Berater zurückgreifen zu müssen: als Garantie für das Zustandekommen des Vertrags und um die Verhandlungen voranzubringen - und um auf diese Weise das Beste für sein Unternehmen herauszuholen sowie die größtmöglichen Aussichten auf einen nachweislichen und messbaren langfristigen Erfolg zu gewährleisten. Würden Sie eine umfangreiche Fusion ohne die Hilfe spezialisierter externer Berater durchführen? Selbstverständlich nicht!

Die sechs Grundsätze für erfolgreiches Outsourcing

Wenn man dabei die Notwendigkeit eines engagierten Führungsstils und die Parallelen zu M&A berücksichtigt, kann erfahrungsgemäß die Anwendung von sechs Grundsätzen, die das Fundament eines Erfolgs bei M&A-Transaktionen darstellen, auch beim Outsourcing dazu beitragen, dass zumindest die ursprünglich angestrebten Unternehmensziele und Nutzen realisiert werden. Diese sechs Grundsätze sind in Abbildung 1 dargestellt.

Diese sechs Grundsätze allein können zwar nicht die Erfüllung der Ziele sicherstellen, weil dazu auch ein anhaltendes Engagement und ein gründliches Verständnis der strategischen Zusammenhänge sowie des Marktkontextes erforderlich sind. Aber die Anwendung dieser Grundsätze wird auf jeden Fall die Wahrscheinlichkeit eines Erfolgs erhöhen. Alles andere ist die Sache des CEO und des Vorstands.

Unsere Vorgehensweise in diesem Buch

Abbildung 1 stellt die Grundlage für den logischen Ablauf dar, dem wir in diesem Buch folgen werden. Die ersten sechs Kapitel konzentrieren sich auf Fragestellungen, die sich jeweils aus einem der sechs Grundsätze des M&A ergeben. Die Kapitel 7 bis 10 untersuchen weitere Schlüsselbereiche. Jeweils am Ende der ersten sieben Kapitel erläutern wir die Schlüsselfragen, die sich dem CEO und dem CFO stellen, noch einmal genau.

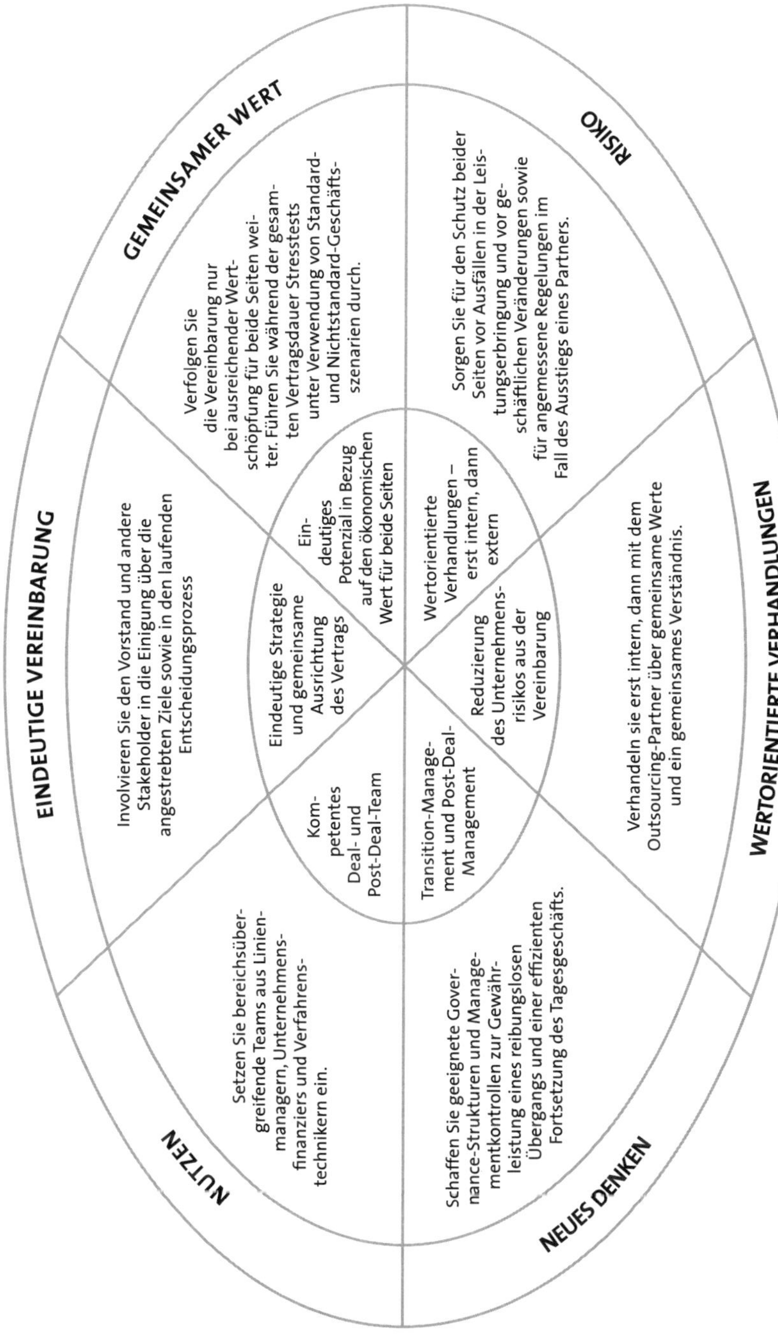

Quelle: erstellt nach McKinsey & Co.

Abbildung 1: Sechs Grundsätze des M&A für erfolgreiches Outsourcing

Hier der Reihe nach die Themen, die wir in den einzelnen Kapiteln behandeln werden:

1 Die eindeutige Ausrichtung von Vereinbarung und Strategie

Die dringende Notwendigkeit einer Klarheit über die Ziele des Outsourcings; die Grundlagen und Besonderheiten verschiedener Gründe, sich für Sourcing zu entscheiden; die Rolle externer Berater.

2 Risikoreduzierung

Die Notwendigkeit der Einbeziehung aller Stakeholder, um auf das Undenkbare (eventuell auch auf einen Ausstieg, falls nötig) reagieren und die Outsourcing-Partner zum besten Vorteil des Unternehmens managen zu können.

3 Der klare Wert für beide Seiten

Die Erstellung eines einvernehmlichen und für beide Seiten lohnenswerten Business Case; die Bestimmung des gemeinsamen ökonomischen Wertes; die Überprüfung dieses Wertes durch Stresstests mit verschiedenen Szenarios.

4 Wertorientierte Verhandlungen

Eine Untersuchung der Vorgehensweisen und der Dynamiken bei sowohl internen als auch externen Outsourcing-Verhandlungen, durch welche die Unternehmenskulturen aneinander angepasst und die vertragsrelevanten Service Level Agreements (SLAs) festgelegt werden sollen.

5 Der Übergang zu einer neuen Denkweise

Die praktische Umsetzung der Übergangsphase und der Integration; die Schaffung von Governance, Benchmarking und Kontrollen; die Schaffung von stabilen Rahmenbedingungen, die den Vertrag und die Beziehung zwischen den Partnern unterstützen.

6 Realisierung der Nutzen

Die Bildung eines kompetenten, bereichsübergreifenden Post-Deal-Teams; ständige Verbesserungen durch die Verwendung von Kennzahlen; das Vertrags- und Beziehungsmanagement; die Gewährleistung des Zugriffs auf Innovation.

7 Fazit: das ultimative Führungsinstrument

Was Sie mit einem M&A-ähnlichen Outsourcing-Ansatz für Ihr Unternehmen erreichen können.

8 Sind Sie zum Outsourcing bereit?

Ein Selbsttest für CEOs, der zwölf erfolgskritische Gebiete umfasst.

9 Fünf Schlüsselgebiete, auf die Sie Ihren Fokus richten müssen

Fünf spezielle Gebiete, bei denen ein strenger Fokus erfolgskritisch ist: Human Resources (HR), Financial Engineering, juristische Aspekte, Steuern und Kommunikation.

10 Erfahrungswerte

Acht Fallstudien über umfangreiche Outsourcing-Initiativen, anhand deren deutlich wird, was jeweils zum Erfolg oder zum Misserfolg führte.

Wir hoffen, dass wir Ihnen mit diesem Buch eine gute Einstiegslektüre für erfolgreiches strategisches Outsourcing verschafft haben, indem wir einen M&A-ähnlichen Ansatz mit den erfolgskritischen Fragen verknüpft haben, die sich in jeder Phase stellen. Wir werden auch die Bereiche herausstellen, in denen sich Outsourcing von M&A unterscheidet – nicht zuletzt dadurch, dass es das leistungsfähigere und flexiblere Führungsinstrument von beiden ist. Outsourcing ist wie eine Reise. Basierend auf den Erfahrungen, die wir beide in zahlreichen Outsourcing-Verhandlungen gesammelt haben, soll dieses Buch ein Wegweiser sein, der Sie ans Ziel dieser Reise bringt.

Kapitel 1
Die eindeutige Ausrichtung von Vereinbarung und Strategie

Outsourcing mit dem alleinigen Ziel der Kostensenkung ist nicht gut für die Branche – Sie brauchen Gewinne für Ihr Wachstum und für die Qualitätssicherung.

– Bruce M. Caldwell, Principal Analyst von Gartner, in Outward Bound, Chief Executive Officer Magazine

Der Hintergrund der großen Gefühlswallungen, der Gewerkschaftskämpfe und der reißerischen Schlagzeilen, mit denen Outsourcing oft gedanklich in Verbindung gebracht wird, ist die Tatsache, dass die CEOs der meisten Konzerne – und ebenso die Vorstände – im Outsourcing hauptsächlich eine taktische Lösung für eine unmittelbar notwendige Kosteneinsparung sehen. Dieser Kostendruck hat immer mit einem bestimmten Problem, einer Berichtsfrist oder mit einem Ziel zu tun, mit dem das Unternehmen Mühe hat oder das es nicht erreicht.

In anderen Worten: Outsourcing erscheint dann auf der Tagesordnung, wenn ein finanzielles Problem auftritt, das eine sofortige Lösung erfordert. Dieser Ansatz ist beim Outsourcing nicht nur fehl am Platz, sondern kann sogar für das Unternehmen, seine Führungskräfte und letztendlich auch für die Shareholder langfristig gesehen richtig gefährlich werden.

Der Blick über das auslösende Ereignis hinaus

Unserer Erfahrung nach verstehen *diejenigen* Unternehmen, die mit wesentlich grundlegenderen Problemen als einem taktischen Auslöser konfrontiert sind, strategisches Outsourcing und das, was es leisten kann, am besten. Die CEOs, die am schnellsten seine Fähigkeit zum Business Enablement erfassen – im Gegensatz zu seiner Verwendung als Lösung für ein bestimmtes Problem –, stehen normalerweise an der Spitze von Unternehmen, die sich in einer schweren oder möglicherweise sogar verheerenden finanziellen Zwangslage befinden. Je größer das Defizit ist, desto wahrscheinlicher ist es, dass der CEO und die Vorstände begreifen, dass das Problem nicht bei der IT oder in einem einzelnen Unternehmensbereich zu suchen ist, sondern in der gesamten Kultur, Struktur und Marktposition des Unternehmens.

Eine derart schwerwiegende finanzielle Schieflage spiegelt üblicherweise eine fundamentale Schwäche des Unternehmens wider. Die Ursachen können vielfältig sein – die Verschuldungsrate, der Cashflow, das traditionelle Cash-Cow-Produkt des Unternehmens oder eine Dienstleistung, die plötzlich von neuen koreanischen Wettbewerbern und/oder einer kostengünstigeren neuen Technologie vom Markt gefegt wird. Firmen, die neu am Markt sind, haben nur wenige Fixkosten – und keine, die sich über Jahre aufgebaut haben, wie bei den eingesessenen Unternehmen – und schleppen keine eingefahrene innovationshemmende Bürokratie mit sich herum. Oft gelingt es ihnen, erhebliche Marktanteile zu gewinnen, bevor etablierte Unternehmen reagieren, sich umstrukturieren und aus neuen Technologien, Personalstrategien, Vertriebswegen und verkürzten Entwicklungszeiten Kapital schlagen können.

Warum auch immer, das traditionelle Unternehmen erkennt, dass es sich gerade auf dem sicheren Weg in den Untergang befindet. An diesem Punkt leitet der CEO die richtige Frage ein: „Was kann strategisches Outsourcing in dieser Situation für uns leisten?“ Und hier kommt die Parallele zu M&A zur Anwendung, weil sich die Fusion mit einem Wettbewerber, bei der man durch die Eliminierung von doppelt vorhandenen Ausgaben sowie durch den Zugriff auf die Best-of-Breed-Ressourcen, das intellektuelle Kapital, den Kundenstamm und die Erfahrungswerte des Fusionspartners das Ziel der Kostensenkung erreichen kann, bei Führungskräften „der alten Schule“ seit Jahren als Reaktion bewährt hat. Outsourcing, vorausgesetzt, es wird richtig umgesetzt, bietet nicht nur all diese Vorteile, sondern noch viele weitere – sofern der Vorstand die Philosophie dieser neuen Führungsdisziplin begreift und ihr gerecht wird.

Der Gesamtzusammenhang

Einige Unternehmen haben das bereits vor mehr als einem Jahrzehnt begriffen. Wie in Fallstudie 7 auf Seite 304ff. beschrieben, entstand JP Morgans Outsourcing-Strategie im Jahr 1991, als sich das Unternehmen aufgrund einer Reihe von Problemen an einem Wendepunkt befand. Es hatte einen Punkt erreicht, an dem seine jährlichen Technologieausgaben die Summe von 1 Milliarde US-Dollar überstiegen, wobei der Nutzen dieser Investitionen ungewiss blieb. Gleichzeitig erforderte die Umwandlung des Unternehmens von einer Geschäfts- zu einer Investmentbank und Börsenhandelsfirma noch größere Investitionen. In dieser unsicheren Lage bot das strategische Outsourcing eine Chance zur Ausnutzung von Skaleneffekten und zur Einhaltung der IT-Budgets. Das Ergebnis waren eine Reihe bahnbrechender Outsourcing-Vereinbarungen, die ursprünglich unter der Leitung des damaligen IT-Vorstands (CIO) Peter Miller geplant wurden und die bis heute bestehen.

Die genauen Umstände variieren natürlich von Unternehmen zu Unternehmen deutlich. Aber in jedem einzelnen Fall wird die Frage, was strategisches Outsourcing in der jeweiligen Situation leisten kann, den CEO und seine Vorstandskollegen in die Lage versetzen, dieses Instrument, das sie zuvor eher für eine taktische als eine strategische Waffe gehalten hatten, mit völlig anderen Augen zu sehen. Sie werden sich im Kreise ihrer Geschäftspartner umhören. Und sie werden beginnen, Vorstellungen und Szenarios von dem zu entwickeln, was ihr Unternehmen mit Outsourcing erreichen kann.

Geheime Gespräche

An diesem Punkt setzen sich normalerweise der CEO und wer immer auch sonst noch die Idee zum Outsourcing hatte – wahrscheinlich der Finanzvorstand (CFO) und vielleicht einige andere Vorstandsmitglieder – zusammen und beginnen ihre Erwartungen darüber zu formulieren, wie Outsourcing sie beim Re-Engineering ihres Unternehmen unterstützen kann – sowohl in finanzieller wie auch in kultureller Hinsicht. Diese Erwartungen sind entweder schon präzise oder noch unausgegoren und der Vorstand spaltet sich unter Umständen in zwei Lager – die Vorstandsmitglieder, die sich mit Überzeugung zu diesen Erwartungen bekennen, und diejenigen, die unentschlossen sind.

Unabhängig davon besteht der nächste Schritt darin, dass sich einige der Führungskräfte auf dem Markt orientieren – oft auf einer relativ informellen Basis – und beginnen, mit potenziellen Kandidaten zu sprechen, von denen sie glauben, dass sie ihre Erwartungen erfüllen könnten. Zu diesen Kandidaten werden im Allgemeinen Anbieter aus dem Kreis der „üblichen Verdächtigen" gehören – je nachdem, für welche Bereiche ein Outsourcing infrage kommt, je nachdem, ob der Schwerpunkt auf IT, auf Unternehmensrestrukturierung oder bestimmten Unternehmensfunktionen liegt.

Wenn es um IT geht, spricht der Vorstand möglicherweise mit Unternehmen wie IBM oder EDS. Auf dem Gebiet der Unternehmensrestrukturierung könnte es Accenture sein oder vielleicht eines der Strategieberatungsunternehmen, zu denen der Vorstand bereits Beziehungen unterhält. In zunehmendem Maße wenden sich Unternehmen an spezialisierte Outsourcing-Berater, um von einer unvoreingenommenen, unabhängigen Sichtweise und Beratung zu profitieren. All diese Gespräche sollten dem Unternehmen zu einem besseren Verständnis der infrage kommenden Outsourcing-Alternativen verhelfen und durch diese Gespräche sollte das Unternehmen anfangen zu verstehen, welche Leistungsbereitschaft vonseiten der Führungsebene vonnöten ist, damit diese einen grundlegenden Unternehmenswandel gutheißen und vorantreiben kann.

Unserer Erfahrung nach empfiehlt es sich, Outsourcing nicht isoliert von allen anderen Vorgängen im und um das Unternehmen herum zu betrachten. Vielmehr ist eine ganzheitliche Betrachtung des Unternehmens und der potenziellen Rolle des Outsourcings für das Unternehmen nötig, einschließlich des Verständnisses dafür, wie die verschiedenen für Outsourcing infrage kommenden Bereiche sich gegenseitig und das restliche Unternehmen beeinflussen. Wenn man diese ganzheitliche Betrachtung nicht anstellt, kann das zu einem späteren Zeitpunkt zu unvorhergesehenen ernsthaften Konsequenzen führen, zum Beispiel zu mangelnder Flexibilität oder dem Worst-Case-Szenario, dass Sie den falschen Partner oder die falsche Vertragsstruktur für die Umwandlung gewählt haben. Die englische Supermarktkette J. Sainsbury, deren Fall ab Seite 284 beschrieben wird, ist ein Beispiel dafür. Sainsbury erkannte zu spät, dass die Verbriefung seiner Outsourcing-Vereinbarung seine strategischen Optionen auf dem Markt behinderte. Weitere Einblicke ins Financial Engineering im Outsourcing-Kontext bietet das entsprechende Spezialthema auf Seite 242 ff.

In einer Sackgasse?

Der Vorstand kann natürlich nicht für jede Eventualität vorsorgen, aber wie man anhand der Geschichte von J. Sainsbury eindeutig erkennt, sollten bei jeder Entscheidung zum Outsourcing alle Aspekte des Risikoprofils eines Unternehmens berücksichtigt werden. Dazu gehört die Überlegung, wie schnell und inwieweit sich die Wettbewerbssituation verändern wird, wie schnell der Zusammenschluss vollzogen wird, wie schnell neue Technologien zentrale Cash Cows erodieren könnten und wie schnell das Unternehmen auf all diese Veränderungen reagieren kann, indem es alle zur Verfügung stehenden Mittel einsetzt.

Ein gutes Beispiel für eine derartige Umsichtigkeit ist Nokia – ein ehemaliges Forstwirtschaftsunternehmen, das heute einer der Weltmarktführer in der Herstellung von Mobiltelefonen ist. Als Nokia erkannte, dass sein traditioneller Markt unter Druck geriet, investierte es in ein Portfolio aus technologieorientierten Optionen. Der Rest ist Geschichte. Der Zeitpunkt, an dem ein Unternehmen feststellt, dass es in eine Sackgasse gerät, kann der Punkt sein, an dem der CEO und der Vorstand die Initiative ergreifen und beginnen, das Unternehmen umzugestalten. Das Ausmaß der Verzweiflung kann zu Reaktionen auf die Problematik zwingen und neue Wege zur gewinnbringenden Nutzung von Stärken und Alternativen eröffnen, von deren Existenz niemand im Unternehmen eine Ahnung hatte.

Dadurch dass es in den letzten Jahren immer ausgereifter wurde, wurde in derartigen Fällen Outsourcing das wichtigste Instrument für die Transformation eines Unternehmens und seiner Kultur.

Daraus kann man ersehen, dass das, was auf den ersten Blick eine relativ unkomplizierte Entscheidung zum Outsourcing zu sein schien, sich in Wirklichkeit als erster Schritt in Richtung eines völligen Umdenkens über die Unternehmensstruktur erweisen könnte. Die Vorstände sind zunächst meist etwas verstört, wenn ihre Berater oder ihre Zulieferer ihnen zu einer so drastischen Maßnahme raten –, entweder weil sie bisher einen derart grundlegenden Eingriff nicht in Erwägung gezogen haben oder weil er die Agenda des Unternehmens noch ausweitet und zur Folge hat, dass die Unternehmensführung mit Managern nachgeordneter Ebenen diskutieren muss, die einer Veränderung möglicherweise ablehnend gegenüberstehen.

Die Entschlossenheit, den Schritt zu wagen

Die Konfrontation mit der zwingenden Notwendigkeit eines Wandels führt dem CEO auch noch einige andere unangenehme Tatsachen vor Augen. Eine davon ist, dass die Erfolgsbilanz der bisherigen umfangreichen Umwandlungsvorhaben eigentlich erschreckend ist. Die Art der Aufgabe, mit welcher der Vorstand begonnen hat, in Verbindung mit den Empfehlungen, welche die Vorstandsmitglieder von ihren Beratern, Mittelsleuten und dem Rest der logistischen Kette erhalten, zwingt sie, in den Spiegel zu sehen und eine ehrliche Einschätzung ihrer eigenen Change-Management-Erfahrung vorzunehmen. In den meisten Fällen fällt das Urteil nicht gut aus. Das wiederum wirft die Frage auf, über welche Kompetenz der Vorstand und sein Senior-Management bei der Umsetzung eines echten Wandels verfügen – und ob sie bereit sind, in externe Dienstleister zu investieren, um den Wandel voranzutreiben.

In diesem Zusammenhang spielen Outsourcing-Anbieter eine Doppelrolle. Am offensichtlichsten ist die Tatsache, dass es sich bei diesen Anbietern um professionelle Serviceintegratoren und Innovatoren handelt. Daneben sind sie aber auch industrialisierte Instrumente, die den Vorstand in die Lage versetzen, einen unternehmensweiten strukturellen und kulturellen Wandel voranzutreiben. In dem Moment, in dem das Management das ganze Potenzial des Outsourcings erkennt, sagt es entweder: „Wir schaffen das", oder es legt den Rückwärtsgang ein, weil es spürt, dass es diese Aufgabe niemals zu Ende führen kann. Für den CEO und seine Vorstandskollegen ist das der Augenblick der Wahrheit.

Absolute Klarheit

Diejenigen, die sich zum Weitermachen entschließen, brauchen mehr als nur „die Eier dazu", wenn sie mit dem Vorhaben erfolgreich sein wollen. Wie wir bereits in der Einleitung betont haben, brauchen sie auch absolute Klarheit über ihre kurz-, mittel- und langfristigen Ziele. Strategisches Outsourcing ist kein Instrument für Tollkühne, sondern für Unerschrockene.

Der Vorstand muss daher seine Ziele klar und unmissverständlich bestimmen. Der irische Hypothekenanbieter First Active entschied sich, einen komparativen Konkurrenzvorteil daraus zu machen, dass die Entscheidung über jeden Kreditantrag – egal ob positiv oder negativ – maximal einen Arbeitstag von acht Stunden in Anspruch nehmen sollte, im Gegensatz zur branchenüblichen Bearbeitungszeit, die zwischen acht Tagen und zwei Wochen liegt. Das bedeutete eine komplette Umstrukturierung des Unternehmens in Bezug auf seine technologische Infrastruktur und die Abläufe bei der Kreditwürdigkeitsprüfung, was wiederum einen schnelleren Zugriff auf vielfältige Quellen auf zahlreichen Unternehmensebenen bedingte, wenn eine größere Geschwindigkeit und Qualität der betrieblichen Abläufe gewährleistet sein sollte als bei allen anderen Wettbewerbern. Der CEO von First Active, Cormac McCarthy, entschied realistisch, dass die Organisation dies nicht aus eigener Kraft bewältigen konnte – und es auch gar nicht erst versuchen sollte. Daher plante er, den Erfolg mithilfe eines Outsourcings mit Transformationscharakter zu erreichen – mit dem entschiedenen Unternehmensziel „innerhalb eines Tages", das die Durchhalteparole und der Motor für alle Unternehmensbereiche wurde.

Dieses ehrgeizige Ziel legte das weitere Vorgehen des Unternehmens fest, das sich damit von seinen Wettbewerbern abgrenzte, seine Mitarbeiter anspornte und deren Augenmerk auf das gemeinsame Ziel richtete. Das Unternehmen erklärte seinen Technologie- und Unternehmenstransformationspartnern, bei der Verfolgung und Erfüllung des erklärten Ziels gebe es keine Tabus. Mit Sicherheit würde das bedeuten, dass Prozesse verschlankt, andere neu strukturiert, ganze Unternehmensfunktionen aufgegeben und das Risikoprofil verändert werden müssten. „Just do it", so lautete durchweg die Message für das Business Enablement.

Sich ein derartiges Ausmaß an Klarheit über ein definiertes Ziel zu beschaffen ist keine leichte Aufgabe. Und dieses Ziel vollständig und schnell umzusetzen ist noch einmal etwas anderes. Es erfordert einerseits eine forcierte Durchsetzung der Transformation ohne Beeinträchtigung des restlichen Geschäftsbetriebes und andererseits die Geduld, zu akzeptieren, dass sich der volle wirtschaftliche Nutzen all dieser Anstrengungen und Investitionen erst nach zwei oder mehr Jahren einstellen wird. Zudem muss der Vorstand frühzeitig noch weiter vorausdenken und sich überlegen, womit er die neue Unternehmenspositionierung gewinnbringend nutzen will – durch neue Dienstleistungen, eine Expansion in neue geografische Märkte oder neue Produktmärkte etc. Die Klarheit, die zum ersten Wandel führt, muss durch eine optimistische Einstellung zum Erfolg und eine verkürzte Erholungsphase untermauert sein, die ausdrückt, was das Unternehmen und seine Partner bei der Umgestaltung als Nächstes anstreben.

Um die realen Erfolgschancen zu steigern, sollten CEOs und Vorstände sich von fachkundiger Seite Rat und Hilfe holen. Angesichts der fortgeschrittenen Weiterentwicklung des Outsourcing-Markts in den letzten Jahren ist eine Schar von hoch spezialisierten Outsourcing-Beratern auf der Bildfläche erschienen, die Unternehmen auf unparteiische und sach- und fachkundige Weise eine durchgehende Beratung bieten (siehe Kasten). Diese externen Berater spielen für viele Unternehmen inzwischen eine Schlüsselrolle bei allen Themen, die das Outsourcing betreffen – vom Abklären und Formulieren strategischer Ziele bis hin zur Beurteilung der Wechselbeziehung zwischen verschiedenen Sourcing-Alternativen und -Eventualitäten sowie von der Durchführung von Ausschreibungen über Vertragsverhandlungen bis hin zu den Modalitäten der Governance. Einige Berater übernehmen sogar die Garantie für die Erzielung der angestrebten Gewinne, unter Umständen sogar noch jahrelang.

Spezialisierte Berater: unparteiische Beratung während des gesamten Vorgangs

Eine der auffälligsten Veränderungen in der Outsourcing-Landschaft während der letzten Jahre war die Entstehung einer Reihe von spezialisierten Outsourcing-Beratungen, die gegründet wurden, um Unternehmen während der gesamten Dauer des Outsourcing-Prozesses mit einer sachkundigen, pragmatischen und unabhängigen Beratung zu begleiten.

Diese Beratungen, deren Gründer meist Spezialisten mit ausgiebigen Erfahrungen als Ein- und Verkäufer von outgesourcten Dienstleistungen sind, beschreiben sich selbst als Einrichtungen, die eine unabhängige Sicht auf Problemstellungen bieten können, zum Beispiel auf die Definition von Strategien und Zielen für ein erfolgreiches Outsourcing, auf den Umfang der potenziellen Gewinne, auf die Entscheidung zwischen interner Effektivität und Effizienzgewinn (beim Insourcing) und einer Auslagerung von Funktionen (beim Outsourcing) sowie auf die Risikofaktoren eines mittels Outsourcing durchgeführten Transformationsprojekts.

Ihre Positionierung als praxisorientierte Berater ohne Eigeninteressen und Interessenkonflikte unterscheidet diese Berater sowohl von den Beratungsabteilungen der Outsourcing-Anbieter als auch von den strategischen Unternehmensberatungen, die zwar oft die Theorie liefern und den strategischen Ablauf festlegen, sich aber höflich verabschieden, sobald es bei der Umsetzung zur Sache gehen muss. Kontinuität ist bei jeder Outsourcing-Vereinbarung von entscheidender Bedeutung und die besten Berater verpflichten sich zur Teilnahme an den Verhandlungen, an der Implementierung und am laufenden Betrieb sowie an der Messung des weiteren Erfolgs der Outsourcing-Vereinbarung.

Neben der Beratung auf diesen Gebieten bieten die führenden Outsourcing-Spezialisten auch eine frühzeitige Analyse und ein externes Benchmarking der vorhandenen unternehmensinternen Performance sowie eine Bewertung der im Unternehmen vorhandenen geschäfts- oder technologiebedingten Belastungen und Engpässe an. Entscheidend ist dabei, dass diese Bewertungen unvoreingenommen und nicht aufgrund der Annahme getroffen werden, Outsourcing sei grundsätzlich die beste Lösung. Aufgrund ihrer Praxiserfahrungen beim Outsourcing nehmen sie für sich in Anspruch, auch alle Tricks und Kniffe zu kennen, die Zulieferer bei Outsourcing-Ausschreibungen anwenden – und dass sie in der Lage sind, diese von vornherein zu unterbinden oder sie in der Ausschreibungs- und Vertragsphase in den richtigen Zusammenhang zu setzen.

Was trauen Sie sich zu?

Die Schritte von der ersten Formulierung eines klaren Ziels bis zur erfolgreichen Realisierung sind in Tabelle 1.1 auf Seite 44 dargestellt, ergänzt durch verschiedene Beispiele für alle Phasen. Wie die Tabelle zeigt, gibt es fünf Phasen:

Phase eins: Finden Sie heraus, wie viel Mut erforderlich ist

Wie wir bereits betont haben, braucht der CEO eine ganz klare Vorstellung von dem, was das Unternehmen zu erreichen versucht. Das setzt voraus, dass der CEO und sein Vorstand aufrichtig gegenüber sich selbst sind, was ihr Engagement hinsichtlich der angestrebten Ziele und ihre Bereitschaft zur Überwindung von Hindernissen anbetrifft.

Phase zwei: Erkennen Sie, wo die Grenzen des Machbaren liegen

Egal wie unerschrocken der Vorstand sein mag, er muss auch realistisch sein. Bei welchen Bereichen ist das Führungsteam bereit, sie mit in die Transformation einzubeziehen? Wie groß ist die Bereitschaft der Outsourcing-Anbieter, mit dem Management partnerschaftlich auf die Erreichung der Ziele hinzuarbeiten? Und können diese Anbieter die infrage kommenden Funktionen wirklich besser und kostengünstiger erfüllen als das Unternehmen selbst?

Phase drei: Entwickeln Sie Ihr Marktangebot weiter

In dieser Phase entscheiden CEO und Vorstand, was sie tatsächlich tun werden. Dazu gehört die Einbeziehung der Finanz- und Risikogemeinde und die Abwägung, mit welchen Zulieferern der Vorstand vorzugsweise arbeiten möchte. Dazu gehört auch die Entscheidung über die formale Struktur der Geschäftspartnerschaft – eine Entscheidung, die unvorhergesehene Möglichkeiten zur Steigerung des Nutzenversprechens eröffnen oder aber das Unternehmen auf lange Sicht durch seine Unbeweglichkeit handlungsunfähig machen könnte. Betrachten Sie das als Ehe ... und nicht als leidenschaftliche Kurzbeziehung.

Phase vier: Bereiten Sie sich und Ihren Outsourcing-Partner auf den Erfolg vor

Im Verlauf der detaillierten Verhandlungen muss der Vorstand dem Team gegenüber betonen, dass die Vereinbarung für beide Seiten ein Win-win-Deal sein muss. Denn wenn die Nutzenbalance nicht von beiden Seiten als „fair" wahrgenommen wird, werden in der Zukunft unweigerlich Konflikte entstehen. Beide Seiten müssen daher dafür sorgen, dass nichts ausgehandelt wird, was den Erfolg der Vereinbarung in Gefahr bringen könnte. Seien Sie darauf gefasst, dass es eine Lernkurve geben wird, und berücksichtigen Sie diese Tatsache bei der zeitlichen Planung sowie bei den Methoden, die das Management anwendet und an denen es gemessen wird. Es sollte vereinbart werden, dass die mit der Vertragsgestaltung befassten Teams beider Seiten lange genug im Unternehmen bleiben, um zu gewährleisten, dass die Übergangsphase und das erste Jahr erwartungsgemäß verlaufen. Die Outsourcing-Vereinbarung darf kein „Deal wie jeder andere" sein, der nach der Unterzeichnung abgeheftet und vergessen wird.

Phase fünf: Sorgen Sie dafür, dass die Vereinbarung Früchte trägt

Die Integration der Lernkurve und einer langfristigen Beziehung in die Vereinbarung bedeutet, dass die Themen Beziehungen, Governance, Benchmarking und Management und vor allem die Unternehmenskultur unter die Lupe genommen werden müssen. Outsourcing bedeutet keine Abgabe der Verantwortung, sondern die Übernahme einer neuen und an-

1. Was trauen Sie sich zu?	2. Was ist machbar?	3. Marktangebot	4. Bereiten Sie den Erfolg vor	5. Sorgen Sie dafür, dass die Vereinbarung Früchte trägt
Grundlegende Unternehmenstransformation	Durchkämmen des Marktes nach Ideen, Lösungen und Partnern	Begrenzter oder voller Marktwettbewerb – oder eine einzige Quelle	Streben Sie Win-win-Vereinbarungen an.	Investieren Sie in strategische Beziehungen auf der Führungsebene.
Veränderung des Unternehmens oder der Branche	Definieren Sie Umfang und Reichweite der Initiative.	Bewertung der Wertschöpfung aus der Vereinbarung	Finden Sie eine gemeinsame Definition für echten Erfolg.	Beurteilen Sie die Performance ganzheitlich.
Zusammenarbeit mit Wettbewerbern	Stellen Sie alle „heiligen Kühe“ infrage.	Bestimmen Sie das wahre und angenommene Risiko, hinterfragen Sie Ihre Kompetenzen und Ihr geistiges Eigentum.	Die Grundlagen müssen stimmen – handfeste Optionen und Innovationen.	Treiben Sie den strategischen Wert immer wieder voran.
Erwerb neuer Kompetenzen, Speed-to-Market, Kompetenzen und Services	Bekennen Sie sich zu einem deutlichen Kulturwandel.	Suchen Sie echte Flexibilität, echte Alternativen und echte Innovationen.	Machen Sie sich auf eine steile Lernkurve (für alle Beteiligten) gefasst.	Messen Sie die Auswirkungen auf das Geschäft – definieren Sie die adäquaten Messgrößen.
Langfristige Kontrolle/ Eindämmung der Kosten	Suchen Sie einen Ausgleich der Risiken für die Lieferkette.	Entwickeln Sie Maßnahmen und Zeitpläne.	Planen Sie Eskalierung und Mediation.	Motivieren Sie Ihre Zulieferer auf allen Ebenen.
Unterstützung von M&A- und Veräußerungsaktivitäten	Entwickeln Sie eine Vorstellung vom realisierbaren Nutzen.	Bekräftigen Sie gegenüber den nachgelagerten Ebenen offen das Engagement der Führung .	Erwarten und fördern Sie die Entwicklung einer hybriden Kultur.	Binden Sie das Vertragsteam ans Unternehmen, damit es die vertraglichen Verpflichtungen managt.
Aktive Einflussnahme auf Marktanalysten und Stakeholder	Legen Sie fest, wie die externen Aspekte gesteuert werden sollen – neue Kompetenzen sind erforderlich.	Zukauf technischer Exzellenz ohne Aufschlag. Kommunizieren Sie die entstehenden Erfolgsstorys.	Bilden Sie das zukünftige Vertragsteam, das den Erfolg managen soll.	Planen und kommunizieren Sie frühzeitig eine erneute strategische Neuausrichtung.

Tabelle 1.1: Die fünf Phasen des Outsourcing-Prozesses

spruchsvollen Managementaufgabe zur Gewährleistung des Business Enablements und einer größeren Kontrolle. Der Vorstand sollte proaktiv die Investition von Zeit und Ressourcen zur Unterstützung der neuen Partnerschaft einplanen und demonstrieren, dass er an die „Performance" des Anbieters im weitesten Sinne des Wortes glaubt, während er dem Managementteam die Abwicklung der Dienstleistungen, der Umgestaltung und der Kosten überlässt. Der CEO und andere hochrangige Führungskräfte sollten ihre Anstrengungen auf die folgenden drei Fragen konzentrieren:

1) Hilft uns die Vereinbarung dabei, Shareholder-Value zu generieren?

2) Trägt unser Outsourcing-Partner zur Verfolgung des strategischen Ablaufs und der strategischen Ziele bei?

3) Wird durch die Governance-Prozesse der Schutz des Ansehens unseres Unternehmens gewährleistet?

Wenn ein externer Dienstleister den Vorstand auf einem der genannten Gebiete enttäuscht, sollte eine mögliche Beziehung ernsthaft infrage gestellt werden.

Welches sind die Kernkompetenzen?

Soweit die grundsätzliche Vorgehensweise, die von der Formulierung der Ziele zu ihrer Umsetzung führt. Aber was kann – und sollte – outgesourct werden? Jedes Unternehmen, das eine Methode sucht, die zu einem grundlegenden Umbruch führt, muss sich selbst hinterfragen, um zu klären, was wirklich das Wesentliche seines Geschäfts ausmacht. Bei der Untersuchung der Art und des Umfangs der zur Zielerreichung notwendigen Veränderungen stellt sich unvermeidlich die Frage nach den Kernkompetenzen.

Die Debatte über die Philosophie von Kern- und Nicht-Kernaktivitäten wurde im Lauf der letzten Jahre ausgiebig geführt. Tatsache ist, dass heute nur noch sehr wenige Kompetenzen als wahre Kernkompetenzen eines Unternehmens gelten, obwohl einige oft für unantastbar gehalten werden. Zum Beispiel würden 99 Prozent aller CEOs sagen: „Die Strategieentwicklung können wir auf keinen Fall outsourcen." Aber stimmt das wirklich? Durch die Anwendung eines einfachen Outsourcing-Modells könnte ein Vorstand ganz leicht zwei oder drei Strategieberatungen bitten, ihre cleversten Köpfe für die Aufgabe abzustellen, eine Strategie für das Unternehmen zu entwerfen und zu präsentieren. Anschließend könnte der Vorstand als sachkundiges und erfahrenes Managementteam, das viel näher an der Praxis des Geschäftsbetriebes und viel mehr mit diesem vertraut ist sowie eine bessere Kenntnis seiner Kunden besitzt, die besten Elemente aus jedem Vorschlag auswählen, sie zu einer neuen Strategie kombinieren und die Implementierung auf die übliche Weise delegieren. Richtig, das würde eine Stange Geld kosten, dennoch wird deutlich, dass ein Unternehmen *durchaus* selbst den Bereich Strategieentwicklung outsourcen kann.

Um dieselbe Fragestellung von einem Branchenstandpunkt aus zu betrachten: Welches sind die Kernkompetenzen und -aktivitäten einer normalen Privatkundenbank? Die Bearbeitung von Schecks und Clearing? Überweisungen? Devisen? Ganz eindeutig nicht – all das lässt sich outsourcen, was auch oft genug praktiziert wird. Unsere Fallstudie über FinForce auf Seite 272ff. zeigt, dass sich auch die Abwicklung des internationalen Zahlungsverkehrs an externe Anbieter auslagern lässt. Ist der Kundenkontakt eine Kernkompetenz? Wenn dem so wäre, hätten wir nicht den Run auf das Telefon- und Internetbanking erlebt, bei dem der individuelle Kundenkontakt durch eine digitalisierte Schnittstelle ersetzt wird. Vielleicht sind dann das Risikomanagement und die Bestimmung von Kreditlinien anhand bestimmter Kriterien die Kernkompetenzen einer Privatkundenbank? Letztlich bestimmen die Risikofaktoren, mit denen eine Bank bei ihrer Kreditvergabe arbeitet, wie viel Geld die Bank verdient – ein überzeugendes Argument dafür, dass die Bewertung von Kreditrisiken wirklich eine der Kernkompetenzen einer Privatkundenbank ist. Man muss anmerken, dass diese Fähigkeit mit einer Großbank oder mit Anreizen für die Eröffnung eines Depositenkontos wenig zu tun hat.

Doch selbst diese scheinbar sichere Definition von Kernaktivitäten lässt Ausnahmen zu. In einem anderen, aber verwandten Gebiet, sourcte die Fondsgesellschaft Morley Fund Management (MFM), die Kundengelder in Höhe von mehr als 100 Milliarden US-Dollar verwaltet, im Jahr 2003 den Bereich Investment Accounting an JP Morgan aus und konnte auf diese Weise Ressourcen für Investitionen in den Front-Office-Bereich freisetzen.

Es gab hier also einen Fondsmanager, der einen vermeintlich zentralen Aspekt des Fondsmanagements outsourcte, woraus sich die Frage ergab, welches eigentlich das Kerngeschäft des Unternehmens sei und wie es sich gegenüber seinen Kunden von seinen Wettbewerbern abheben konnte. In der Tat deutet MFMs Entscheidung darauf hin, dass sein Kerngeschäft die Risikobewertung ist sowie die Fähigkeit, schnell günstige Gelegenheiten und neue Strukturen zu nutzen, das heißt, sich Expertenwissen zunutze zu machen, wann immer es möglich ist – in diesem Fall das Wissen eines Outsourcing-Anbieters.

Jenseits von Finanzdienstleistungen ist auch das Management eines breiten Spektrums an Sourcing-Optionen zur Erreichung eines bestimmten Ziels eine hoch entwickelte Kompetenz. Nike ist ein häufig strapaziertes, aber nach wie vor gültiges Beispiel dafür. Der Sportartikelhersteller hat sich zu einer Marketingmaschine entwickelt, die dem Kunden versichert, dass ein Paar Nike-Schuhe stets die beste und neueste Technologie enthält. Technologien wie der Mikrochip, mit dem Nike-Laufschuhe über Sensoren die Bodenbeschaffenheit erkennen, worauf sich die Sohle so aufpumpt, dass sie dem Gelände entsprechend Stöße abfedert, ist keine von Nikes Kernkompetenzen. Nikes Kernkompetenz besteht vielmehr darin, die Produktgrenzen im Sinne des Marketings immer mehr zu erweitern, um seinen Status in der Modebranche zu wahren, indem es stets die erforderlichen Komponenten von externen Anbietern bezieht. Worauf es hierbei ankommt, ist die Tatsache, dass sich die Unternehmensführung von Nike durch Outsourcing neue Größenordnungen von Flexibilität, Kosteneingrenzung und Risikoreduzierung sowie den Zugang zu neuen Kompetenzen und Ressourcen verschafft hat. Gegebenenfalls lassen sich diese Qualitätsmerkmale an das anspruchsvollste Marktsegment verkaufen, das es gibt: die Analysten.

Eine Frage der Emotionen

Solche Beispiele unterstreichen unsere Auffassung, dass es fast gar nichts mehr gibt, was heute noch eine Kernkompetenz darstellen könnte. Für viele CEOs und Vorstände wird der Unterschied zwischen Kern- und Nicht-Kernkompetenzen von ihrer eigenen mentalen Haltung zu der Frage bestimmt, welche Bereiche sie als „heilige Kühe“ ansehen.

Es überrascht nicht, dass solche Emotionen sehr tief sitzen und sich durch das gesamte Unternehmen ziehen – vor allem dort, wo sie Auswirkungen auf die Laufbahn und das Selbstwertgefühl der betroffenen Mitarbeiter haben. Die Emotionen, die unweigerlich durch die Silbe „aus-" in „auslagern" hervorgerufen werden, machen es unerlässlich, dass das Outsourcing-Konzept auf die richtige Art und Weise und im richtigen Kontext an die Geschäftseinheiten, Technologieexperten und alle, die sonst noch in die Untersuchung der Möglichkeiten involviert werden, kommuniziert wird. Und im richtigen Kontext heißt, dass es nicht darum geht, Bereiche und Funktionen „aus" dem Unternehmen herauszunehmen, sondern darum, einen unumgänglichen Ertrag bringenden Unternehmenswandel zu vollziehen und die besten Mittel und Wege zur Erreichung der Unternehmensziele zu ermitteln, wovon dann alle Stakeholder innerhalb und außerhalb des Unternehmens profitieren werden.

Wann immer Entscheidungen in Betracht gezogen werden, die unter Umständen Outsourcing-Initiativen beinhalten, ist es die Sache von CEO und Vorstand, dafür zu sorgen, dass die Mitteilungen der Führungsebene anschaulich, unmissverständlich und wohl begründet sind und dass in ihnen der Schwung zum Ausdruck kommt, den das Outsourcing dem Unternehmen verleiht. Wenn der Inhalt der Botschaft verfälscht oder missverstanden wird, ist der Vorstand selbst schuld.

Wie Sie die Vereinbarung lenken

Obwohl Sie als CEO wissen, dass eine Transformation durch Outsourcing letztlich zur Entlassung von Arbeitnehmern führt, ist es gleich zu Beginn des Vorgangs dringend notwendig, dass genau diese Mitarbeiter Ihnen Zahlen und Fakten über die aktuelle Performance interner Unternehmenseinheiten liefern. Einige der Mitarbeiter werden sich unweigerlich wie Kühe fühlen, die sich freiwillig zur Schlachtbank begeben. Um dem entgegenzuwirken, sollte diese Maßnahme als eine vom Vorstand angeordnete Datenerhebung präsentiert werden und – noch – nicht als unternehmenspolitische Entscheidung. Man sollte auch betonen, dass es sich bei der Datenerhebung um eine gründliche Untersuchung handelt, bei der die Mitwirkung aller Manager erwartet wird, und dass alle möglichen

Alternativen untersucht werden, darunter auch Veränderungen und Verbesserungen, die das Unternehmen intern vornehmen kann.

Die interne Strategie ist in der Tat eine Option, die ernsthaft in Erwägung gezogen werden sollte. Möglicherweise ist sie sogar die beste Lösung, sofern die internen Abteilungen Verbesserungen vornehmen können, die mit den Leistungen eines Outsourcing-Anbieters vergleichbar sind. In diesem Zusammenhang kann das Hinzuziehen eines externen Outsourcing-Beraters besonders wertvoll sein, da er keine Eigeninteressen an einer bestimmten Alternative hat. Das bedeutet, er hat eine unvoreingenommene Sicht auf die konkurrierenden Angaben der internen Unternehmenseinheiten und der externen Anbieter und kann sicherstellen, dass das Unternehmen am Ende nicht einfach auf die beste Verkaufsstory hereinfällt.

Die Ermittlung der Leistungen der einzelnen Bereiche und Funktionen kann natürlich zu Entscheidungen führen, die unterhalb der Vorstandsebene aufgrund rein wirtschaftlicher Erwägungen getroffen werden, wenn die zugrunde liegenden Ziele rein kostenorientiert sind. Der Punkt, an dem diese Untersuchung zur Chefsache wird, ist erreicht, wenn der CEO und andere Spitzenführungskräfte zu dem Schluss gekommen sind, dass es einen grundlegenden Bedarf an einer Neubelebung der Marktposition des Unternehmens gibt. Das deutlich zur Schau getragene Engagement des Vorstands trägt dazu bei, dass die Untersuchung der internen Leistungen gründlicher vorgenommen wird und dass sie auf allen Ebenen ernster genommen wird. Im Allgemeinen gibt nur eine einzige treibende Kraft im Vorstand die klare Richtung vor und verbürgt sich für die Initiative: Üblicherweise (aber nicht immer) ist das der CEO.

Die Analogie zu M&A ist hier besonders ausgeprägt. Wie bei M&A auch, muss der Vorstand die Führung übernehmen und darf keinen Widerstand gegen seine Entscheidungen dulden. Wie bei M&A auch, ist der Prozess für die internen Mitarbeiter ein extrem heikles Thema und enthält gleichzeitig wesentliche Konsequenzen für externe Stakeholder und sogar für den Aktienkurs des Unternehmens. Folglich müssen im Verlauf der gesamten Performance-Prüfung, die bei einem M&A-Deal üblichen Verfahren und Maßnahmen angewendet werden, um die Grenzen des Machbaren auszuloten.

Soll man mit dem Feind sprechen?

Viele Unternehmen, die ein Outsourcing in Erwägung ziehen, stecken jedoch – vor allem beim ersten Mal – in einer Zwickmühle, ehe sie den M&A-artigen Prozess vollständig in Gang setzen können: Sie wollen den Umstand geheim halten, dass sie überhaupt über Outsourcing nachdenken. Intern werden die Erörterungen wie ein Staatsgeheimnis behandelt. Der Vorstand muss die Angelegenheit natürlich so lange auf diese Weise behandeln, bis er eine Entscheidung getroffen und beschlossen hat, sie öffentlich zu machen. Wenn vorzeitig irgendetwas nach außen dringt, werden viele Mitarbeiter die Auffassung vertreten, der Vorstand sei, ohne sie mit einzubeziehen, auf den Feind zugegangen und habe mit ihm über die Auslagerung ihrer Abteilungen und die Eliminierung ihrer Arbeitsplätze gesprochen.

Wenn eine solche Indiskretion stattfindet, hat das negative Auswirkungen auf die Moral der Mitarbeiter und dessen muss sich der Vorstand annehmen. Überraschenderweise ist jedoch nach Auffassung einiger Vorstandsmitglieder das beste Verfahren zur Analyse der Möglichkeiten die Kontaktaufnahme mit einer Reihe möglicher Geschäftspartner! Ein CEO, der erkennt, dass sich eine derartige Situation abzeichnet, sollte sich eine Tatsache ins Gedächtnis rufen: In dem Moment, in dem der Vorstand beginnt, mit irgendeinem Outsourcing-Anbieter zu sprechen, ist die Katze aus dem Sack und die Mitarbeiter werden früher oder später davon Wind bekommen. Aus diesem Grund sollten die Untersuchungen, die eventuell zu einem Outsourcing führen könnten, in aller Offenheit durchgeführt werden und dabei sollte man idealerweise auch die Möglichkeit einer internen Lösung offenlassen. Der Einsatz entsprechend qualifizierter externer Berater verleiht der Entwicklung eines ausgewogenen Business Case Gewicht und stellt sicher, dass die interne Unterdrückung von Fakten und Zahlen – üblicherweise durch das mittlere Management – durch die erprobten Prozesse und Verfahren der „Offenlegung“ ausfindig gemacht und aufgedeckt wird.

Auch die Dynamiken der Outsourcing-Industrie machen diese Offenheit notwendig. Der Kreis der Outsourcing-Anbieter besteht aus einer relativ kleinen Gruppe von Personen, in der jeder jeden kennt. Viele von ihnen sind Verkäufer, entweder waren sie es früher oder sie sind es noch immer.

Es herrscht ein heftiger Wettbewerb. Es lässt sich nicht vermeiden, dass ständig Gerüchte darüber die Runde machen, wer was an wen für welchen Betrag outsourcen will. Ebenfalls unvermeidlich ist es, dass diese Gerüchte zur Presse und zu den Mitarbeitern der involvierten Unternehmen durchsickern. Bei M&A-Transaktionen bedeutet das preissensible und streng regulierte Umfeld, in dem Berater und Drittunternehmen agieren, dass ein Informationsfluss dieser Art nicht toleriert werden kann. Bei Outsourcing gehört er automatisch dazu – und darüber müssen sich Kundenunternehmen im Klaren sein.

Nachfolgend eine wahre Geschichte, die deutlich macht, was passieren kann. Eine große Privatkundenbank plante, seine Desktop-PCs im Rahmen eines Vertrags über mehrere hundert Millionen US-Dollar outzusourcen. Dieser Vertrag war unterschriftsreif, aber noch nicht öffentlich angekündigt. Ein Mitglied des Pre-Sales-Teams des Outsourcing-Anbieters, das den Vertrag eingefädelt hatte, führte kurz darauf ein Bewerbungsgespräch mit einem Wettbewerber und wurde in diesem Gespräch zu seiner bisherigen Erfolgsbilanz befragt. Um seinen Wert zu veranschaulichen, erwähnte der Kandidat den noch nicht angekündigten Outsourcing-Vertrag über die Desktop-PCs. Zwar bekam er den Job nicht, aber er hatte dem Wettbewerber eine sehr wertvolle Information geliefert. Bei dem Versuch, seine Chancen auf ein Gegenangebot in letzter Minute auszutesten, ließ der Wettbewerber zu, dass Informationen über den Deal zu den Mitarbeitern des Kundenunternehmens gelangten.

Natürlich bekamen die Gewerkschaften Wind davon. Das Ergebnis: Gewerkschaftsproteste, Verwirrung und Verlegenheit beim Vorstand, ein Unternehmensdementi – man habe Outsourcing nie auch nur in Erwägung gezogen ... und ein geplatzter Outsourcing-Vertrag. Die Message daraus: Bevor mögliche Geschäftspartner involviert werden, muss sich der Vorstand seiner eigenen Entschlossenheit sicher sein und dafür sorgen, dass seine interne Kommunikation mit den Stakeholdern dem Tempo der Entwicklung entspricht und auch unvorhergesehenen Ereignissen standhalten kann. Der Preis für den gescheiterten Vertrag waren für das Unternehmen nicht nur die Ausgaben für eine elfmonatige Verhandlungsphase, sondern auch der Verlust der Beziehungen zu zwei mächtigen Gewerkschaften, eine negative Presse und die verpasste Chance, einen beeindruckenden ROI auf Basis eines gut vorbereiteten Business Case zu erzielen.

Mithilfe der spezialisierten Sourcing-Vermittler und -Berater, die in den letzten Jahren in Erscheinung getreten sind, lässt sich die Machbarkeit vorab durchtesten, was weniger riskant ist, als direkt mit möglichen Outsourcing-Anbietern zu sprechen. Angesichts der Tatsache, dass es wichtig ist, in der Angebotsphase auch die Möglichkeit einer internen Lösung im Auge zu behalten, können diese Berater den CEO auch in die Lage versetzen, interne und externe Lösungen emotionsloser und unvoreingenommener zu vergleichen. Diese grundsätzliche Entscheidung muss getroffen werden, bevor das Unternehmen weiter nach einem möglichen Outsourcing-Anbieter Ausschau hält.

Ein Vergleich zwischen internem und externem Sourcing

Nach der Bestimmung der strategischen Ziele und der Kompetenzen, die für eine Auslagerung infrage kommen, steht der Unternehmensführung ein breites Spektrum an unterschiedlichen Ansätzen und Strukturen zur Auswahl, von denen jede(r) einzelne eine eigene Balance zwischen Shareholder-Value und Risiken aufweist - dargestellt in Abbildung 1.1, „Rahmenbedingungen für strategische Allianzen“. Bei der Betrachtung all dieser Ansätze muss der Vorstand noch einen weiteren Prozess durchlaufen: Er muss begreifen, welche Anforderungen mit dem notwendigen kulturellen Wandel auf der jeweiligen Ebene verbunden sind - sei es innerhalb einzelner Unternehmenseinheiten oder im gesamten Unternehmen. Im Fall der Unternehmenseinheiten könnte man meinen, dass sie einen Wandel aus eigener Kraft längst vollzogen hätten, wenn sie dazu fähig wären. Wenn Zeit und Umstände es jedoch erlauben, sind CEO und Vorstand verpflichtet, den Unternehmenseinheiten die Chance zu geben, auszusprechen, welchen Business Case und ROI diese selbst mit einigen radikalen Einschnitten erzielen könnten. Wie bereits erwähnt, kann die interne Variante sogar eine bessere Lösung als Outsourcing sein.

Möglicherweise sind bestimmte Umstände gegeben, die für eine interne Lösung sprechen. Kann der CEO eines Unternehmens, das bereits mehrere Fusionen hinter sich hat, wahrheitsgemäß behaupten, dass alle zugekauften Unternehmensteile mit größtmöglicher Disziplin und Präzision integriert und dass alle redundanten Elemente eliminiert wurden? Wahr-

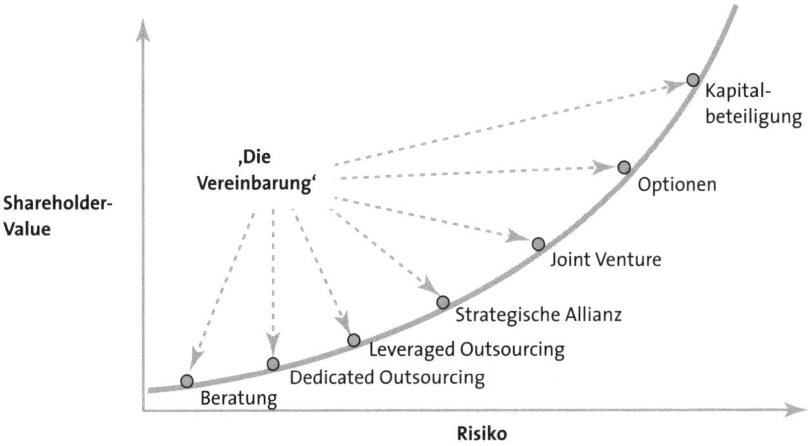

Die hauptsächlichen Motivationsfaktoren

Unternehmensstrategie
Wettbewerbsvorteil
Speed-to-Market/Expansion in neue Märkte
Effizienz und Produktivität
Konsistente Servicelevels
Ressourcenverfügbarkeit
Governance
Flexibilität
Kontrolle
Cross-Selling

Abbildung 1.1: Rahmenbedingungen für strategische Allianzen

scheinlich nicht. Je mehr Akquisitionen ein Unternehmen getätigt hat, desto wahrscheinlicher ist unserer Erfahrung nach eine Mehrfachausführung von Hierarchien, Systemen und Abteilungen. Wenn das der Fall ist, ist eine interne „Nacht der langen Messer" nicht nur vorstellbar, sondern sogar längst überfällig. Ein großes internationales Unternehmen erhielt von seinen Outsourcing-Beratern den Hinweis, dass es durch Outsourcing zwar 20 Prozent der Kosten einsparen könne, dass sich aber mit einer konzertierten internen Initiative zur Eliminierung von Redundanzen und zur Zusammenlegung von Führungsfunktionen in verschiedenen Bereichen mindestens 35 Prozent erzielen ließen. Das Unternehmen entschied sich für den letzteren Weg – und allein die Restrukturierung der IT brachte eine Kosteneinsparung von 40 Prozent.

Ein Benchmarking gegen externe Sourcing-Optionen war ein entscheidender Bestandteil dieses Prozesses, der widerspiegelt, welch wertvolle Rolle das externe Sourcing (beziehungsweise die Möglichkeit, es durchzuführen) für die Herstellung und Wahrung der Disziplin in den internen Unternehmenseinheiten spielt. Stellen Sie sich einen CEO vor, der die Leiter der einzelnen Unternehmenseinheiten einberuft und ihnen mitteilt: „Das Unternehmen befindet sich in großen Schwierigkeiten, wie Sie wahrscheinlich der Presse entnommen haben. Wir müssen unsere Kosten um 40 Prozent senken. Wenn Sie an meiner Stelle wären und freie Hand hätten, wie würden Sie dann diese Kosteneinsparung erzielen? Wir wissen alle, dass Arbeitsplätze abgebaut werden müssen, aber ich würde gerne wissen, was *Sie* tun würden. Natürlich werden wir gleichzeitig mit mehreren externen Zulieferern sprechen, damit auch diese uns mitteilen, wie sie diese Kosteneinsparung umsetzen würden."

Alle Geschäftseinheiten größerer Unternehmen sollten unbedingt immer wieder mit dieser Disziplinierung von außen konfrontiert werden. Bei der Prüfung externer Optionen sollte man auch den internen Einheiten eine echte Chance geben, ihren Business Case vorzutragen. Im Energieversorgungssektor ist es üblich, dass sich interne Geschäftseinheiten als Bieter an Sourcing-Ausschreibungen beteiligen – und oft erhalten sie auch den Zuschlag. Bei einer solchen gemischten Ausschreibung ist es wichtig, dass der Vorstand und seine externen Berater gewährleisten, dass der Business Case des internen Teams weder völlig ignoriert wird noch dass dieses Team Parameter, die Aspekte wie Kosten, Preisveränderungen oder erforderliche Kapitalinvestitionen betreffen, beschönigt oder zu niedrig angibt. Gleichzeitig ist es von entscheidender Bedeutung, dass der Zugriff der externen Bieter auf die korrekten relevanten Informationen sichergestellt ist und dass keine Informationen zurückgehalten oder durch internen Druck verzerrt werden.

Es muss das oberste Gebot sein, dass jedes Ausschreibungsverfahren, an dem interne und externe Zulieferer beteiligt sind, fair durchgeführt wird und auf eindeutigen und nachprüfbaren Kriterien beruht. Aus unserer Sicht ist es eigentlich eine Grundvoraussetzung für das Management eines solchen Vorgangs, einen unabhängigen Spezialisten als ehrlichen Vermittler einzusetzen. Ein Unternehmen, das Angebote externer Zulieferer allein als Instrument nutzt, um eine interne Abteilung unter Druck zu setzen, aber nicht die ernsthafte Absicht hegt, die betreffende Funktion tatsächlich outzusourcen, handelt nicht nur unmoralisch, sondern denkt auch sehr kurzfristig. Es wird feststellen, dass externe Zulieferer, die ihre Zeit mit der Erstellung eines solchen Angebots verschwendet haben, kein zweites Mal auf diesen Trick hereinfallen werden.

Es gibt verschiedene Möglichkeiten, wie ein Unternehmen und seine Berater Vertrauen und Transparenz in einer gemischten Ausschreibung wahren können. Zum Beispiel können sie von Anfang an betonen, dass die betreffende Funktion im Unternehmen verbleiben wird, wenn die interne Abteilung es schafft, mit ihrem Angebot 7,5 Prozent unter den Preisen des externen Zulieferers zu bleiben. Wenn ihr dies gelingt und sie den Zuschlag erhält, muss sie vom Vorstand dieselben Investitionen und dieselbe Unterstützung erhalten wie ein externer Zulieferer. Das heißt aber nicht, dass Outsourcing in Zukunft nie wieder auf der Tagesordnung stehen wird.

Ein Vergleich zwischen Technologie-Outsourcing und Business-Process-Outsourcing (BPO)

Unabhängig von der Struktur oder dem Geschäftsmodell verfügt ein Unternehmen zwangsläufig über irgendeine Form von Front- und Backoffice. Bei höher entwickelten, größeren Unternehmen unterteilen sich diese Bereiche inzwischen in Front-, Middle- und Backoffice. In alle diese Abteilungen sind über Jahre erhebliche Technologieinvestitionen geflossen. Der Umfang dieser Investitionen ist meist von Sektor zu Sektor unterschiedlich; zum Beispiel hat ein Finanzinstitut wahrscheinlich weitaus größere Investitionen in IT getätigt als ein Fertigungsunternehmen.

Bei der Frage nach einen Sourcing der Front-, Middle- und Backoffice-Funktionen sollte man diese als Erstes nicht allein aus dem Blickwinkel der Technologie betrachten. Vielmehr sollten sich der CEO und sein Vorstand überlegen, wie und wo Technologie eingesetzt wird, welche Prozesse sie unterstützt und ob sich die betreffende Funktion von Grund auf neu überarbeiten lässt. Das Ergebnis einer solchen Untersuchung ist oft, dass Probleme im Bereich der internen Backoffice-Funktionen, in die typischerweise über mehrere Jahre kaum mehr investiert wurde, zutage treten. Zum Teil als Ergebnis dieser Vernachlässigung arbeiten in den betroffenen Funktionen meist Mitarbeiter, die zwar qualifizierte – zumindest halten sie sich dafür – höhere Angestellte sind, die aber auch unterbezahlt sind, denen es an Motivation fehlt und die vom übrigen Unternehmen zu wenig Wertschätzung erfahren.

Wenn man anfängt, das Change-Programm des CEO umzusetzen, mit dem die vom Vorstand verabschiedeten Ziele erreicht werden sollen, erhält das Outsourcing für „dahinsiechende“ Backoffice-Geschäftsfunktionen eine besondere Relevanz. Business-Process-Outsourcing (BPO) bietet die Möglichkeit, den Backoffice-Bereich auf einen Schlag in das Change-Programm einzubeziehen – einschließlich des Einsatzes von Technologie, der bei der richtigen Umsetzung zu einer drastischen Steigerung der Effektivität und Effizienz führen kann.

Diese Verbesserung hat jedoch unweigerlich zur Folge, dass ein Großteil der bisher im Backoffice-Bereich beschäftigten Mitarbeiter nicht mehr länger gebraucht wird. Diese Konsequenz zu managen ist ein schwieriger Drahtseilakt für den CEO, und wie leicht er vonstattengeht, hängt von Faktoren wie der Unternehmenskultur, dem Grad an gewerkschaftlicher Organisiertheit und den Ländern, in denen die betroffenen Mitarbeiter leben, ab. Auch auf diesem Gebiet sind spezialisierte Outsourcing-Experten versiert und können das Unternehmen hinsichtlich dieser Risiken beraten, bevor es mit diesen konfrontiert ist.

Aus welchen Gründen auch immer, der Outsourcing-Anbieter wird nicht alle Mitarbeiter übernehmen. Die Lösungen, welche die Anbieter präsentieren, sind im Allgemeinen technologieorientiert und auf Wertschöpfung durch Minimierung der manuellen Eingabe und durch Maximierung der Genauigkeit und Effizienz ausgelegt. Das Geschäftsmodell des Outsourcing-Anbieters basiert also auf dem Einsatz von Technologie und nicht auf der Weiterbeschäftigung von Mitarbeitern, wenn er auch möglicherweise, je nach Einsatzgebiet, bereit ist, zwischen 15 und 40 Prozent der Mitarbeiter des Kunden zu übernehmen. Insgesamt kann die Kombination einer Verringerung des Personalbestands mit einer erhöhten Effizienz leicht zu Kosteneinsparungen von 40 bis 60 Prozent in der vormals unternehmensinternen Backoffice-Funktion führen. Der große Nachteil dieser Lösung besteht darin, dass man den Arbeitsplatzabbau und den (wahrscheinlich vorübergehenden) Imageverlust des Unternehmens managen muss.

Ein Vergleich zwischen BPO und Business-Transformation-Outsourcing (BTO)

Wenn der CEO zu dem Schluss gelangt ist, dass Einsparungen dieser Größenordnung machbar sind, sei es durch einen „großen Knall“ oder etappenweise, dann ist Business-Transformation-Outsourcing (BTO) eine rentable und möglicherweise wesentlich effektivere Alternative. Es handelt sich dabei um die Ausweitung des bisher verfolgten Ansatzes, der sich auf eine bestimmte Funktion beschränkt hat, auf eine ganze Sparte oder auf ein ganzes komplexes Geschäftsfeld. Beim BTO greift der CEO auf die Stärken und Kompetenzen von Zulieferern zurück, um die Performance einer Sparte oder eines Geschäftsfelds zu steigern. Dabei werden diese wie ein Fahrzeugmotor in ihre Bestandteile zerlegt und neu zusammengesetzt – und alle Komponenten, die unrentabel oder nicht mehr geeignet sind, werden entfernt.

Das Risiko von Störungen im laufenden Geschäftsbetrieb muss bei diesem Prozess sorgfältig gemanagt werden. Aber wieder einmal ist es wie bei M&A: Man kann diese Anforderung mithilfe vertrauter elementarer Führungskompetenzen erfüllen – sorgfältige Due Diligence, Gewährleistung hochwertiger Managementinformationen, Erarbeitung einer möglichen weiteren Ausrichtung des Prozesses, Verständnis seiner Auswirkungen auf die Meinung der Mitarbeiter, Kunden und Zulieferer. Die größten Auswirkungen hat dieser Prozess meistens auf Investoren und Analysten, die unter Umständen hoch erfreut sind, dass CEO und Vorstand endlich der jahrelangen Ineffizienz ein Ende bereiten und einen Plan für die Zukunft festlegen. Angesichts der für diesen Prozess notwendigen Disziplin und des Ausmaßes seiner Komplexität wird das Unternehmen seinen Zulieferern zudem vertragliche und ethische Pflichten auferlegen. Wie bei einer Akquisition oder einer Veräußerung von Unternehmensteilen haftet der Outsourcing-Anbieter bei der Transformation für die Erfüllung des Zeitplans und der geplanten Einsparungen. Diese Zusicherung untermauert wiederum in Diskussionen mit Investoren und Analysten das Engagement, die Ziele und die Visionen des Vorstands.

Zwar sind die potenziellen Nutzen gewaltig, aber der Preis für ein Scheitern ist gleichermaßen hoch. Der Versuch, einige der Auswirkungen eines Misserfolgs auszugleichen, indem man sie auf die Zulieferer verlagert, wird weder den Ruf noch den Stuhl eines CEO oder eines anderen Topmanagers retten, der eng in den Prozess involviert war. Allerdings wird auch der Ruf des Outsourcing-Anbieters Schaden erleiden, der in gleicher Weise an das Endergebnis gebunden ist. Die Auswahl des Partners, die kulturelle Kompatibilität zwischen den beiden Unternehmen und das Ausmaß ihres Kontaktes untereinander sind für die Vorstände beider Seiten zentrale Themen, weil sie beide entweder gemeinsam von den Nutzen profitieren oder gemeinsam untergehen.

Business-Process-Outsourcing im Aufwind

Kein Unternehmen ist autark und die Unternehmen von heute konzentrieren sich immer stärker auf ihre Kernaktivitäten. Eine Bank vergibt Kredite, eine Versicherung sorgt für Risikobegrenzung, ein Automobilhersteller trägt zur Mobilität bei - genauso wie eine Fluggesellschaft, die ihren Kunden zusätzlich noch den Zugang zu gesellschaftlichen und zu Freizeitaktivitäten verschafft. Jede Aktivität eines Unternehmens, die keinen Mehrwert generiert, ist eigentlich eine administrative Funktion. Als fixer Kostenpunkt sollte sie möglichst kostengünstig und mit größtmöglicher Effizienz ausgeführt werden, um die Belastung der Personal- und Finanzressourcen des Unternehmens zu minimieren.

BPO wurde als direkte Reaktion auf diese Anforderung entwickelt. BPO stellt jede Aufgabe oder Tätigkeit, die ein Unternehmen ausführt, infrage und untersucht, ob sie sich zu geringeren Kosten und mit größerer Flexibilität und Effizienz außerhalb der formalen Unternehmensstruktur ausüben lässt. BPO hat sich weitaus langsamer entwickelt als ICT-Outsourcing und es herrscht ein Mangel an qualitativ wertvollen Informationen über Erfolgsmethoden, darüber, welche Aspekte messbar sind, und darüber, wie ein Unternehmen echte Nutzen aus BPO ziehen und gleichzeitig seine uneingeschränkte wirtschaftliche Flexibilität in Punkten wie Transaktionsvolumen und umfangreiche Unternehmensumgestaltungen wahren kann. Aus diesem Grund überrascht es wohl nicht, dass BPO am ehesten von

Unternehmen betrieben wird, die durch das Outsourcing ihrer IT bereits Selbstvertrauen gewonnen haben.

Tabelle 1.2: BPO: Beispiele für Dienstleistungen, bei denen bisher ein BPO umgesetzt wurde, gegenwärtig umgesetzt wird beziehungsweise zukünftig umgesetzt werden wird

aktuell	gegenwärtig	zukünftig bzw. bereits am Entstehen
Auditing	ATM-Management	„4G-Logistik"
Bestandsverwaltung	Callcenter/Kundenbeziehunungsmanagement/Telemarketing	ASP (Full-Service)
Catering	Finanzministerium/Internationale Währungsrisiken	Aufdeckung von Sozialversicherungsbetrug
Dokumentenmanagement	Fondsmanagement	Bibliotheksmanagement (kommerzielle Unternehmen)
Flottenmanagement	Human Resources	Cashflow-Management
Gefängnisbetrieb durch privateWachdieste	Immobilienverwaltung	CO2-Emissionen: Compliance und Handel
Gehaltsabrechnung	Inkasso	Digital Asset Management
Grafikdesign	Kredit-/Debitkartenwesen	E-Auktionen/indirekte Beschaffung
Kurierdienste	Kundendienst/Fulfilment-Center	Erstellung von Umweltbilanzen
Nutzenmanagement	Rechnungs-/Mahnwesen	Internetkiosk-Dienstleistungen
Personalbeschaffung	Scheckabwicklung	Investor Relations-Management
Public Relations	Sozialleistungsmanagement	Klinische Versuche
Reise-/Flugreservierung und -buchung	Störungsmanagement und Schadenbearbeitung	Outsourcing-Vertragsmanagement
Reprografie und Druck	Straßenbau und -verwaltung	Policy Management und Compliance
Sicherheitsdienste	Vermögens-/Anlagenverwaltung	R&D Spread Betting
Verwaltungsaufgaben	Webbasiertes Fulfilment	Regulierungsvorschriften: Compliance und Berichterstattung
Weiterbildung/Schulung	Webdesign, Webseitenpflege, Contentmanagement	Strategie (Geschäfts- und Unternehmensstrategie)
Warehouse und Logistik		Unternehmensentwicklung

Human Resources, Finanz- und Rechnungswesen und Customer-Relationship-Management (CRM) sind Unternehmensfunktionen, deren Bedeutung als Zielbereiche für ein BPO ständig wächst. Und es werden ständig neue Gebiete für ein Outsourcing in Erwägung gezogen. Die meisten wurden in der letzten Zeit bereits ausgetestet. Tabelle 1.2 wurde aus Branchenmeinungen und den Erfahrungen der Autoren zusammengestellt. Sie umreißt grob die Trends bei Geschäftsprozessen, die Unternehmen für ein Outsourcing in Betracht ziehen.

Bei einer Erörterung des BPO darf ein Warnhinweis vor dem gegenwärtigen Stand der Ausgereiftheit der Angebote der Serviceanbieter und den mangelnden Investitionen in einigen Teilen dieser Branche nicht fehlen. Kunden sollten nicht davon ausgehen, dass die Bekanntheit der Marke eines Serviceanbieters automatisch gleichbedeutend mit Qualität, angemessenen Investitionen und Kompetenz ist. Wer auch immer der Anbieter sein mag, man sollte nicht vergessen, wie wichtig Benchmarking und Ergebnismessung (siehe Kapitel 6) sind.

Quelle: aus *der FTSE-100-Studie von Morgan Chambers*

Ein Selbsttest für CEOs zum Thema BTO

Business-Transformation-Outsourcing ist für jeden CEO eine schwerwiegende Entscheidung – wahrscheinlich sogar eine der schwierigsten, die er jemals trifft, vergleichbar mit einem groß angelegten M&A-Projekt. Hier sind acht Fragen, anhand deren Sie bestimmen können, ob BTO für Ihr Unternehmen infrage kommt. Wenn Sie die meisten Fragen bejahen können, könnte BTO für Sie geeignet sein. Selbst ein CEO, der noch nicht hundertprozentig bereit ist, ein BTO einzuleiten, kann von dem Trend in Richtung BTO profitieren, indem er konventionelle Outsourcing-Beziehungen auf die Grundlage einer noch stärkeren Zusammenarbeit stellt.

1) Braucht Ihr Unternehmen eine radikale Veränderung, um in seiner Branche wettbewerbsfähig zu bleiben?

2) Ist es von entscheidender Bedeutung, wie schnell diese radikale Veränderung implementiert werden kann?

3) Sind Sie bereit, für diese Initiative persönlich zu bürgen?

4) Sind Sie bereit, eine schwierige Übergangsphase in Kauf zu nehmen?

5) Fehlen Ihnen die notwendigen Mitarbeiter und Kompetenzen, um eine derart umfassende Veränderungsinitiative zu leiten?

6) Sind Sie bereit, mit einem Partner zusammenzuarbeiten, um einen radikalen Wandel zu erreichen, selbst wenn das bedeutet, dass Sie ein erhebliches Maß an Kontrolle an Ihren Partner abtreten müssen?

7) Sind Sie bereit, die Gewinne aus der Transformation mit Ihrem Partner zu teilen?

8) Brauchen Sie Kapital zur Finanzierung dieser Transformation?

Eine Warnung an alle CEOs: Unsere Erfahrungen deuten darauf hin, dass große Outsourcing-Anbieter nicht immer so bereit zu der Art von Mann-zu-Mann-Beziehung auf der Führungsebene sind, wie es sich ein CEO vielleicht wünscht. Oft macht es sich für den CEO bezahlt, wenn gewährleistet ist, dass bei der Vertragsunterzeichnung Fotoaufnahmen gemacht werden können, auf denen sich beide Vertragspartner „freudig die Hände schütteln", damit die Spitzenmanager des Kunden und des Anbieters in den Augen der Presse geschlossen auftreten. Beide Seiten wissen, dass diese Fotos in der Presse erneut auftauchen werden, falls es in ihrer Beziehung zu ernsthaften Schwierigkeiten kommen sollte. Dieses öffentlich demonstrierte Engagement beider Seiten trägt dazu bei, dass die Beziehung beständig und partnerschaftlich bleibt und dass die Mitarbeiter auf beiden Seiten das Bekenntnis der beiden Führungsriegen zueinander anerkennen.

Was ein Outsourcing-Programm, neben dem Verhältnis zueinander, mehr als alles andere auf Kurs hält, ist der andauernde, unbeirrte Fokus des CEO beziehungsweise der entsprechenden verantwortlichen Führungskraft auf die ursprünglich festgelegten Ziele. Dieser Fokus wird sich auch auf den

Erhalt der Begeisterung für den Wandel erstrecken sowie – und das ist besonders wichtig – auf die Motivierung der Mitarbeiter und die Förderung einer hohen Performance im gesamten hybriden Unternehmen und letztlich der gesamten hybriden Kultur, die beide Partner gemeinsam geschaffen haben. Das sind allesamt maßgebliche Themen, auf die wir zu einem späteren Zeitpunkt noch einmal zurückkommen werden.

Schlüsselfragen an den CEO und an den CFO, die sich aus Kapitel 1 ergeben

CEO

- Sind Sie sicher, dass die Überlegungen bezüglich Outsourcing keine reflexartige Reaktion auf einen akuten einmaligen Vorfall sind, der nach einer Lösung ruft? Haben Sie wirklich gründlich untersucht, was man durch eine Outsourcing-Strategie erreichen kann, welches Ihre Kernaktivitäten sind und welche anderen Bereiche „reparaturbedürftig", aber durch Outsourcing „reparabel" sind?

- Haben Sie sich über die kurz-, mittel- und langfristigen Ziele Ihrer Outsourcing-Strategie eine so eindeutige Klarheit verschafft, wie Sie das bei einem M&A-Projekt zweifellos machen würden?

- Haben Sie diese klaren und unmissverständlichen Ziele auf Vorstandsebene artikuliert, um den Rahmen für eine streng vertrauliche, detaillierte Vorbereitung der Geschäftsoptionen zu schaffen? Haben Sie dabei die Erfolgsbilanz Ihres Unternehmens bei umfangreichen Veränderungen berücksichtigt?

- Verfügen Sie über ein klares Verständnis der Anforderungen, die mit dem auf allen relevanten Ebenen erforderlichen Kulturwandel verbunden sind – sei es auf Ebene der Geschäftseinheiten oder unternehmensweit?

CFO

- Wenn bei Ihnen ein BPO ansteht: Haben Sie Ihre Kompetenzen und Ihr Wissen eingebracht, um zu gewährleisten, dass die Veränderung angemessen ist, dass bisherige Investitionen (oder ihr Fehlen) in der Vertragsgestaltung berücksichtigt wurden, und sichergestellt, dass entscheidendes Unternehmenswissen nicht zugunsten von Kosteneinsparungen verloren geht?

- Trotz neuer gesetzlicher Anforderungen und Berichtspflichten ermöglicht Outsourcing nach wie vor ein echtes Financial Reengineering. Haben Sie untersucht, wie man das ausnützen und so bilanzieren kann, dass der gesamte Business Case davon profitiert und der Entscheidungsprozess auf der Führungsebene unterstützt wird?

- Sind Sie bereit und in der Lage, mit potenziellen Outsourcing-Anbietern finanzielle Diskussionen aufzunehmen, ohne interne Ziele und Budgets sowie geschäftlich sensible Zahlen, sowie bei zukünftigen Verhandlungen eine Rolle spielen könnten, offenzulegen?

Kapitel 2
Risikoreduzierung

Wir hatten das Gefühl, dass Outsourcing – mal ganz abgesehen von der Kostenkontrolle – uns auch dabei helfen würde, die Kontrolle über unser Unternehmen zu verbessern. Beim Outsourcing wenden nicht nur wir unsere eigenen Governance- und Kontrollstrukturen an, auch unser Outsourcing-Partner tut das.

– Neil Tointors, Operations Director, Abbey Life

Genau wie bei jeder anderen wirtschaftlichen Entscheidung geht es auch beim Outsourcing von Dienstleistungen grundsätzlich um ein Gleichgewicht von Nutzen und Risiken. Bei Outsourcing-Entscheidungen muss der CEO unbedingt begreifen, dass so eine tiefgreifende Umgestaltung Auswirkungen und Folgen hat, die weit über die offensichtlichen Effekte auf Kosten, Personal und Abläufe hinausreichen.

Wir sprechen hier nicht unbedingt über das höchste Risiko, nämlich dass die Outsourcing-Vereinbarung scheitern könnte, wenngleich auch dieser

Fall berücksichtigt werden muss, wie wir noch erörtern werden. Aber selbst bei einem erfolgreichen Outsourcing-Programm ist es wichtig, sich völlig über mögliche Risiken wie interne Spannungen und Missverständnisse sowie deren Auswirkungen auf das Image außerhalb des Unternehmens bewusst zu sein.

Der Stakeholder-Kontext des Umfeldes

Outsourcing hat Auswirkungen auf alle Faktoren, die von außen Druck auf das Unternehmen ausüben. Daraus folgt, dass die Risikobewertung vonseiten des Vorstands ganzheitlich sein muss, alle Stakeholder-Gruppen des Unternehmens erfassen muss und speziell auf jede einzelne Stakeholder-Gruppe zugeschnittene Botschaften enthalten muss – genau wie die Kommunikation darüber, was getan werden soll und warum es getan werden soll. Wenn es einen unmittelbaren, zwingendenden Grund für eine Beschleunigung oder eine Ausweitung des Outsourcings gibt, werden die Vorbereitungen für die Umsetzung mit Sicherheit noch mehr Zeit in Anspruch nehmen.

Welches auch immer die genauen Ursachen sein mögen, es ist wichtig, dass sich der Vorstand der Risiken völlig bewusst ist, die eine Beschleunigung der Entscheidungsfindung mit sich bringt. Insbesondere muss er erkennen, dass die Märkte, die institutionellen Investoren und die wichtigen Shareholder den Vorstand in zunehmendem Maße für unüberlegte Outsourcing-Aktionen zur Verantwortung ziehen werden – genauso wie sie das bei einer übereilten Akquisition ohne ausreichende Due Diligence tun würden. Eine ausführlichere Erörterung der Aspekte der Kommunikation im Zusammenhang mit umfangreichen Outsourcing-Programmen lesen Sie ab Seite 251.

Für Unternehmen, die ein Outsourcing in Erwägung ziehen, ist die Notwendigkeit der Kommunikation mit den Regulierungsbehörden oft der Hauptschwerpunkt, wobei das Ausmaß dieser Kommunikation von der jeweiligen Branche abhängt. Finanzdienstleistungen – ein besonders heißes Outsourcing-Thema – unterliegen beispielsweise strengen Vorschriften (siehe den nachfolgenden Kasten über die IOSCO-Richtlinien). Manche Unternehmen, die bestimmte Bereiche outsourcen wollen, benötigen die ausdrückliche Genehmigung der Regulierungsbehörden und/oder der Regierung und müssen sich - insbesondere beim Offshoring - zu einer ständigen Überwachung der ausgelagerten Bereiche verpflichten. Aber auch für alle anderen Unternehmen gilt, dass sie die Einhaltung der Gesetze, vom Arbeitsrecht bis hin zu neuen Emissionsvorschriften, gewährleisten müssen. Je nach der örtlichen Rechtslage sind Unternehmen möglicherweise auch verpflichtet, mit Gewerkschaften, Betriebsräten und anderen Arbeitnehmervertretungen zu verhandeln.

Finanzdienstleistungen: ein Sektor, der strengstens überwacht wird

Im Februar 2005 veröffentlichte der Technische Ausschuss der Internationalen Vereinigung nationaler Börsenaufsichtsbehörden IOSCO (International Organization of Securities Commissions) seine *Principles on Outsourcing of Financial Services for Market Intermediaries.* Das Dokument hebt die im Zusammenhang mit Outsourcing festgestellten regulatorischen Risiken hervor und nennt Richtlinien zu ihrer Reduzierung. In der Einleitung heißt es dazu:

„Outsourcing stellt in hohem Maße die Integrität und Effektivität des Regulierungssystems für Finanzdienstleistungen infrage. Wenn regulierte Unternehmen Funktionen auslagern, kann es erstens sein, dass die Kontrolle über die Mitarbeiter und die Prozesse, welche die ausgelagerte Funktion betreffen, nachlässt. Dennoch verlangen die Regulierungsbehörden, dass das outsourcende Unternehmen einschließlich seines Aufsichtsrats und seines Senior-Managements voll verantwortlich für die outgesourcte Funktion (gegenüber Kunden und Regulierern) bleibt, so als würde die Dienstleistung weiterhin unternehmensintern ausgeübt. In einigen Rechtsräumen ... setzen die Regulierungsbehörden für das Outsourcing bestimmter Funktionsbereiche Beschränkungen fest, wenn sie der Auffassung sind, dass das Outsourcing für die Funktion des outsourcenden Unternehmens ein inakzeptables Risiko darstellt oder eines Vermittlers bedarf. Zweitens erwarten Regulierer, dass sie uneingeschränkten Zugang zu allen Bü-

chern und Aufzeichnungen erhalten, welche die Outsourcing-Aktivitäten eines Unternehmens betreffen, selbst wenn sich diese Dokumente in der Obhut des Serviceanbieters befinden. Die Regulierungsbehörden müssen sich zudem vollständig der möglichen betrieblichen und systemischen Risiken bewusst sein, die vorliegen könnten, wenn mehrere regulierte Unternehmen den Service desselben Anbieters in Anspruch nehmen."

Die sieben IOSCO-Richtlinien zur Risikoreduzierung lauten wie folgt:

- Richtlinie 1: Ein Unternehmen, das outsourct, sollte bei der Auswahl eines passenden Outsourcing-Anbieters und bei der Beobachtung seiner gegenwärtigen Performance geeignete Due-Diligence-Prüfungen durchführen.

- Richtlinie 2: Es sollte ein rechtsverbindlicher schriftlicher Vertrag zwischen dem outsourcenden Unternehmen und jedem einzelnen Outsourcing-Anbieter geschlossen werden, dessen Gestaltung und Detailgenauigkeit davon abhängen sollten, wie wesentlich die ausgelagerte Tätigkeit für das laufende Geschäft des Unternehmens ist.

- Richtlinie 3: Das Unternehmen sollte geeignete Maßnahmen ergreifen, um festzulegen, dass
  (a) Verfahren zum Schutz der unternehmenseigenen und kundenbezogenen Informationen und Software vorgesehen sind und dass
  (b) seine Outsourcing-Anbieter Krisen- und Katastrophenpläne entwickeln und regelmäßig aktualisieren, einschließlich eines regelmäßigen Tests von Datensicherungseinrichtungen.

- Richtlinie 4: Das Unternehmen sollte durch geeignete Schritte von seinen Outsourcing-Anbietern den Schutz sowohl unternehmenseigener als auch anderer vertraulicher Informationen sowie den Schutz seiner Kunden vor einer vorsätzlichen oder unbeabsichtigten Weitergabe von Informationen an nicht autorisierte Personen fordern.

- Richtlinie 5: Die Regulierer sollten sich der Risiken bewusst sein, die mit der Leistungserbringung für mehrere regulierte Unternehmen durch einen einzigen Outsourcing-Anbieter verbunden sind.

- Richtlinie 6: Beim Outsourcing sollten vertragliche Bestimmungen vorgesehen sein, die eine Vertragsbeendigung sowie geeignete Ausstiegsstrategien regeln.

- Richtlinie 7: Der Regulierer, das outsourcende Unternehmen und seine Prüfer sollten Zugang zu allen Büchern und Aufzeichnungen der Outsourcing-Anbieter haben, die sich auf die konkreten Outsourcing-Aktivitäten beziehen, und der Regulierer sollte auf Anfrage unverzüglich alle Informationen erhalten, die Aktivitäten betreffen, die für eine Überprüfung durch den Regulierer relevant sind.

Und dann gibt es auf dem breiteren Markt noch die Zielgruppe der Analysten und Investoren. Je nachdem, wie das Unternehmen und sein Management gerade von den Märkten bewertet werden, kann dies die Stakeholder-Gruppe sein, an die sich das Unternehmen am dringendsten wenden muss – vor allem weil man damit rechnen muss, dass diese Gruppe jede noch so geringe Abweichung von der erklärten Strategie entweder als Schwäche oder als Inspiration interpretiert. Um dazu beizutragen, dass die Analysten dem Unternehmen die Treue halten, sollte der CEO seine Botschaft abschnittsweise vermitteln und bestrebt sein zu demonstrieren, dass der Vorstand Schritt für Schritt auf allen möglichen Ebenen dafür sorgt, dass in Zukunft die Risiken geringer werden.

Wie Sie die praktischen Grundlagen des Vertrages vermitteln

Wenn das Unternehmen den Markt für sich gewinnen will, kann das bedeuten, dass es neben der Veröffentlichung von eher naheliegenden Informationen auch die genauen vertraglichen Verpflichtungen des Outsourcing-Anbieters offenlegen muss. Ein ebenso wichtiger Bestandteil der Mitteilungen ist das gemeinsam verkündete Bekenntnis zu der Vereinbarung auf der CEO-Ebene beziehungsweise der entsprechenden Ebene der beiden Unternehmen. Dieser öffentliche Schulterschluss und die gemeinsam übernommene Verantwortung für die Erzielung der angestrebten Nutzen – und darüber hinaus für die Umsetzung der Unternehmensstrategie – können vor allem auf die Investorengemeinde, die sich über das Engagement freut, das ein angesehener Outsourcing-Anbieter zeigt, einen Einfluss haben. Anscheinend ist so ein öffentliches gemeinsames Bekenntnis eher unüblich, und ob sich der Zulieferer dazu bewegen lässt, hängt vom Umfang und von der Bedeutung der Vereinbarung ab.

Gleichzeitig werden die institutionellen Investoren dem CEO im Hinterzimmer ein bisschen Druck machen und von ihm eine kontinuierliche, konsistente und detaillierte Kommunikation seiner betriebswirtschaftlichen Argumente und des Business Enablements, das diese Verbindung im Lauf der Zeit bewirken soll, verlangen. Dieses Business Enablement könnte eine Ausweitung der aktuellen Produktlinien, der Geschäftsfelder und der geografischen Märkte sowie Ziele wie eine Verkürzung der Produktentwicklungszeit und eine Reduzierung der Serviceentwicklung und der Fertigungsrisiken beinhalten. Ein Beispiel hierfür ist der Vertrag, zwischen EDS und dem britischen Turbinenhersteller Rolls-Royce, der in Kapitel 6 auf Seite 173f. ausführlich beschrieben ist. Das Timing dieses Vertrags rettete Rolls-Royce im wahrsten Sinne des Wortes das Leben zu einem Zeitpunkt, als der Wettbewerb und die Nachfrage nach Innovationen in der Luftfahrtindustrie einen Gipfelpunkt erreicht hatten.

Und schließlich müssen die Aspekte der Presse- und PR-Arbeit gemanagt werden, um negative Auswirkungen auf das Firmenimage zu minimieren. Es wäre zu viel erwartet, davon auszugehen, dass die Medien ein Unternehmen für die Umsetzung eines Outsourcing-Programms und den Abbau von Arbeitsplätzen mehrheitlich loben würden. Aber eine klar verständliche Begründung kann sehr viel zu einer positiveren Berichterstattung beitragen, vor allem in der anspruchsvollen Wirtschaftspresse. Sie müssen in der Lage sei, eine klare und detaillierte Darstellung, leicht verständliche Geschäftsziele, die Folgerichtigkeit und Strenge bei der Partnerauswahl, ein Risiko- und Commitment-Profil des Zulieferers und – und das ist am wichtigsten – das gemeinsame Bekenntnis der beiden Führungsebenen zu der getroffenen Vereinbarung zu präsentieren.

Während der gesamten Kommunikation mit den Stakeholdern zahlt sich die in Kapitel 1 beschriebene strenge Fokussierung auf die Ziele und die Auswirkungen des Outsourcings aus, weil sie den CEO in die Lage versetzt, jeder Partei eine klare und überzeugende Story zu liefern. Der CEO kann zeigen, dass alle infrage kommenden Maßnahmen und deren Auswirkungen untersucht wurden; er kann demonstrieren, mit welcher Zielstrebigkeit das Unternehmen seine Ziele verfolgt, und er kann die operative Flexibilität beschreiben, welche die Kompetenzen, die Ressourcen, das geistige Eigentum und die geografische Marktabdeckung des Zulieferers seinem Unternehmen verschaffen. Das an die Stakeholder des Unternehmens gerichtete Kommunikationsprogramm bietet zudem einen wechselseitigen Kommunikationskanal, der dem Unternehmen dabei hilft, die spezifischen Interessen der verschiedenen Gruppen, deren Ansichten es bei seinen Entscheidungen berücksichtigen muss, zu verstehen. Zudem versetzt es das Unternehmen in die Lage, seine Mitteilungen den jeweiligen Stakeholdern entsprechend abzustimmen.

Wie Sie sich schon vor dem Start auf den Ausstieg vorbereiten

Ein weiteres Schlüsselelement der Risikoreduzierung ist für den CEO die Vorbereitung des Ausstiegs noch vor Vertragsbeginn. Auch wenn es zunächst ein wenig übertrieben klingt – man kommt mit einer Analogie zwischen Outsourcing und einer Ehe ganz schön weit. Wie bei einer Ehe geht es bei einer Outsourcing-Vereinbarung um eine bestimmte Absicht, um ein Bekenntnis zueinander, um Respekt sowie um eine gemeinsame Vision. Und wie in den meisten Ehen gibt es in allen Outsourcing-Vereinbarungen die ausdrückliche Absicht und ein bestimmtes Verfahren zur Zeugung von Nachkommen, die von Natur aus klüger und/oder stärker sind als ihre Eltern. Dementsprechend geben das Unternehmen und sein Zulieferer ihre vermischten Gene an die nächste Generation, das „hybride" Unternehmen, weiter, das wiederum stärker und angesichts der Gnadenlosigkeit des steigenden Wettbewerbsdrucks und der fortschreitenden Globalisierung – anpassungsfähiger sein muss als seine „Eltern".

Wie bei immer mehr Ehen werden alle diese Punkte in einem Ehevertrag festgehalten, der vor allem festlegt, dass für den Fall, dass die Verbindung auseinanderbrechen sollte, jede Partei im Wesentlichen das mitnimmt, was sie eingebracht hat, oder dafür einen finanziellen Ausgleich erhält, sowie dass alle gemeinsam gezeugten Nachkommen gemäß einer vorab festgelegten Regelung entweder gemeinsam betreut werden oder bei einem der beiden Elternteile verbleiben. Wenn Sie mehr über die Rechte an den „Kindern" nach dem Ende der Ehe erfahren wollen, lesen Sie den Abschnitt „Der Schutz des geistigen Eigentums" auf Seite 75. Die vereinbarte Regelung zur Vertragsauflösung könnte eine Art fortgesetztes gemeinsames Eigentumsrecht oder eine Regelung vorsehen, nach der eine Partei der anderen gegen Bezahlung einer bestimmten Summe die Rechte abkaufen kann.

Viele Unternehmen sind über die Entschlossenheit ihrer Zulieferer überrascht, von dem im Rahmen der Outsourcing-Vereinbarung entwickelten geistigen Eigentum zu profitieren. Die meisten Unternehmen gehen davon aus, dass das gesamte geistige Eigentum, das von seinen bezahlten Mitarbeitern entwickelt wird, automatisch in ihren Besitz übergeht - auch wenn dieses Konzept in Rechtsräumen wie Japan - und zu einem geringeren Grad auch in Deutschland - juristisch inzwischen infrage gestellt wird. Unabhängig davon, wie die Argumente diesbezüglich beschaffen sein mögen, Tatsache ist, dass sich Outsourcing-Anbieter als gleichwertige Partner und nicht als Mitarbeiter ihrer Kunden wahrnehmen und daher durchaus gewillt sind, ihre Rechte an dem gemeinsam geschaffenen geistigen Eigentum zu verteidigen.

Gründe für eine Trennung

Aber warum sollte es überhaupt zu einer Trennung kommen? Die vielfältigen Risikofaktoren, die ein komplexer Outsourcing-Vertrag mit sich bringt, haben zur Folge, dass es viele gute Gründe für eine Trennung während einer laufenden Vereinbarung oder zum vereinbarten Vertragsende gibt, wobei nicht alle diese Gründe mit einer Nichteinhaltung des Vertrages zu tun haben.

Zum Beispiel können beide Parteien zu dem Schluss gelangen, dass sich die Vereinbarung ihrem natürlichen Ende zuneigt. Das könnte an einem

Versäumnis in der Beziehung liegen oder an der Entscheidung des Kundenunternehmens, die outgesourcte(n) Funktion(en) wieder ins Unternehmen zurückzuholen oder sie einem neuen Partner zu übertragen – entweder aufgrund veränderter Kundenanforderungen oder infolge von Veränderungen beim Anbieter. Sie sollten jedoch damit rechnen, dass der Zulieferer beleidigt ist, so als hätte man ihn mit einem Akt der Untreue konfrontiert, und Sie sollten daher nicht über emotionale oder irrationale Reaktionen überrascht sein, wenn Sie „einen anderen" wählen. Alle diese Risiken sollten in der „Werbephase", das heißt während der Vorbereitung und der Due Diligence, einkalkuliert, in den Verhandlungen angesprochen und erörtert und im endgültigen Vertrag eingegrenzt werden.

Zu den Veränderungen aufseiten des Zulieferers, die Anlass für eine Trennung sein könnten, können Versäumnisse bei der Bereitstellung von Ressourcen, bei den Kompetenzen oder bei der Vertragserfüllung gehören. Sie können aber genauso gut aus einer materiellen Veränderung der Eignerstruktur des Outsourcing-Anbieters herrühren. In der Outsourcing-Branche kursieren oft Gerüchte über das mögliche Ende der Marktteilnahme eines großen Anbieters oder die mögliche Fusion mehrerer großer Anbieter. Das heißt, ein Unternehmen stellt möglicherweise fest, dass seine Outsourcing-Vereinbarung plötzlich auf einen Zulieferer übergeht, mit dem es entweder nicht zusammenarbeiten möchte oder in dem es vielleicht sogar einen Wettbewerber sieht. Eine der Klauseln, die dem Kundenunternehmen den Ausstieg aus dem Vertrag ermöglichen, sollte im Fall einer Veränderung des Nießbrauchsrechts beim Outsourcing-Anbieter in Kraft treten.

Die genaue Spezifizierung der Risikofaktoren im Vertragsanhang

Der genaue Ablauf und das Schema, nach dem die Trennung vollzogen wird, sollte ebenfalls Bestandteil des Vertrags sein, ebenso andere Problematiken, zum Beispiel wie sich die mit der Leistungserbringung verbundenen Kosten bei zunehmenden oder reduzierten Serviceleistungen verändern. Diese Faktoren können als Teil des Managements des Vertragsanhangs gehandhabt werden, der jährlich erneuert werden sollte. Der Anhang zum Basisvertrag legt normalerweise die Serviceleistung und ihre

Vergütung fest und verpflichtet den Kunden zur Rückzahlung des nicht eingespielten Kapitalaufwands im Falle einer Kündigung – im Grunde genommen eine Vereinbarung nach dem Motto: „Wir verpflichten uns, die 25 Millionen US-Dollar zurückzuzahlen, die Sie soeben in unser Netzwerk investiert haben, abzüglich einer angemessenen Abschreibung."

Ein weiterer Punkt, der üblicherweise Bestandteil des Vertragsanhangs ist, ist die Frage nach der Personalstärke. Stellen Sie sich einen Kunden vor, dessen Outsourcing-Partner sich dazu verpflichtet hat, einen IT-Helpdesk mit 22 Mitarbeitern bereitzustellen. Anschließend konsolidiert der Outsourcing-Anbieter seine Helpdesk-Funktionen jedoch, um Skaleneffekte zu erzielen, sodass dieselbe Einrichtung nun auch anderen Kunden einen ähnlichen Service bietet. Der Service ist an sich zufriedenstellend, aber dann stellt sich heraus, dass der konsolidierte Helpdesk nur 18 statt der vertraglich vereinbarten 22 Mitarbeiter hat und darüber hinaus auch noch andere Kunden betreut. Solche Situationen führen oft zu schädlichen und größtenteils fruchtlosen Auseinandersetzungen, die sich im Kreis drehen. Die Lösung besteht darin, den Service-Anbieter im Vertragsanhang zur jährlichen Offenlegung und zum Nachweis des Personalbestands zu verpflichten. Auf diese Weise sorgt man für Transparenz und schafft eine Grundlage für Preisnachverhandlungen.

Dieser schematische Ansatz mit jährlichen Aktualisierungen bringt sowohl operative als auch finanzielle Nutzen für die Risikoreduzierung. Er macht die jeweils aktuellen Regelungen transparent – und nicht die Regelungen, die bei der Vertragsunterzeichnung vier Jahre vorher verabschiedet wurden. Das heißt auch, dass zu jedem Zeitpunkt für jede Seite eine Einschätzung der Gesamtkosten einer Kündigung mit einer Abweichung von plus/minus 10 Prozent möglich sein sollte. Wenn es Ihnen nicht gelingt, Ihre laufenden Kosten, Ihre eingesetzten Ressourcen, Ihre Kapitalinvestitionen sowie deren jeweiligen Lebenszyklus und ihre Handhabung als eingesetzte Sachwerte (zweckgebunden oder Shared Asset) zu überwachen und dabei immer auf dem neuesten Stand zu sein, wird das später zu Problemen führen. Für eine Unterlassung der Überwachung und für die fehlende Kenntnis aller Aspekte der Serviceleistungen und möglicher zukünftiger Verbindlichkeiten gibt es keine Ausrede.

Der Schutz des geistigen Eigentums

Wenn in einer Outsourcing-Beziehung eine Trennung droht - vor allem wenn dies schnell oder unerwartet passiert -, ist erfahrungsgemäß der wichtigste Vertragsbestandteil, auf den der CEO achten muss, das Eigentum an gemeinsam entwickelten Anwendungen und an anderen Vermögenswerten und Instrumenten des intellektuellen Kapitals. Diese Aspekte werden am häufigsten übersehen und sind in wirtschaftlicher Hinsicht am umstrittensten. Der Hauptrisikofaktor ist die Neigung der mit der Entwicklung betrauten Personen auf beiden Seiten, im Verlauf der Vertragsbeziehung bequem zu werden und es sich zu gemütlich zu machen. Es ist zum Beispiel denkbar, dass drei Jahre nach Unterzeichnung der Outsourcing-Vereinbarung eine Kooperation in einem Projekt begonnen wird, das im Umfang des Vertrages nie vorgesehen war - und niemand macht sich die Mühe, die neue Kooperation zu den Vertragsbedingungen hinzuzufügen. Und das ungeachtet der Tatsache, dass in den Governance-Vereinbarungen genau steht, dass jede Ergänzung, die nicht Bestandteil des ursprünglichen Vertrags ist, in allen Einzelheiten als formaler Anhang schriftlich in den Vertrag aufgenommen werden muss.

Dieser Vertragsanhang behandelt im Allgemeinen acht bis zehn sich wiederholende, aber entscheidende Tatsachen über die neue Anwendung, die sich im Entwicklungsstadium befindet. Der wichtigste Sachverhalt ist die Frage, ob die Anwendung exklusiv für das Kundenunternehmen entwickelt wird (sodass sie in sein Eigentum übergeht), ob es sich um eine gemeinsame Entwicklung des Outsourcing-Anbieters und des Kunden handelt, sodass diese Anwendung nicht ohne ausdrückliche Zustimmung beider Entwicklungspartner im Rahmen eines Packages vermarktet werden darf, oder ob sie alleine von dem Outsourcing-Partner mit der Absicht entwickelt wurde, sie später auch anderen Kunden anzubieten. Wenn man es versäumt, diese Details zum Zeitpunkt der Entwicklung einer Anwendung vertraglich genau festzuhalten, kann dies bei einer späteren Trennung zu großen Problemen führen.

Das Management mehrerer Zulieferer gleichzeitig: „Best-of-Breed“

Zusätzlich zu den beim Management einer einzelnen Outsourcing-Vereinbarung und -Beziehung vorhandenen Risiken entscheiden sich viele Unternehmen dafür, ein ganzes Spektrum an Nischen-Outsourcing-Vereinbarungen mit verschiedenen Spezialanbietern abzuschließen. Damit steigt allerdings der Komplexitäts- und Risikolevel, der gemanagt und entschärft werden muss.

Ein weitverbreiteter Ansatz beim Management mehrerer Zulieferer ist das Pareto-Optimum, das nach dem italienischen Ökonomen Vilfredo Pareto benannt ist. Einfach ausgedrückt ist das Pareto-Optimum ein Effizienzmaßstab, der von der Annahme ausgeht, dass, egal welches Ergebnis entsteht, es kein anderes Ergebnis gibt, bei dem alle Beteiligten mindestens genauso gut abschneiden und bei dem nicht mindestens ein Beteiligter weitaus stärker profitiert. Das Ergebnis des Pareto-Optimums lässt sich demzufolge nicht verbessern, ohne mindestens einem Beteiligten zu schaden. Das bedeutet, dass es eine solide Basis für das Management der Interessen mehrerer Zulieferer bietet.

Solche mathematischen Konstrukte überlässt man aber am besten dem Finanzvorstand und der Risikomanagementabteilung. Was den CEO aber unmittelbarer betrifft, ist die Suche nach einer optimalen Methode zum Einsatz einer ganzen Reihe von „Best-of-Breed“-Zulieferern für verschiedene Elemente einer Outsourcing-basierten Lösung. Diese Anbieter, die landläufig auch „Supplier of Choice“ (SoC) genannt werden, kennen alle Aspekte der Erbringung der Dienstleistung, für die sie unter Vertrag genommen wurden, bis ins Detail. Aus der Einsicht heraus, dass es für einige Bereiche oder auch für einige Unternehmensfunktionen herausragende Spezialisten gibt, könnten sich der CEO und der Vorstand entscheiden, sich direkt an verschiedene Spezialisten zu wenden, anstatt sich an einen einzigen Großanbieter zu binden, um so einen größeren Wettbewerbsvorteil und eine größere Verantwortlichkeit (vor allem in Bezug auf Innovationen) zu erhalten sowie um unter den einzelnen Zulieferern eine Art Wettbewerbsgeist zu fördern. Daraus kann eine Art „Rahmenvereinbarung“ entstehen, in deren Rahmen sich konkurrierende Anbieter um das Recht bewerben, die Geschäftseinheiten mit derselben Art von Dienstleistung zu versorgen, und anschließend untereinander die Marktanteile innerhalb des Kundenunternehmens ausfechten.

Hier ist ein warnender Hinweis angebracht: „Best-of-Breed“ zu managen ist naturgemäß kostspieliger, vor allem wenn zu wenig Zeit auf die Klärung von „Grauzonen“ bei der Verantwortlichkeit verwendet wird. Trotz aller Anstrengungen werden die Zulieferer immer ihren Wettbewerber haftbar machen, wenn ein Problem auftritt. Es ist also absolut unerlässlich, dass das Kundenunternehmen straffe (aber nicht zu starre) Management-, Governance- und Berichtsstrukturen festlegt. Diejenigen Unternehmen, die erfolgreich diese Qualitätskriterien einsetzen, können trotz Konfrontationen zwischen den einzelnen Outsourcing-Anbietern weiterhin die Nutzen ernten. Die Fallstudie über JP Morgan auf Seite 304 ff. zeigt, dass die Realisierung der Nutzen aus JP Morgans „Best-of-Breed“-Vereinbarung kaum beeinträchtigt wurde, als einer der Zulieferer (Accenture) juristische Schritte gegen einen anderen Zulieferer (CSC) unternahm.

Wie Sie die Schnittstellen bestimmen

Wie solche Erfahrungen zeigen, wirkt sich der „Best-of-Breed“-Ansatz wesentlich darauf aus, wie das Outsourcing gemanagt wird, wobei das Hauptproblem weniger die Zulieferer an sich, sondern vielmehr die Schnittstellen und die zwischen ihnen möglichen Lücken sind. Wenn ein Unternehmen seine eigene „Best-of-Breed“-Strategie managt, muss jeder Zulieferer nicht nur bei der von ihm erbrachten Dienstleistung oder der von ihm ausgeübten Funktion die jeweilige Best Practice befürworten, sondern auch im Zusammenspiel mit anderen Anbietern an verschiedenen Schnittstellen. Das bedeutet, dass zugunsten eines direkten, ungefilterten vertikalen Informationsflusses zum Management sehr eindeutig und ausführlich definiert werden muss, wer wofür verantwortlich ist. Nur so lassen sich Grauzonen, Missverständnisse und Unsicherheiten vermeiden.

Ein klassisches Beispiel eines solchen Konflikts ist das Outsourcing des Computernetzwerks eines Unternehmens an einen Zulieferer und das Outsourcing der Desktop-PCs an einen anderen Zulieferer. Der Netzwerklieferant wird sagen, seine Verantwortung ende an der Steckdose, während die Verantwortung des PC-Lieferanten am Schreibtisch beginnt. Das scheint eindeutig genug zu sein. Aber dazwischen befinden sich Elemente wie Kabel, Modems und Verteiler, die höchstwahrscheinlich im Lauf der Zeit eine ganze Reihe unterschiedliche Geräte verbinden werden. Was geschieht, wenn diese Elemente irgendwann ausfallen oder aufgrund irgendwelcher Erweiterungen aufgerüstet werden müssen? Der Netzwerk- und der PC-Lieferant werden gegenseitig mit dem Finger aufeinander zeigen. Diese Falle scheint so offensichtlich zu sein – es kommt aber trotzdem manchmal vor.

Die mit dem Management von mehreren „Suppliers of Choice" verbundenen Schwierigkeiten machen deutlich, dass die Fähigkeit zur Gestaltung von Verträgen, die den vertikalen Informationsfluss zum Management vor Blockaden oder Lücken bewahren, eine wichtige Kompetenz darstellt (siehe auch unser Spezialthema über juristische Fragestellungen ab Seite 246). Eine derart wasserdichte Vertragsgestaltung ist alles andere als ein Kinderspiel und ein Gebiet, auf dem sich eine unabhängige Beratung durch externe Berater auf alle Fälle auszahlt. Genauso wichtig ist es, dass die Governance und das Berichtswesen rund um die Verträge dem CEO ein Panorama der Gesamtperformance und der individuellen Leistung verschafft. Wenn sich vier oder fünf Serviceanbieter darum streiten, wer schuld an einer außerplanmäßigen Unterbrechung sei, wer der innovativste von ihnen allen sei und wer Anspruch darauf habe, ein bestimmtes Element an proprietärer Software auszuwechseln, dann fangen die Managementanforderungen an, immer größer zu werden.

Die Auswahl eines Hauptauftragnehmers

Bei umfangreichen Projekten zur Transformation eines gesamten Unternehmens kann die Zunahme der Schnittstellen in einer Lieferkette, an der mehrere Zulieferer beteiligt sind, derart ausufern, dass es über einen gewöhnlichen Management-Mehraufwand weit hinausgeht. Im schlimmsten Fall brachten die Revierkämpfe und die mangelnde Verständigung unter den Zulieferern schon ganze Transformationsprojekte zu Fall, weil sie die Moral untergruben und die wichtigen Beziehungen der Zulieferer untereinander sowie die Beziehungen zwischen jedem einzelnen Zulieferer und dem Kundenunternehmen zerstörten.

Für ein Unternehmen, das ein Transformationsprojekt in Angriff nehmen will, ist ein Vertrag mit einem „Hauptanbieter", der sowohl für die Umsetzung des Projekts als auch für die Steuerung der Beziehungen mit Drittanbietern verantwortlich ist, eine Maßnahme, mit der sich diese Risiken minimieren oder zumindest innerhalb der Lieferkette verschieben lassen. Bei einer derartigen Vereinbarung engagiert das Kundenunternehmen einen Anbieter als Hauptvertragspartner, mit dessen Hilfe es dann erörtert und Einfluss darauf nimmt, welche weiteren Spezialanbieter an Bord geholt werden, um die angestrebten Ziele zu erreichen. Zwar findet das Auswahlverfahren im Rahmen gemeinsamer Beratungen statt, das Management des Beziehungsnetzes liegt jedoch in der alleinigen Verantwortung des Hauptanbieters, der fähig sein muss, die notwendigen Ressourcen und Kenntnisse zur Einschätzung und Eindämmung der mit diesem Ansatz verbundenen Risiken anzuwenden.

Das steht im Gegensatz zu einem Einzelanbieter-Ansatz, bei dem die Entscheidungen, welche Teile des Projekts an Subunternehmen vergeben werden, allein beim Zulieferer liegen, ohne dass das Kundenunternehmen darauf eine Einflussmöglichkeit hätte. Das Einzige, was hier zählt, ist, dass das Projekt wie vereinbart umgesetzt wird, wobei es in der Verantwortung des Zulieferers liegt, die beste Methode zur Umsetzung zu entwickeln. Ein „Best-of-Breed"-Ansatz besteht effektiv aus einer Reihe von „Single-Source"-Zuliefervereinbarungen, wobei jede einzelne Beziehung vom Kundenunternehmen intern gemanagt wird.

Die Rolle eines Hauptanbieters ähnelt der Rolle eines Serviceintegrators, und es ist kein Zufall, dass diese beiden Rollen oft von denselben Unternehmen übernommen werden. Noch vor Projektbeginn wird der Hauptanbieter mit dem Kundenunternehmen dessen Anliegen und Präferenzen hinsichtlich der spezialisierten Best-of-Breed-Anbieter diskutieren und versuchen, sie in eine Ideallösung zu integrieren. Dieser Service hat natürlich seinen Preis. Und wenn ein Nischenzulieferer seine vertraglichen Verpflichtungen nicht erfüllt oder es zu Lücken beim vertikalen Informationsfluss kommt, teilen sich das Kundenunternehmen und der Hauptanbieter die Verantwortung – anders als bei einer Single-Source-Vereinbarung (bei welcher der Zulieferer die alleinige Verantwortung trägt) oder einer intern gemanagten Best-of-Breed-Lösung (wo die Verantwortung hauptsächlich beim eigenen Vertragsmanagement des Kundenunternehmens liegt).

Auch hier kann man den Wert einer sachkundigen unabhängigen Beratung in Bezug auf die Bilanzierung und das Management der Risiken all dieser Ansätze gar nicht hoch genug ansetzen.

Sie sollten wirklich an alles denken: Wie sich ein Meltdown verkraften lässt

Selbst bei relativ einfachen Vereinbarungen bringt das Outsourcing ein Geflecht von Risiken mit sich, die miteinander in Wechselbeziehung stehen, als da wären: die Bewertung und Vorbereitung der auszulagernden internen Funktion; die Auswahl der Zulieferer: die Überlegungen zur Risikoreduzierung hinsichtlich mehrerer Serviceanbieter, hinsichtlich verschiedener Einflussnehmer und hinsichtlich der Personen, die ihrerseits von der Outsourcing-Entscheidung beeinflusst werden. Angesichts all dieser Faktoren muss sich ein CEO auch noch mit etwas Unvorstellbarem auseinandersetzen: Die ganze Initiative könnte zu einem Meltdown werden.

Auch wenn diese Möglichkeit wahrscheinlich nie eintritt, ist es wichtig, so gut wie möglich auf den Umgang damit vorbereitet zu sein. Der Meltdown könnte auf ganz unterschiedliche Weisen eintreten. In einem regulierten Umfeld könnte sich in einer der ausgelagerten Funktionen ein Betrug ereignen, bei dem sich nicht eindeutig feststellen lässt, ob die Verantwortung bei den Mitarbeitern des Kundenunternehmens oder bei denen des Serviceanbieters liegt. Auf jeden Fall befindet sich das Kundenunternehmen plötzlich im Zentrum von Untersuchungen der Finanzaufsichtsbehörde, was ihm (und möglicherweise auch seinem Outsourcing-Anbieter) eine Menge Ärger mit den Regulierungsbehörden beschert und es zwingt, ernsthafte Schäden an seinem Ruf und seinem Aktienkurs zu reparieren.

Es ist wichtig, dass der CEO nicht vergisst, dass auch der gute Name seines Outsourcing-Partners auf dem Spiel steht. Angesichts solcher Umstände müssen sich beide Partner auf eine gemeinsame Linie verständigen und gemeinsam ihre Tatkraft und die Stärke ihrer Verbindung zum Einsatz bringen. Damit man für einen solchen Fall gewappnet ist, sollten zu Beginn der Vereinbarung entsprechende Szenarios erörtert und gemeinsame Reaktionen geplant werden – und das, obwohl beide Seiten wissen, dass ihre Vereinbarung eine solche Krise wahrscheinlich nicht überleben würde.

Name, Vorname

Firma

Straße, Nr.

PLZ, Wohnort

E-Mail

Telefon

Diese Postkarte lag im Buch: ....

- ☐ Sie dürfen mich telefonisch kontaktieren
- ☐ Ja, ich möchte den kostenlosen FinanzBuch-Newsletter zu den aktuellen Highlights, Specials und Sonderangeboten per E-Mail erhalten

Datum/Unterschrift

- ☐ Ich erkläre mich damit einverstanden, dass meine freiwilligen Angaben zusammen mit den für die Abwicklung des Geschäftsvorfalls erforderlichen Angaben vom FinanzBuch Verlag, seinen Dienstleistern sowie anderen ausgewählten Unternehmen für Marketingzwecke genutzt werden, um interne Marktforschung zu betreiben und um mich über interessante Angebote zu informieren. Sollte ich dies nicht mehr wünschen, kann ich das jederzeit schriftlich mitteilen.

Bitte freimachen

Antwortkarte

FinanzBuch Verlag GmbH
Herr Kent Gaertner
Nymphenburger Str. 86

80636 München

Bei einer strategischen Outsourcing-Vereinbarung kann die Tatsache, dass beide Parteien gemeinsam gewinnen oder verlieren, zur Stärkung der Verbindung dienen. Dieses Bewusstsein kann zu beiderseitiger Offenheit, einer gemeinsamen Zusammenarbeit mit den Regulierungsbehörden und zu einem Bekenntnis zu einer gemeinsamen Taktik für den Katastrophenfall beitragen, die, wenn es nötig wird, zur Anwendung kommt. Dazu können auch die Schaffung einer zentralen Auskunftsstelle für Anfragen und Mitteilungen sowie der buchstäbliche Schulterschluss beider Unternehmensführungen gegenüber der Presse und anderen Stakeholdern gehören.

Risikorelevante Fragen an den Zulieferer

Die Reduzierung der Risiken, mit denen CEOs konfrontiert sind, die ein Outsourcing erwägen, hängt zu einem großen Teil davon ab, dass von Anfang an die richtigen Fragen gestellt werden – ehe Sie von den Antworten, nach denen Sie nie gefragt haben, heimgesucht werden. Es ist empfehlenswert, sich als Erstes mit den potenziellen Outsourcing-Anbietern zusammenzusetzen und ihnen vorab die folgenden Fragen zu stellen:

- Ist der Zulieferer wirklich mit meiner Branche und der Anwendung, dem Verfahren oder der Dienstleistung vertraut?

- Ist der Anbieter diesen Weg schon einmal gegangen (vor allem seine Vorstandsmitglieder)?

- Falls nicht, verfügt er über die nötigen Kenntnisse und ist das Zuliefererunternehmen groß genug, um die zur Leistungserbringung notwendigen Ressourcen und Subunternehmen beizubringen?

- Dürfen wir die Kundenreferenzen des Zulieferers persönlich nachprüfen? Kann diese Überprüfung der Referenzen auf den Ebenen der CEOs und der CFOs erfolgen, gefolgt von einer stärker operativ ausgerichteten Überprüfung auf der Ebene der IT-Vorstände?

- Warum sind einige Kunden nicht auf der Referenzliste aufgeführt?

- Dürfen wir auch mit mindestens einem Kunden sprechen, der seine Servicevereinbarung mit dem Zulieferer gekündigt hat? Dies würde auch Fragen zum verfolgten Ansatz, zu ungelösten Problemen, zu unerwarteten Kosten, zum Umgang mit geistigem Eigentum etc. beinhalten.

- Glaubt der Zulieferer an die allgemein verfügbaren Branchen-Benchmarkingdaten und vertraut er ihnen? Hat er verlässliche, transparente Zahlen über seine internen Kosten? Wird er sich daran halten?

- Wie wird der Zulieferer mit dem breiteren Umfeld umgehen:
  - Regulierer?
  - Gewerkschaften und Mitarbeiter?
  - Analysten?
  - Druck vonseiten der Stakeholder (Umwelt-/Ethikgruppen, andere Zulieferer, Kunden)?

- Wie will er technologische Veränderungen managen und für Innovationen sorgen?

- Wie würde er mit einem schweren Imageverlust oder einem regulatorischen Meltdown umgehen?

Diese Fragen kann der CEO selbst stellen oder sie durch einen Mittelsmann stellen lassen. So oder so geben die Antworten einen guten ersten Eindruck über die voraussichtlichen Risiken der Beziehung und bilden die Grundlage für eine anschließende eingehendere Due Diligence.

Onshore oder Offshore: Risiko oder Wirtschaftlichkeit?

Eine Erörterung der Risiken des Outsourcings ist unvollständig ohne eine Erörterung des Offshorings. Der Wandel hin zu einer Auslagerung von Prozessen und Funktionen ins Ausland war eine der dramatischsten Veränderungen der letzten Jahre, die – zumindest ursprünglich – dadurch ausgelöst wurde, dass man die Tatsache, dass es in Ländern wie Indien keine Tariflöhne gibt, zur Kostenreduzierung ausnutzte. Offshoring ist inzwischen so weit verbreitet, dass ein Unternehmen, das über ein Outsourcing nachdenkt, beinahe zwangsläufig auf Offshoring-Ressourcen und -Einrichtungen hingewiesen wird, sei es durch seine Peergroup oder durch potenzielle Serviceanbieter.

Einer der umstrittensten und am heftigsten diskutierten Streitpunkte auf dem Gebiet des Outsourcings ist der Risikolevel beim Offshoring. Unserer Ansicht nach nähert man sich diesem Feld am besten vom Standpunkt des CEO an, indem das Hauptaugenmerk von den Risiken auf die *Wirtschaftlichkeit* gelenkt wird. Dadurch dass ein Kundenunternehmen einem Onshore-Zulieferer die Bedingung stellt, unabhängig vom geplanten Standort einen bestimmten Anteil des Vertrags zur Offshore-Wirtschaftlichkeit zu leisten, kann das Kundenunternehmen dieses Risiko auf den Serviceanbieter verlagern und auf diese Weise gewährleisten, dass der zur Bewertung und Reduzierung der Offshoring-Risiken am besten positionierte und qualifizierte Anbieter den Zuschlag erhält.

Abgesehen davon haben die jüngsten heftigen Reaktionen auf Offshoring, vor allem die Kritik an der zunehmenden Auslagerung von Funktionen mit direktem Kundenkontakt ins Ausland, Imagerisiken entstehen lassen, die ein Gegengewicht zu den verlockenden Wirtschaftlichkeitsargumenten darstellen. Gleichzeitig hat der wiederholte öffentliche und politische Druck inzwischen einige Unternehmen zu der Zusicherung veranlasst, auf Offshoring zu verzichten, während andere versuchen, Kapital aus dem Versprechen zu schlagen, keine Callcenter oder Kundendienstleistungen ins Ausland zu verlegen. Diese Versprechen zielen in erster Linie auf die Gewinnung eines Marketingvorteils ab. Aber sie spiegeln auch tiefer liegende Probleme und Risiken wider.

Keine Frage von alles oder nichts

Wenn ein CEO anfängt, über Offshoring nachzudenken, ist es äußerst wichtig, dass er sich nicht unter Druck setzen lässt und glaubt, es handele sich um eine Schwarz-Weiß-alles-oder-nichts-Entscheidung, oder sogar, dass die Entscheidung allein beim Unternehmen liege. Die Risiken, die mit einer Auslagerung von Funktionen an Niedriglohnstandorte einhergehen, lassen sich vor allem auf zweierlei Arten reduzieren:

1) *Nearshore-Kapazitäten:* Eine Reihe von „Nearshore"-Zentren steht derzeit im Begriff einer rasanten Entwicklung, darunter – in Europa – die Iberische Halbinsel (vor allem Spanien) und die neuen EU-Beitrittsländer in Zentral- und Osteuropa. In diese Zentren wird intensiv investiert, da sie mit den etablierten Nearshore-Standorten innerhalb der EU, wie zum Beispiel Dublin, und Offshore-Anbietern wie Indien, China, den Philippinen und Malaysia konkurrieren sollen. Die neu entstehenden Nearshore-Standorte in der EU haben den Vorteil, dass sie von Haus aus mehrsprachig und relativ kostengünstig sind und dass im Hinblick auf Themen wie Datenschutz die Gesetze der EU gelten.

2) *Staffelung des Offshorings:* CEOs und Vorstände sollten die Dringlichkeit des Outsourcings eher im Kontext der übergeordneten Ziele der Vereinbarung betrachten, anstatt konkrete Standortentscheidungen zu treffen. Ähnlich wie die Entscheidungen über zweitrangige Zulieferer sollten Standortentscheidungen dem zentralen Outsourcing-Anbieter überlassen werden. Zu diesem Zweck sollten Unternehmen auf Verträge abzielen, in denen sie ihrem Serviceanbieter vorschreiben, dass ein bestimmter Prozentsatz der ausgelagerten Aufgaben zu „Offshore-Wirtschaftlichkeit" erbracht werden muss, und es dem Serviceanbieter überlassen, ob er einen Teil der Leistungserbringung ins Ausland verlagert oder nicht. Der vertraglich vereinbarte Prozentsatz beginnt üblicherweise bei 25 Prozent im ersten Jahr und steigert sich im Laufe eines vier- oder fünfjährigen Vertrags auf bis zu 50 Prozent. Eine solche Vereinbarung verschafft dem Kundenunternehmen auf kontrollierte Weise die Kostenvorteile des Offshorings und entschärft gleichzeitig die Emotionen über das Offshoring.

Mit dem zunehmenden Wachstum der Outsourcing-Industrie haben sich auch zwei beliebte Fehlannahmen bezüglich Offshoring entwickelt. Eine besteht darin, dass Offshoring automatisch in jeder Hinsicht riskanter ist als Onshoring – was nicht der Fall ist. Denken Sie zum Beispiel an die Streikwahrscheinlichkeit in Indien im Vergleich zu Europa. Die andere Fehlannahme besteht darin, dass Offshoring und Outsourcing eng miteinander zusammenhängen, obwohl es sich in Wirklichkeit um zwei völlig verschiedene Konzepte handelt, die nur gelegentlich in Kombination angewendet werden. Der größte Teil der verarbeitenden Industrie in Indien besteht zum Beispiel nach wie vor aus firmeneigenen Betrieben (sog. „Captive Operations"), die den Unternehmen gehören, die sie nutzen.

Die Onshore-Präsenz von Offshore-Anbietern

Egal wie groß die gegenwärtigen Proteste gegen Offshoring sind, ein Blick in die Zukunft lässt wenig Zweifel daran, dass Offshoring auch weiterhin an Bedeutung gewinnen wird. Angesichts der Vorsicht US-amerikanischer und europäischer Kunden haben Offshore-Anbieter aus Standorten wie Indien reagiert und in ihren westlichen Schlüsselmärkten lokale Niederlassungen und Vertretungen gegründet und es so ihren Kunden ermöglicht sicherzustellen, dass die Planung und die Entwicklung onshore geschehen. Sie sind zudem darauf erpicht zu betonen, dass bestimmte Bestandteile der Projekte innerhalb der Gerichtsbarkeit des Kunden ausgeführt werden.

Gleichzeitig bauen die großen westlichen Outsourcing-Anbieter wie IBM, EDS und Accenture ihre Niederlassungen in Indien und anderen Offshore-Zentren – von Mauritius über China bis hin zur Tschechischen Republik – weiter aus. Trotz der Anti-Offshoring-Haltung im Westen, der rapiden Lohninflation und hohem Personalverschleiß an Standorten wie Indien sieht es so aus, als gäbe es einen Zuwachs für Offshoring als Alternative. Tatsächlich wird in Indien auf diesem Gebiet in den nächsten drei Jahren ein weiteres Wachstum von mindestens 30 Prozent erwartet.

Die Tatsache, dass Offshoring keine Alles-oder-nichts-Entscheidung, sondern eine strategische Verfeinerung der Sourcing-Strategie eines Unternehmens ist, wird von unserer Fallstudie über GE Capital International Services (GECIS) ab Seite 279 untermauert. GE war eines der ersten multinationalen Unternehmen, das im Jahr 1997 seine Backoffice-Funktionen, sein Rechenzentrum und seine Callcenter mit der Gründung von GECIS als „Captive Operation" nach Indien verlegte. Sieben Jahre später beschloss GE, mit dem Verkauf des Mehrheitsanteils an GECIS weiterhin dieselben Best-of-Breed-Dienstleistungen auf Outsourcing-Basis in Anspruch zu nehmen und gleichzeitig wertvolles Kapital für Investitionen in andere Vorhaben und Entwicklungen freizusetzen sowie GECIS zu erlauben, sich erfolgreich selbstständig am breiteren Markt zu behaupten.

Die Gründung von GECIS durch GE, gefolgt von einer Phase des Managements und schließlich von der Veräußerung der Mehrheitsanteile, spiegelt ein Phasenmodell wider, das als Muster für zukünftige Offshore-Projekte dienen kann. Die Erfahrungen mit GECIS heben sich deutlich von Shells Vorgehensweise in Bezug auf sein Rechenzentrum in Houston ab, das Shell als unternehmensinterne Offshore-Niederlassung betreibt.

Schlüsselfragen an den CEO und an den CFO, die sich aus Kapitel 2 ergeben

CEO

- Sind Sie bereit und in der Lage, jetzt und in Zukunft hinter Ihrer Outsourcing-Strategie zu stehen und als Verantwortlicher ausdrücklich in aller Öffentlichkeit für den Outsourcing-Vertrag persönlich die Hand ins Feuer zu legen, und zwar sowohl bei der Berichterstattung über die Erwartungswerte als auch beim Management der Erwartungswerte angesichts starker Stakeholder-Interessen – angesichts einer hellhörigen Presse und angesichts der prüfenden Blicke vonseiten des Marktes?

- Haben Sie schon eindeutige und unmissverständliche Mitteilungen geplant – und dafür Zeit und Ressourcen verfügbar gemacht –, um alle internen und externen Stakeholder (von den Gewerkschaften und der Belegschaft bis hin zu Regulierungsbehörden, Kunden, Analysten und wichtigen Aktionären) über die Gründe für das Outsourcing und seine Auswirkungen zu informieren?

- Auch wenn die mit der Outsourcing-Vereinbarung verbundenen Risiken durch die Vermögenswerte, die Ressourcen und die Erfahrung des/der Zulieferer(s) gemindert werden, lässt es sich nicht vermeiden, dass Restrisiken bleiben. Haben Sie diese erkannt und entschieden, wie Sie die Risikopuffer, die sie erwerben wollen, nutzen und sich innerhalb von ihnen bewegen wollen?

CFO

- Haben Sie die Finanz- und Investitionsrisiken reduziert (und damit auch das Berichtswesen unterstützt), indem Sie das Potenzial der im Rahmen des Outsourcing-Vertrags möglichen steuerlichen Flexibilität untersucht und ausgeschöpft haben, um den Kapitalaufwand zu reduzieren oder ihn ganz zu vermeiden, um willkürliche Ausgaben absolut gesehen zu begrenzen, um Vermögenswerte zu veräußern und um eventuell einige Aspekte zu verbriefen?

- Haben Sie die Kosten- und Risikoprofile untersucht, die jeweils mit der „ganzheitlichen" Alternative mit nur einem Zulieferer oder der Alternative mit mehreren „Best-of-Breed"-Zulieferern verbunden sind?

- Sind Sie – genau wie bei einem M&A-Deal – bereit und in der Lage, gegenüber Stakeholdern, die Einfluss auf den Aktienkurs haben, die großen Nutzen und Synergien der Outsourcing-Vereinbarung im Verhältnis zu ihren Risiken zu artikulieren, und bekennen Sie sich dazu, diese Praxis – möglicherweise auch unter widrigen Umständen – über mehrere Jahre fortzusetzen?

Kapitel 3
Der klare gemeinsame Wert

Eine Zusammenkunft ist ein Anfang, ein Zusammenbleiben ist ein Fortschritt, eine Zusammenarbeit ist ein Erfolg.

– Henry Ford

Wenn die grundsätzliche Entscheidung für ein Outsourcing als Weg zur Erreichung der strategischen Unternehmensziele gefallen ist, gibt es zwei Möglichkeiten, wie der CEO an den Deal herangehen kann.

Eine besteht darin, Outsourcing als reine Beschaffungsmaßnahme zu betrachten und zu versuchen, es als Mittel zur *Extraktion* des maximalen Werts aus dem Markt einzusetzen. Die andere besteht darin, Outsourcing als Mittel zur nachhaltigen Wert*generierung* einzusetzen. Letzteres bedeutet, dass man unbedingt akzeptieren muss, dass die Outsourcing-Vereinbarung nur dann Erfolg haben wird, wenn sie auch für den Outsourcing-Anbieter Wert generiert, indem man einen fairen und ausgewogenen Mittelweg für die von beiden Vertragsparteien erzielten Nutzen findet.

Beide Ansätze haben in Abhängigkeit von den genauen Umständen ihre Vor- und Nachteile und beide sind gegenwärtig auf dem Outsourcing-Markt häufig anzutreffen. Die Erfahrungen zeigen jedoch, dass die erfolgreichsten Outsourcing-Beziehungen diejenigen sind, bei denen schon die Vertragsgestaltung sicherstellt, dass beide Seiten von der Beziehung profitieren. Und es ist kein Zufall, dass viele - wenn auch nicht alle - externe Outsourcing-Berater eine Win-win-Philosophie verfolgen, mit der keine Seite unverhältnismäßig höhere Nutzen erzielt.

Modell „Freier Handel" oder Protektionismus?

Diese Philosophie ähnelt der Idee des freien Handels, der ja darauf abzielt, allen dieselben Handelsbedingungen zu bieten - im Gegensatz zum protektionistischen Ansatz, bei dem eine Seite versucht, für sich den Löwenanteil herauszuziehen. Und wie im internationalen Handel, scheint der Protektionismus zwar kurzfristig Nutzen zu generieren, hat aber auch zwangsläufig seinen Preis.

Dieser Preis ist beim Outsourcing, genau wie beim Handel, umso höher, je weiter man über den einmaligen Vertragsabschluss hinausblickt und je mehr man eine längerfristige Beziehung in Erwägung zieht. Wenn der Outsourcing-Ansatz eines Unternehmens darin besteht, Teile seines Geschäfts systematisch an den Meistbietenden oder den billigsten Anbieter zu versteigern, wird der Markt dies relativ schnell erkennen und genauso kurzfristig reagieren.

Die Folge könnte sein, dass die besseren Outsourcing-Anbieter einer nach dem anderen beschließen, aus der Ausschreibung auszuscheiden, da sie wenig dafür übrig haben, ohne Aussicht auf Rendite an dem Verfahren teilzunehmen. Und selbst wenn sie sich an Ausschreibungen beteiligen, werden sie höchstwahrscheinlich einen Preisaufschlag einkalkulieren, um die höheren Risiken auszugleichen, die mit dem Hauptaugenmerk des Kunden auf den niedrigsten möglichen Preis verbunden sind.

Wie Sie eine Win-win-Situation erreichen

Diese Grundsatzdiskussion über Wertextraktion und gemeinsame Wertgenerierung ist am Outsourcing-Markt ein Dauerthema. Der Drang einer oder beider Seiten, einen unangemessen höheren Nutzen aus dem Outsourcing zu extrahieren, ist meist die Ursache für das Scheitern der Verträge. Abbildung 3.1 zeigt in einer Matrix die Ergebnisse verschiedener wirklichkeitsgetreuer Outsourcing-Projekte, die von einer Win-win-Situation, in der beide Seiten gleichberechtigt Gewinne erzielen, bis zu einer Lose-lose-Situation reichen, in der beide Seiten aktiv Wert vernichten. Die meisten Win-lose-Situationen (Kunde gewinnt, Outsourcing-Anbieter verliert) und Lose-win-Situationen (Kunde verliert, Outsourcing-Anbieter gewinnt) enden schließlich ebenfalls als Lose-lose-Szenarien, in denen beide Seiten verlieren – es könnte nur länger dauern, bis klar wird, wessen Aktionäre die größeren Leidtragenden sind.

Unsere Erfahrungswerte bestätigen, dass einfach kein Vertrag zustande kommt, wenn ein Kundenunternehmen mit Outsourcing-Absichten während der Vertragsverhandlungen mit einem erstklassigen Outsourcing-Anbieter versucht, einen überproportionalen Anteil der Nutzen für sich zu beanspruchen. Das liegt größtenteils daran, dass die Juristen und Risikomanagementexperten des Zulieferers die Zeit zwischen der ersten Vereinbarung über den Vertrag und seiner endgültigen Dokumentierung dazu nutzen werden, den Leistungsumfang einzugrenzen und Puffer in Bezug auf Wirtschaftlichkeit oder Leistungserbringung einzubauen, die für den Zulieferer den Wert der Vereinbarung erhöhen.

Das wiederum führt dazu, dass das Verfahren verschleppt wird und dass die monatelangen Verhandlungen gewaltige Mengen an Zeit und Energie verschlingen und oft ohne Vertragsabschluss enden. Für die Verhandlungspartner geht es dabei um mehr als um verschwendete Zeit. Für den/die CEO ist die Tatsache viel schlimmer, dass sein/ihr Versuch, sich den Löwenanteil an den Nutzen aus dem Vertrag zu sichern, zu einer Verzögerung der Nutzenrealisierung des Outsourcings auf unbestimmte Zukunft geführt hat. Möglicherweise werden diese Nutzen am Ende sogar nie erzielt werden. Allerdings kann selbst das besser sein, als langfristig den Preis für eine unausgewogene Vereinbarung zu zahlen, die irgendwann an der Belastung durch die ungleiche Nutzenverteilung zwischen den Vertragsparteien zerbrechen wird.

		Zulieferer: Gewinner	Zulieferer: Verlierer
Kunde	Gewinner	Erfolg	Nicht von Dauer
Kunde	Verlierer	Frühzeitige Nachverhandlungen	Fataler Misserfolg

Abbildung 3.1: Von Win-win zu Lose-lose

Wie Sie mit gemeinsamen Erwartungen und Zielen eine vertrauensvolle Beziehung aufbauen

Die Lösung zum Umschiffen oben genannter Klippen besteht darin, dass beide Seiten akzeptieren, dass man Vertrauen zum Vertragspartner haben kann, ohne dass dieser einen übers Ohr haut. Auch hier drängt sich die Analogie zur Ehe auf. Es bedarf eines deutlichen Einvernehmens über den gemessenen Wert der Vereinbarung, über die Art und Weise, wie jede Seite zu der Beziehung beiträgt, damit Nutzen realisiert wird, und über die Tatsache, dass die Sorgen wegen einer Verzögerung oder eines Problems von beiden Seiten geteilt werden.

Eine weitere Voraussetzung ist der ausdrückliche Wunsch nach einer ständigen Verbesserung der Beziehung. Es sollten für den Outsourcing-Anbieter Prämien ausgesetzt werden, um ihn zur Übererfüllung seiner Lieferpflichten und zur Beschleunigung des Lieferplans zu motivieren, und das Kundenunternehmen sollte sich wirklich zur Zahlung der versprochenen Prämien verpflichtet fühlen, wenn diese fällig werden. Auf diese Weise kann man optimale Voraussetzungen für eine wirklich effektive Partnerbeziehung schaffen, von der beide Seiten profitieren.

Wenn das aber so einfach ist, warum gibt es dann nicht mehr erfolgreiche Outsourcing-Initiativen? Tatsache ist, dass fast die Hälfte der Outsourcing-

Vereinbarungen nicht den angestrebten Wert generieren; eine kürzliche Schätzung der Misserfolgsquote lag bei 43 Prozent. Ein Win-win-Vertrag, der sich nachweislich bewährt, sollte deshalb als Vorlage und leuchtendes Beispiel für zukünftige Verträge dienen, an dem sich andere Unternehmen orientieren können.

Im Kundenunternehmen wird ein solcher Vertrag bei den dafür Verantwortlichen als Erfolg registriert. Außerhalb des Kundenunternehmens ist er für den Outsourcing-Anbieter eine äußerst gute Referenz, ein Beispiel einer vorzügliche Leistung, was ihm dabei helfen wird, hoch qualifizierte Mitarbeiter zu gewinnen und zu binden. Das bedeutet, dass eine erfolgreiche Outsourcing-Vereinbarung positive Nebeneffekte hat, die letztlich auch dem Kundenunternehmen zugutekommen – und so entsteht eine positive Dynamik gemeinsam erzeugter Ursachen und Wirkungen.

Um dahin zu gelangen, muss das Kundenunternehmen ernsthaft langfristig denken und bereit sein, nicht nur die Kosten zu sehen. Ein Unternehmen, das eine konventionelle Ausschreibung durchführt, wird das bekommen, wofür es zu zahlen bereit ist: die billigste Alternative. Und es wird feststellen, dass bei den Anbietern, die am fähigsten wären, den größten langfristigen Nutzen zu generieren, die Wahrscheinlichkeit am höchsten ist, dass sie einer solchen Ausschreibung aus dem Weg gehen. Das andere Extrem wäre, dass das Kundenunternehmen und der Outsourcing-Anbieter dermaßen viele gemeinsame Interessen haben, dass sie womöglich beschließen, ihre Kompetenzen in einem Joint Venture zusammenzulegen und dieses Nutzenversprechen auf dem Markt anzubieten.

Eines der ambitioniertesten und herausragendsten Beispiele eines solchen Outsourcing-Joint-Ventures fand im Jahr 2000 statt, als BT und Accenture zusammen e-peopleserve gründeten, ein Joint Venture, an dem beide zu jeweils 50 Prozent beteiligt waren und das den Zweck hatte, sowohl den beiden Joint-Venture-Partnern als auch dem breiten Markt HR-Dienstleistungen anzubieten (siehe Fallstudie ab Seite 311). Die Entwicklung von e-peopleserve von einer internen HR-Funktion zu einem Outsourcing-Joint-Venture, das schließlich – nachdem BT seinen Anteil verkauft hatte – zu Accenture HR Services mutierte, ist ein mustergültiger Entwicklungszyklus beim Outsourcing. Er macht nicht nur das umfassende Potenzial des Outsourcings deutlich, sondern auch die Schwierigkeiten und Enttäuschungen, die dabei auftreten können – vor allem wenn man versucht, ein relativ neues BPO-Konzept an einen übervorsichtigen Markt zu verkaufen. BTs Verlängerung des Outsourcing-Vertrags mit Accenture um weitere zehn Jahre im Jahr 2005 zeigt, dass beide davon überzeugt sind, dass sie letztendlich am Ziel ihrer Wünsche angekommen sind – aber erst nachdem sie den gesamten Entwicklungszyklus von e-peopleserve durchlaufen hatten.

Die Ursachen einer Niederlage

E-peopleserve endete effektiv als Win-win-Geschäft. Aber welche Faktoren machen Kunden oder Zulieferer unserer Erfahrung nach zu Verlierern? Im Falle eines IT-Outsourcings kann die Ursache darin liegen, wie CEO und Vorstand im Rückblick ihre unternehmensinterne IT-Abteilung sowie den langfristigen Wert – falls vorhanden – beurteilen, den die IT für das Gesamtunternehmen generiert. Je nach Sachlage könnte die Bewertung eines Outsourcings der IT-Funktion von einer zentralen Quelle des Wettbewerbsvorteils bis hin zu einer austauschbaren Beschaffungsmethode ohne allzu großen Wertzuwachs reichen.

Der CEO kann dies mit einer grundsätzlichen Frage klären: „Welches sind die Motivation und die Begründung für das Outsourcing?" Wenn die Gründe rein ökonomischer Natur sind, dann will das Unternehmen im Wesentlichen nur dieselbe Dienstleistung zu geringeren Kosten in Anspruch nehmen. In diesem Fall handelt es sich um eine preisbasierte Beschaffungsmethode. Das an sich ist kein Problem, aber Sie müssen sich über die Auswirkungen dieses Ansatzes im Klaren sein, zu denen in nicht geringem Maße das Risiko einer mangelnden Abstimmung zwischen der ausgelagerten IT-Funktion und dem übrigen Unternehmen gehört.

Auf der anderen Seite könnte die Antwort auch sein, dass Sie Ihr Unternehmen mithilfe eines Drittanbieters umwandeln und in die Lage versetzen wollen, bestimmte Dinge anders und besser zu machen, wobei die Preisfrage sekundär ist. Dann handelt es sich um ein Transformationsprojekt. Erfahrungsgemäß ist dies die bessere Ausgangbasis für eine Win-win-Situation.

Wie Sie den eingeschlagenen Kurs beibehalten

Ein weiterer Punkt, den Sie nicht außer Acht lassen dürfen, ist die Tatsache, dass das Risiko einer ernsthaften Fehlausrichtung infolge einer beschaffungsorientierten, kostenbasierten Outsourcing-Strategie steigt, wenn sich die Unternehmensziele verändern. Im Allgemeinen tendiert der Unternehmensfokus dazu, je nach Konjunkturlage zwischen Kostensenkung und Wertschöpfung zu schwanken. Zur Zeit der Entstehung dieses Buches scheint sich die Wertschöpfung im Aufschwung zu befinden. Kürzlich durchgeführte Umfragen zeigen, dass 80 Prozent der CEOs heute den Schwerpunkt auf die Generierung von Mehrwert legen, gegenüber 20 Prozent, die nach wie vor hauptsächlich auf Kostensenkung setzen.

Das Problem dabei ist, dass ein Outsourcing-Programm, das mit der Begründung der Beschaffungskostensenkung zu einem Zeitpunkt initiiert wird, an dem sich der Fokus in Richtung Wertschöpfung verschiebt, besondere Belastungen und Druck innerhalb eines Unternehmens auslösen kann. Es mag wohl so sein, dass die Absichten bezüglich der Beschaffungskosten durch den vom Unternehmen gewünschten „Billig-Vertrag" erfüllt wurden. Doch sobald sich eine Situation ergibt, in der sich mit wenigen Zusatzkosten mehr Wert erzielen ließe, hat dies einen völligen Stillstand zur Folge, weil zwei Teile des Unternehmens unterschiedliche Ziele verfolgen. Der Outsourcing-Anbieter hängt zwischen zwei Strategien fest und muss auch noch feststellen, dass man ihm vorwirft, die strategische „Richtung" des Kundenunternehmens nicht voll zu unterstützen.

Zur Vermeidung einer solchen Situation kehren wir auf den Ausgangspunkt für erfolgreiches Outsourcing zurück: eine eindeutige Aufstellung der Ziele bereits zu Beginn der Gespräche. „Wir müssen uns darüber klar werden, was wir mit dem Outsourcing wirklich erreichen wollen", sagt der Chairman oder der CEO. „Unsere Kosten senken oder unser Geschäft fördern. Versuchen wir, unsere bisherige Strategie kostengünstiger umzusetzen, oder wollen wir eine Plattform schaffen, die unser Unternehmen flexibler und langfristig gesehen wettbewerbsfähiger macht?" Sobald man sich auf eine Antwort geeinigt hat, muss der Vorstand diese schriftlich dokumentieren – und sich daran halten.

Wie Sie vermeiden, zwischen Vertragsklauseln eingeklemmt zu werden

Ein weiteres Merkmal eines Outsourcings mit Beschaffungscharakter ist die zumeist viel restriktivere Vertragsgestaltung. Wir leben in einer hoch dynamischen Welt, in der durch die Globalisierung und den Druck die Herausforderungen täglich zunehmen. Die Autoren glauben nicht, dass in einem solchen Umfeld eine starre vertragsorientierte Transaktion ein für ein Unternehmen erstrebenswertes Geschäft ist – und das gilt auch für Outsourcing-Anbieter.

Ein sehr starrer Vertrag fördert ein Verhalten, bei dem beide Parteien bei jedem Problem zuerst auf die Klauseln pochen, anstatt sich darauf zu einigen, welches Vorgehen für beide Seiten das beste ist.

Mit der Zeit entwickelt sich daraus ein destruktives Verhalten: Beide Parteien werden ständig danach Ausschau halten, wie sie die Schuld abwälzen, wie sie mit etwas „durchkommen" und wie sie ihren Gewinn zulasten der anderen Seite steigern können. Dabei gerät leicht in Vergessenheit, dass der größte Wert für beide Seiten in einer tatkräftigen Zusammenarbeit, im Teilen der Sorgen und darin liegt, einfach zu tun, was getan werden muss.

Erfolg bei der Einigung

All dies läuft darauf hinaus, dass sich beide Seiten zusammensetzen müssen, um von Anfang an ein gemeinsames Bild des angestrebten Erfolgs zu entwerfen und sich anschließend gemeinsam auf die Zielerreichung zu konzentrieren. Im Verlauf von Outsourcing-Projekten fragen wir CEOs und Vorstände immer wieder: „*Was* wollen Sie erreichen? Sagen Sie es uns. Und wenn Sie es uns sagen, dann halten wir das schriftlich fest und bewahren es auf." Monate oder sogar Jahre später kann man diese schriftlich niedergelegte Vision wieder hervorholen und dem Führungsteam vorlegen, um den Fokus auf die ursprünglichen Ziele zu wahren oder um zu bestätigen, dass die einst formulierten Ziele tatsächlich dabei sind, sich zu verändern.

Aufgrund der naturgegebenen Tendenz zur Abweichung in jeder Outsourcing-Transaktion ist das notwendig. Bei jeder Vereinbarung, selbst wenn sie Wert generiert, versucht an irgendeinem Punkt irgendjemand, irgendwo – üblicherweise (aber nicht immer) jemand aus dem Kundenunternehmen – den Vertrag zu modifizieren, um ihn seiner Meinung nach zu verbessern. Wenn die andere Seite nicht über die eindeutige und gemeinsam beschlossene Definition der ursprünglichen zugrunde liegenden Absicht verfügt, dann werden sich die Ziele verschieben, es werden Meinungsverschiedenheiten aufkommen und das gegenseitige Vertrauen wird darunter leiden.

Ein Ansatz zur Wahrung der Zieldisziplin besteht darin, dass sich ein Manager einer der beiden Vertragsparteien aus den konkreten Verhandlungsgesprächen oder der Umsetzung der Vereinbarung zurückzieht und sich darauf konzentriert, streng über die Einhaltung der ursprünglich vereinbarten Ziele zu wachen. Wenn die Ziele beginnen sich zu verlagern, kann er einschreiten und beiden Seiten „auf die Finger klopfen".

Keine falschen Tatsachen vortäuschen!

Aber auch vonseiten des Zulieferers können vertragsschädliche Verzerrungen ausgehen. Ein alter Trick, der inzwischen allgemein verpönt ist – von einigen Zulieferern aber nach wie vor versucht wird –, besteht darin, dass das Verkaufsteam des Outsourcing-Anbieters dem potenziellen Kundenunternehmen das Blaue vom Himmel verspricht, um den Zuschlag zu erhalten. Anschließend überlassen es die Verkäufer ihren internen Verhandlungsteams und Juristen, die gemachten Versprechungen peu à peu wieder zurückzuschrauben und dem Kundenunternehmen Zugeständnisse abzuringen.

Das ist nicht nur ein unmoralisches Geschäftsgebaren, es ist auch ein schlechter Auftakt für eine langfristige Beziehung, die auf Vertrauen basieren soll. Zudem führt diese Methode zu einer Verzögerung des Vertragsabschlusses – womöglich um mehrere Monate. In dieser Zeit erzielt der Zulieferer keine Einnahmen aus der Outsourcing-Vereinbarung und dem Kundenunternehmen entgehen die Nutzen und Kostenvorteile der Vereinbarung. Es ist interessant, dass hier üblicherweise niemand für den

Wertverlust zur Rechenschaft gezogen wird, obwohl eine dreimonatige Verzögerung für beide Seiten massive Kosten zur Folge hat.

In diesem Bewusstsein sollten beide Seiten der Versuchung widerstehen, Positionskämpfe zu führen und in Verhandlungs„rollen“ zu schlüpfen, weil das den gesamten Prozess nur in die Länge zieht. Stattdessen gebietet die Wirtschaftlichkeit ein Gefühl der Dringlichkeit, das von der echten Bereitschaft gestützt sein muss, die Transaktion voranzubringen, damit schnellstmöglich ihre Nutzen zum Tragen kommen.

Die Themen, die Vertragspartner während der Verhandlungen am meisten in die Länge ziehen, um aus ihnen möglichst viel Wert herauszuziehen, sind leicht zu benennen. Wenn über eine einzelne, klar definierte Serviceleistung verhandelt wird, fangen die Unterhändler typischerweise an, zu feilschen und Spielchen mit einer Menge von nachrangigen Themen und Preisfragen zu spielen. Wenn der Preis dann tatsächlich feststeht und die Serviceleistung aber noch nicht exakt definiert ist, wenden sie Verzögerungstaktiken in Bezug auf die Serviceleistung an – in der Hoffnung, aus der Ungeduld der anderen Seite, welche die Vereinbarung unbedingt unter Dach und Fach bringen will, Kapital zu schlagen.

Ein schlecht gestaltetes Serviceangebot: Das System passt sich an

Wenn eine der beiden Vertragsparteien versucht, durch Zeitverschwendung und Verzögerungstaktiken die Gestaltung und den Umfang des Dienstleistungsangebots zu seinen Gunsten zu beeinflussen, muss man sich klar darüber sein, dass das Servicemodell, auf das sich beide Seiten schließlich einigen, für seine Nutzer logisch und praktikabel sein muss. Wenn eine Seite Wert schöpft, ohne dass die andere Seite davon irgendeinen greifbaren Nutzen hat, oder die getroffene Vereinbarung den internen Kunden einfach nur das Leben schwer macht, werden die unternehmensinternen Strukturen sich daran gewöhnen, den nicht praktikablen Teil des Prozesses zu negieren oder zu umgehen.

Hier ein einfaches Beispiel: Eine internationale Unternehmensberatung teilte den Mitarbeitern ihrer Niederlassung in New York mit, der outgesourcte Fahrdienst sei gekündigt worden, die Mitarbeiter sollten stattdessen Taxis nehmen. Es scheint, als hätten die für diese Entscheidung Verantwortlichen noch nie versucht, um 23 Uhr während eines Regengusses in New York ein Taxi zu bekommen. Und die Berater des New Yorker Büros brauchten nicht nur ein Taxi für sich selbst, sie wollten auch, dass ihre Sekretärinnen sicher nach Hause kamen, wenn sie bis spätabends gearbeitet hatten.

Also passte sich das System an. Die Mitarbeiter begannen, den ehemaligen ausgesourcten Fahrdienst direkt anzurufen und bar oder mit Kreditkarten des Unternehmens zu bezahlen und die Auslagen als Spesen geltend zu machen. Innerhalb weniger Tage war der Fahrzeugservice effektiv wieder im Geschäft, allerdings zu weitaus höheren Preisen, da aufgrund einer fehlenden Rahmenvereinbarung der alte Rabatt nicht mehr galt. Nach zwei Monaten musste der alte Outsourcing-Vertrag wieder in Kraft gesetzt werden.

Um ein weiteres Beispiel zu nennen: Denken Sie an die vielen Unternehmen, die von ihren Mitarbeitern verlangen, Touristenklasse zu fliegen, um Reisekosten zu sparen. Der Verlust des schnellen Check-ins und Boardings für Business-Class-Gäste kann bedeuten, dass eine Führungskraft eine Stunde früher am Flughafen sein muss, nur um ein paar Dollar zu sparen – was in der Praxis einfach nicht geschehen wird. Egal wie groß der Zeitdruck eines baldigen Vertragsabschlusses auch zu sein scheint – Sie sollten keinen Abläufen oder Einschränkungen zustimmen, die dem gesunden Menschenverstand widersprechen. Diese sind zum Scheitern verurteilt und werden dabei einen guten Teil des Goodwills im Kundenunternehmen zerstören.

Wohin ist das „A-Team“ verschwunden?

Es gibt auch noch eine andere Variante der „Vortäuschung falscher Tatsachen“, auf die Kunden Acht geben sollten. Bei dieser Variante schickt der Outsourcing-Anbieter eine Mannschaft überaus beeindruckender Experten los, welche die Vereinbarung unter Dach und Fach bringen – und die man anschließend nie wieder sieht, weil sie schon zur nächsten Verkaufsverhandlung unterwegs sind.

Und so funktioniert es. Der Outsourcing-Anbieter sendet ein Team sympathischer, interessanter und hoch kompetenter Experten los, um das geplante Outsourcing-Programm mit dem potenziellen Kunden zu erörtern. Die Experten sprechen über eine enorme Wertschöpfung und bauen eine Beziehung zu dem künftigen Kunden auf – mit Golf, Wein, Privatflugzeugen, Theatertickets. Bald haben sie die Konkurrenz aus dem Feld geschlagen und die Vereinbarung im Wesentlichen unter Dach und Fach gebracht. Der Kunde unterschreibt eine Absichtserklärung und macht eine öffentliche Ankündigung. Dann verschwindet das ursprüngliche Team plötzlich in der Versenkung und der Zulieferer sendet das „B-Team“ – dessen anfängliche Verhandlungsposition lautet: „Ach, Sie dachten, wir würden diesen Service für *den* Preis erbringen? Da müssen Sie etwas falsch verstanden haben.“

Sie denken jetzt wahrscheinlich, dass sicherlich niemand auf so etwas hereinfällt. Aber so etwas kommt vor. Der CEO des Kundenunternehmens sieht sich plötzlich vor die Situation gestellt, dass das überzeugende A-Team – und seine Konkurrenz – über alle Berge ist, und das B-Team jetzt versucht, die ganze Vereinbarung von Grund auf neu zu verhandeln. Und was noch schlimmer ist: Das Kundenunternehmen hat die Vereinbarung bereits publik gemacht und kann jetzt nicht mehr davon zurücktreten, ohne das Gesicht zu verlieren.

Der CEO merkt, dass er in einem Vertrag gefangen ist, von dem er sich überrumpelt fühlt. Die Justiziare des Unternehmens beginnen, Einwände gegen Vertragsklauseln vorzubringen, und verweigern ihre Zustimmung zur Vertragsunterzeichnung. An diesem Punkt muss der Vorstand all seinen Mut aufbringen und den ganzen Vertrag in die Tonne treten und wieder von vorn anzufangen – jedenfalls wäre das jetzt eigentlich die beste Alternative.

Das Wesentliche schwarz auf weiß

Eine noch bessere Alternative wäre, sich erst gar nicht in eine solche Situation zu begeben. Bevor ein Kundenunternehmen öffentlich irgendetwas über ein geplantes Outsourcing-Programm verlautbaren lässt, sollte es sicherstellen, dass es über ein solides Dokument verfügt, in dem die wichtigsten Grundsätze und Bedingungen schwarz auf weiß festgehalten sind – von beiden Seiten ohne Einwände verabschiedet, verstanden und unterzeichnet. In diesem Dokument sollte auch stehen, wer die Schlüsselpersonen sind, wie lange sie sich verpflichten, im Vorstand zu bleiben, und welches ihre Aufgaben sind.

Das Gleiche gilt übrigens für die Zulieferer. Denn auch Kunden versuchen hin und wieder, nach der öffentlichen Ankündigung einer Outsourcing-Partnerschaft „die Torpfosten zu verrücken", indem sie noch nicht erwähnte Risiken zur Sprache bringen. Das alles sollte geschehen, bevor die Details des Workflows besprochen werden, bei dem tatsächlich unterschiedliche Interpretationen möglich sein können. In jedem Fall ist eine vorausgehende schriftliche Einigung auf die wichtigsten Grundsätze ein wertvoller Aktivposten.

Die Hauptursache dafür, dass die Parteien bei Outsourcing-Vereinbarungen nicht auf einen gemeinsamen Nenner kommen, ist nach wie vor die Übergabe der Verhandlung vom Verkaufs- an das Verhandlungsteam. Wenn der gesamte Prozess vom ersten Verkaufsgespräch über den Verhandlungsprozess bis zur Leistungserfüllung nicht von ein- und demselben Team gesteuert wird, kommt es dazu, dass dieselben Themen mit unterschiedlichen Beteiligten wieder und wieder erörtert werden müssen, wodurch es praktisch unvermeidlich wird, dass einige Punkte neu verhandelt werden. Das ständige Überarbeiten von Punkten, die bereits erledigt zu sein schienen, kann das Verhältnis der beiden Partner stark in Mitleidenschaft ziehen.

Der Wert der Beständigkeit

Letztlich ist es Aufgabe des Kundenunternehmens, für die Vermeidung dieses Problems zu sorgen, indem es vorsorgt und sich die ausdrückliche Zusage einholt, dass das Verhandlungsteam des Outsourcing-Anbieters dasselbe ist, das den Vertrag auch unterzeichnen und umsetzen wird. Bisher haben Kundenunternehmen dem jeweils unterschiedlichen Verhalten während der Vorgespräche und während der Verhandlungen überraschend wenig Aufmerksamkeit geschenkt. Grundlegende Verhaltensweisen – wie zum Beispiel das ständige Abrücken des B-Teams von den Zusagen des A-Teams – werden oft von der Vielschichtigkeit des gesamten Projekts verschleiert. Und möglicherweise wird die Situation durch die Anwesenheit von Subunternehmern noch verkompliziert, die wiederum sowohl untereinander als auch mit dem Hauptauftragnehmer taktieren.

Die Komplexität der Auftragnehmer-Subunternehmer-Beziehungen wirkt sich auch auf die Zulieferer aus. Bei einigen Vereinbarungen kam es schon zu juristischen Auseinandersetzungen zwischen den Subunternehmern und dem Hauptauftragnehmer – eine Entwicklung, die zwangsläufig den Kundenunternehmen schadet. Stellen Sie sich vor, Sie seien ein Kundenunternehmen, das eine bestimmte Funktion ausgelagert hat, und Sie kämen eines Morgens ins Büro und erfahren, dass Ihre zwei wichtigsten Subunternehmer sich gegenseitig verklagen. Solche Fälle hat es schon gegeben und wird es auch wieder geben.

Letztlich kann sich kein Kundenunternehmen dagegen schützen. Aber es wäre gut, als Erstes zu verlangen, dass während des gesamten Prozesses dieselben Leute an Bord bleiben. Das verleiht der Sache Stabilität und erzeugt bei beiden Partnern ein echtes Verantwortungsgefühl für die Gewährleistung, dass die verkaufte Lösung, die in Auftrag gegebene Lösung und die erbrachte Leistung konsistent sind und dass – zumindest während des ganzen ersten Jahres – die involvierten Personen dieselben sind.

Im Rahmen einer derartigen Stabilität kann sich ein Vertragsteam, an dem beide Partner beteiligt sind, zusammensetzen und auf einem einzigen Blatt Papier festhalten, wie der „Erfolg“ in einem Jahr aussehen soll. Dann können beide Partner ihre Unterschrift daruntersetzen. Dem einen Mitglied des Teams geht es vielleicht darum, dass Kunde und Anbieter eine gute Arbeitsbeziehung pflegen. Für ein anderes Teammitglied geht es unter Umständen darum, dass beide Teams stolz auf das Erreichte sind. Für wieder einen anderen geht es um Kostensenkung und Gewinnzuwächse. Mit dieser Übung schafft man die Grundlage für die Beständigkeit des Vorhabens und stellt sicher, dass alle Beteiligten jede Zielverschiebung klar und deutlich wahrnehmen.

Die Abwägung zwischen Beschaffungsdruck und Beziehungsaufbau

In ihrem Bemühen, auf diese Weise gemeinsam Wert zu generieren, stehen beide Seiten unter der ständigen Spannung zwischen dem unmittelbaren Beschaffungsdruck und der langfristigen Entwicklung der Beziehung. Von zentraler Bedeutung ist, dass sie darauf verzichten, so überzogene Beschaffungsanforderungen zu stellen (oder zu vereinbaren), dass diese den Vertrag zum Scheitern bringen.

In diesem Zusammenhang versuchen es viele Käufer mit der Veranstaltung einer Auktion unter ihren Zulieferern. Das mag da angemessen sein, wo das Outsourcing-Programm auf ganz exakt definierte, standardisierte und arbeitsaufwendige Bereiche abzielt, zum Beispiel die Gehaltsabrechnung. Wo jedoch umfassendere Transformationen oder Vorgänge mit Kundenkontakt auf der Agenda stehen, sind die Risiken um ein Vielfaches höher. Eine Auktion zu veranstalten wäre hier einfach aberwitzig.

Ein Mensch, der sich operieren lassen will – egal ob es um eine Nasenkorrektur oder eine Herz-OP geht –, wird wohl kaum eine Auktion unter den verfügbaren Chirurgen veranstalten. Bislang jedoch sind die Unternehmen weiterhin auf der Suche nach dem günstigsten Angebot für einen chirurgischen Eingriff, der für sie von entscheidender Bedeutung ist. Man wundert sich manchmal wirklich, wie oft Firmen solch wichtige Entscheidungen treffen, ohne die Referenzen der Anbieter genauer zu beachten und zu prüfen.

Dem liegt zugrunde, dass Outsourcing oft von Beschaffungsexperten betrieben wird, die ausschließlich in Kostenkategorien denken und sich dazu verführen lassen, einem Zulieferer aufgrund einer Hochglanz-PowerPoint-Präsentation „eine Story abzukaufen". Verkaufsverhandlungen auf Basis völlig vager Aussagen wie „Das ist machbar ... sicher, das können wir machen ... wir haben schon gesehen, dass das gemacht wurde ..." darf man einfach nicht für bare Münze nehmen. Die unmittelbare Antwort des CEO des Kundenunternehmens muss lauten: „Wann, wo und wie haben Sie das schon gemacht und können wir uns mit diesen Kunden unterhalten?"

Externe Beratung: Nutzen oder Schaden?

Ein Coaching durch externe Berater kann die Wertbasis einer Outsourcing-Vereinbarung ebenfalls beeinflussen. Spezialisierte Berater sehen sich mit einer grundsätzlichen Frage bezüglich ihrer Rolle konfrontiert. Sind sie auf Wertextraktion fokussiert und stets bestrebt, ihren Kunden eine Outsourcing-Vereinbarung zum bestmöglichen Preis zu sichern? Oder sind sie echte „Sourcing"-Berater, die eine Reihe von Alternativen in Betracht ziehen (interne Lösungen, Outsourcing, Joint Venture, Insourcing), um die beste individuelle Lösung für einen bestimmten Kunden zu finden und diesen dann über die beste langfristige Methode zur Umsetzung der gewählten Option zu beraten?

Die Antwort auf diese Frage kann bei Verträgen, an denen externe Berater beteiligt sind, starke Auswirkungen auf die Suche nach einem gerecht verteilten gemeinsamen Wert haben, wobei der Ansatz zur gemeinsamen Werterzielung je nach Berater variiert. Einige arbeiten nach einem schematischen Modell, das eng auf die Organisation und Durchführung von Outsourcing-Auktionen und das Festnageln von Anbietern auf einen niedrigen Preis ausgerichtet ist – gelegentlich durch Verwendung von detaillierten Daten aus einer Vielzahl anderer Ausschreibungen, an denen sie beteiligt waren. Andere wählen einen wirklich unabhängigen Ansatz und beraten ihre Kunden offen über alle Alternativen und verwenden – falls Outsourcing infrage kommt – Branchenbenchmarks, um beiden Seiten dabei zu helfen, eine gerecht verteilte und dauerhafte Wertschöpfung zu erzielen.

In einigen Fällen haben wir gesehen, dass Berater, die allein auf Wertextraktion aus sind, den langfristigen Interessen ihrer Kunden tatsächlich schaden und effektiv die gesamte Vereinbarung unterminieren können, wenn sie das Kundenunternehmen darauf trainieren, unverhältnismäßige Anforderungen an den Outsourcing-Anbieter zu stellen. Gelegentlich kommen Vereinbarungen auf dieser Basis zustande und diese sind ausnahmslos ungünstig. Auf diese Problematik müssen nicht nur Zulieferer achten, sondern auch Kundenunternehmen.

Verhandlungsvorbereitende Workshops

Um derartige Probleme zu vermeiden, sollte man externe Berater sorgfältig auf Basis ihrer bisher erfolgreich betreuten Projekte (und nicht auf Basis von Niedrigkostenprojekten) auswählen und sicherstellen, dass beide Vertragspartner sowie sämtliche involvierten Berater über eine eindeutige Vorstellung von fairen und umsetzbaren Ergebnissen verfügen.

Zu diesem Zweck ist es ratsam, in einem möglichst frühen Stadium des Projekts einen Workshop unter Beteiligung von Führungskräften beider Parteien durchzuführen. Der Schlüssel liegt darin, eine Werteplattform zu schaffen, auf die sich aufbauen lässt – ein Konstrukt, das noch keine Vertragsform annimmt, aber zu 95 Prozent die Vorstufe zu einem formalen Vertrag ist. Wichtig ist vor allem, dass diese Plattform so exakt definiert ist, dass der CEO sie an diesem Punkt dem Vorstand zur Darstellung der Vereinbarung, der potenziellen Zusammenarbeit, der Risiken sowie der von beiden Seiten angestrebten Wertgenerierung präsentieren kann.

Bei einem Infrastruktur-Outsourcing würde dieses Dokument zum Beispiel bereits Aussagen darüber enthalten, ob der Anbieter Vermögenswerte seines Kunden erwerben will, wer für Redundanzen bezahlt und wie mit der Mehrwertsteuer umgegangen wird. Zwar können sich Details noch ändern, aber das Grundmodell ist verabschiedet. Zu den weiteren Elementen, die in dieser Phase vereinbart werden und die die bereits besprochene Notwendigkeit der Teamkonsistenz verdeutlichen, gehört auch noch, wer wie lange an dem Projekt mitarbeitet, wie Streitigkeiten geregelt werden, wie das Governance-Modell aussieht und in welchem Ausmaß die Überwachung und die Berichterstattung an CEO und Vorstand erfolgen sollen.

Die Schaffung dieser gemeinsamen informellen Vereinbarung zwischen Käufer und Verkäufer ist ein Gebiet, auf dem externe Berater, die wirklich unabhängig sind, eine besonders wertvolle Rolle übernehmen können, indem sie den Workshop leiten und gewährleisten, dass alle Schlüsselthemen behandelt werden, sowie ihren Kunden darüber beraten, was in der Praxis vernünftig und nachhaltig ist. Einige Themen werden unter Umständen zeitweise „geparkt“ – aber wenigstens wissen das alle Beteiligten. Die Einigung beider Parteien über alle wichtigen Elemente des Grundgerüsts *vor* den endgültigen Vertragshandlungen trägt dazu bei, die Dynamik der Vereinbarung zu erhalten und zeitaufwendige Meinungsverschiedenheiten zu einem späteren Zeitpunkt zu vermeiden. Und falls der Workshop zu keinem Vertrag führt, dann ist zumindest allen Beteiligten rechtzeitig klar geworden, dass der Vertrag ein Rohrkrepierer wäre, bevor echte Kosten entstanden sind und öffentliche Ankündigungen gemacht wurden.

Wie Sie den Business Case anhand der Grundsätze des M&A bewerten

Neben der Schaffung einer gemeinsamen Basis muss jede Seite auch den Business Case bewerten, um sicherzustellen, dass der Vertrag nicht nur eine faire und nachhaltige Vereinbarung ist, sondern sich auch wirtschaftlich für ihr eigenes Unternehmen lohnt. Das heißt, dass man die kurz- und langfristigen Ziele, die Risiken und die Wertgenerierung abgleichen und das Potenzial für zukünftige gemeinsame Gewinne aus Innovationen bestimmen muss. Gleichzeitig sollte der CFO einen bilanzexternen Business Case entwickeln und veranschlagen, wie hoch der Preis dafür wäre, nichts zu unternehmen. Das kann vom Verlust der Wettbewerbsfähigkeit bis hin zum Risiko, dass das Unternehmen ein Kandidat für die Übernahme durch einen Hauptkonkurrenten wird, reichen.

Diese zwingend notwendige Prüfung aller Alternativen ist eindeutig ein Thema, das auf CEO- und Vorstandsebene angepackt werden muss, und erfordert dieselben Kompetenzen und Betrachtungsweisen, die auch die Grundlagen einer erfolgreichen M&A-Transaktion sind. Eine für das Kundenunternehmen sinnvolle Methode ist die Erstellung einer Checkliste über die Punkte, die ein M&A aus der Sicht eines Käufers erfolgreich machen. Dazu könnten typischerweise gehören:

- Klarheit über die strategische Begründung
- Einflussnahme auf die wichtigsten Stakeholder
- wirtschaftliche und operative Synergien
- sich ergänzende Kompetenzen
- kulturelle Kompatibilität
- Nachhaltigkeit

- logistische Überlegungen
- eine einfach durchführbare Integration
- die Frage, ob es „versteckte" oder unerkannte Vermögenswerte gibt, die sich verwerten lassen
- Wertgenerierung für die Stakeholder

Alle diese Kriterien lassen sich auch auf den Business Case eines Outsourcings anwenden. Das wichtigste Kriterium ist allerdings das letzte in der Liste – die Wertgenerierung für die Stakeholder. Mit der richtigen Methode zur Bestimmung (und zur Verabschiedung) eines gemeinsam geteilten ökonomischen Wertes hat die Outsourcing-Vereinbarung eine gute Chance, sich zu den 50 bis 60 Prozent der Vereinbarungen zu gesellen, die tatsächlich für beide Seiten Wert generieren.

Wie Sie das Nutzenversprechen einem Stresstest unterziehen

Wenn der Business Case positiv bewertet wird, sollte der CEO sich mit einem weiteren Verfahren befassen, das auch oft in M&A-Situationen angewendet wird: Das Nutzenversprechen wird durch verschiedene fiktive Szenarien Stresstests unterzogen. Das heißt, es wird untersucht, was fehlschlagen könnte, wer sich falsch verhalten könnte und welches die Konsequenzen dieser Eventualitäten wären.

Für die Unternehmensführung beinhaltet dies eine umfassende Bewertung aller Risiken, die mit einer weiteren Verfolgung der Vereinbarung verbunden sind. Folgende Überlegungen sollten ihr Denken bestimmen: „Wir sind jetzt da, wo wir jetzt sind. Die Vereinbarung ist auf unsere derzeitige Situation ausgerichtet. Aber was geschieht, wenn wir ein Unternehmen dazukaufen? Was geschieht, wenn wir uns von einer Sparte trennen? Was geschieht, wenn es nach der Vereinbarung Probleme mit der Gewerkschaft gibt? Was geschieht, wenn wir in ein neues Land expandieren? Was geschieht, wenn sich die Eigentümerstruktur unseres Outsourcing-Anbieters verändert? Was geschieht, wenn sich die Mehrwertsteuer verändert?"

Diese Stresstests werden nicht nur die Überlegungen des Vorstands auf die Risiken, die Ziele und den laufenden Betrieb fokussieren. Sie werden dem Unternehmen außerdem dabei helfen, von Anfang an ein klares Nutzenversprechen zu formulieren und zu gewährleisten, dass der CEO mit einem geschärften Blick für die Risiken und die Chancen an die Vereinbarung herangeht.

Und so geht es dann weiter

Sie haben also Klarheit über den ökonomischen Wert, den die Vereinbarung für beide Seiten hat. Sie haben 95 Prozent des Weges zu einer vertraglich geregelten Vereinbarung zurückgelegt. Sie haben für eindeutige Erwartungswerte und Ziele auf beiden Seiten gesorgt. Es ist an der Zeit, die Sache voranzutreiben.

Dafür brauchen Sie aber auch noch etwas anderes: Es muss Sicherheits- und Kontrollsysteme geben, die dafür sorgen, dass die einheitliche Ausrichtung und Klarheit, an denen Sie so hart gearbeitet haben, im Verlauf der Verhandlungen gewahrt bleiben. Diese bilden effektiv die Governance-Struktur für die Verhandlungen, und auch darüber sollten beide Seiten eine ausdrückliche Einigung erzielen.

Ein gemeinsames Element von zentraler Bedeutung ist das sogenannte „Term Sheet", in dem die wesentlichen Richtlinien, die in dem Workshop von den Führungskräften erarbeitet wurden, festgehalten werden. Eine weitere Einigung muss über die Rolle der externen Berater erzielt werden. Der CEO des Kundenunternehmens sollte zudem einen verbindlichen Terminplan für Präsentationen und Berichte über den neusten Stand der Entwicklung festlegen – und diesen auch einhalten, damit der Vorstand immer über die aktuelle Entwicklung auf dem Laufenden gehalten werden kann.

Zu Beginn der Verhandlungsphase sollte eine Frage an erster Stelle stehen: „Bewegen wir uns noch im Einklang mit dem ursprünglichen Nutzenversprechen?" Das ist das zentrale Kriterium, das beiden Seiten einen erfolgreichen Vertrag ermöglicht – und hoffentlich zu einer fruchtbaren, langfristigen Beziehung führt.

Schlüsselfragen an den CEO und an den CFO, die sich aus Kapitel 3 ergeben

CEO

- Sind Sie bereit, die Begründung für das Outsourcing zu formulieren und den Fokus auf einen Wertzuwachs zu wahren sowie eine gemeinsame Wertschöpfung zuzulassen, indem Sie das Recht des/der Zulieferer(s) auf eine angemessene Rendite anerkennen?

- Sind Sie angesichts der Tatsache, dass Kontinuität entscheidend für einen gemeinsamen Erfolg ist, bereit, sich schriftlich - noch vor der Verhandlung von Detailfragen - dazu zu verpflichten, dass die Mitglieder Ihres „A-Teams" nach der Übergangsphase in die Outsourcing-Vereinbarung involviert bleiben, sofern Ihr Zulieferer dieselbe Verpflichtung eingeht?

- Haben Sie, anstatt einfach nur „eine bestimmte Marke zu kaufen", eine rechtzeitige, gründliche, detaillierte und vollständige Due Diligence über die Erfolgsbilanz und die Kompetenzen aller infrage kommenden Zulieferer veranlasst und die Ergebnisse ausgewertet sowie mit anderen Kundenunternehmen gesprochen, deren Verträge mit einem bestimmten Zulieferer ein Misserfolg waren?

- Falls Sie sich eines Vermittlers bedienen: Haben Sie jemanden engagiert, der eine „sinnvolle" Balance anstrebt und dafür sorgt, dass beide Seiten Nutzen aus allen innovativen, proaktiven und nachhaltigen Zulieferleistungen ziehen - um auf diese Weise eine reine Wertextraktion sowie unzumutbare und/oder möglicherweise der Vereinbarung nicht zuträgliche Forderungen zu verhindern?

CFO

- Haben sie sich eindeutig entschieden, wie sich Kostendämpfung und Kostenstabilität unter Berücksichtigung der Notwendigkeit einer starken Effektivität and eines Effizienzzuwachses ins Gleichgewicht bringen lassen?

- Haben Sie als eindeutige, überprüfbare Verhandlungsgrundlage mit den Zulieferern einen bilanzexternen Business Case entwickelt – beispielsweise wie hoch der Preis dafür wäre, nichts zu unternehmen?

- Haben Sie außerdem alle versteckten Werte identifiziert, von denen der Zulieferer profitieren kann, so zum Beispiel die Möglichkeit, „Teststrecken" für einen neuen Service oder IP-Assets zu schaffen, die der Zulieferer auch an anderer Stelle effektiv einsetzen kann? Wie wollen Sie diesen „Vorteil" in den Verhandlungen und dem endgültigen Vertrag darstellen – als aktuellen Wert, als gemeinsamen Nutzen, als daraus erforderlichen Kostenausgleich für Sie zu einem Zeitpunkt Ihrer Wahl?

Kapitel 4
Wertorientierte Verhandlungen

Ein wirklich globales Unternehmen nutzt die geistigen Fähigkeiten und die Ressourcen in jedem Winkel der Erde.

– Jack Welch, ehemaliger CEO von General Electric

Stellen Sie sich vor, Sie seien der CEO eines Unternehmens, das ein M&A in Erwägung zieht. Würden Sie sich auf ein infrage kommendes Unternehmen einlassen, ohne Klarheit darüber zu haben, welche Synergien möglich wären, welche Unternehmensteile Sie behalten und welche Sie veräußern wollen, welche Pläne Sie in Bezug auf den Personalbestand haben und wie Ihre übergeordneten Ziele lauten?

Selbstverständlich nicht. Dennoch versuchen viele CEOs auch heute noch, Outsourcing-Verhandlungen aufzunehmen, bevor sie genau definiert haben, was sie mit dem Vertragsabschluss eigentlich erreichen wollen. Wenn die Verhandlungen scheitern oder sie sich zu sehr von den ursprünglichen

Absichten entfernen, ist die Ursache immer ein Mangel an professioneller Klarheit über die jeweilige Bedeutung einer Unmenge von möglichen Zielen auf einer der beiden oder sogar auf beiden Seiten.

Kostensenkung oder Transformation?

Zu einem großen Teil ist diese Problematik auf die Tatsache zurückzuführen, dass in der Vergangenheit die meisten Outsourcing-Entscheidungen vom IT-Vorstand (CIO), dem Logistikvorstand oder dem Leiter einer Unternehmenseinheit getroffen wurden, die dringend eine Lösung für einen kurzfristigen Kostendruck suchten. Der daraus resultierende Beschluss war oft nur eine Reaktion auf einen Mangel, mit dem Hauptaugenmerk auf kurzfristiger Beschaffung statt auf Partnerschaft. Dies ist auch die Ursache der andauernden und weitverbreiteten Verwechslung zwischen Sourcing, das im Wesentlichen eine breit angelegte Beschaffungsmaßnahme darstellt, und Outsourcing, das als Instrument – wie wir in diesem Buch wiederholt aufgezeigt haben – mehr dem M&A ähnelt.

Angenommen, CEO und Vorstand wollen nicht nur einen einmaligen Kostenvorteil, sondern dauerhafte strukturelle Verbesserungen bei Kosten und Abläufen erreichen, dann müssen sie eine zentrale Entscheidung treffen. Werden sie die Vereinbarung als Maßnahme zur „reinen" Kostensenkung angehen oder als Transformation mit allen Auswirkungen, die das mit sich bringt? Kurz gesagt, was wollen sie eigentlich erreichen?

Allzu oft wird diese Frage nicht schon vor Beginn der Verhandlungen beantwortet und damit sind die Probleme von Anfang an programmiert. Die Unstimmigkeiten, die dieser Mangel an Klarheit über die eigenen Ziele verursacht, sind in Situationen, in denen der Marktdruck sich stärker auf Gewinnwachstum als auf Kostensenkung konzentriert, noch viel größer. Unter solchen Umständen haben die Transformationsaspekte des Outsourcings das größte Potenzial, sich gegenüber kurzfristigen Kostensenkungen durchzusetzen.

Eine klare strategische Perspektive auf beiden Seiten

Das Kundenunternehmen muss sich zunächst intern über die Rangfolge seiner Ziele einigen, bevor es damit nach außen geht. Die einzige Person, die das wirklich steuern kann, ist der CEO, wenn er die Rückendeckung vonseiten des Vorstands hat. Es ist also entscheidend, dass der CEO vor Verhandlungsbeginn eine übersichtliche Liste der vorrangigen Ziele entwirft und vorstellt.

Dasselbe muss auf der Zulieferseite geschehen, wo es durch den Verkaufsprozess unter Umständen noch komplizierter wird. Die Mitarbeiter des Zulieferers müssen Quoten und Ziele erfüllen und verständlicherweise ist es ihnen nicht wirklich wichtig, ob sie einen einmaligen Auftrag verkaufen, der eher schnell und leicht zu strukturieren ist, oder eine Transformationslösung, deren Verkauf und Implementierung wesentlich länger dauert und die eine weitaus kostenintensivere Struktur verlangt. Das heißt, sie verspüren wenig Anreiz, auf klare Ziele zu drängen, weil sich dadurch die Zahlung ihrer Provision verzögern oder verringern könnte.

Ein weiterer Faktor auf Zulieferseite, der die Klarheit über Projekte behindern kann, besteht darin, dass viele Zulieferer häufig eine Prüfungsmethode in mehreren Schritten anwenden, das heißt, bei der Prüfung einer potenziellen Vereinbarung werden nacheinander progressiv ansteigende Stufen der Fokussierung und Differenziertheit angewendet, anstatt sofort die Frage zu klären, ob es sich bei dem Vorhaben im Wesentlichen um ein Sourcing/Outsourcing- oder um ein Transformationsprojekt handelt. In jedem Fall dient diese stufenweise Methode eher dazu, zu bestimmen, ob der Zulieferer eine echte Chance im Wettbewerb um den Zuschlag hat, als dazu, die eigentliche Struktur des Auftrags zu definieren. Die Projektziele werden also dem wirtschaftlichen Druck zur Erzielung eines Vertragsabschlusses untergeordnet.

Nicht gestellte Fragen

Das Ergebnis des Drucks auf beiden Seiten kann sein, dass niemand diese Problematiken wirklich anspricht. Verträge werden geschlossen, ohne dass die wichtigsten Fragen je gestellt, geschweige denn beantwortet werden. Das ähnelt einem Ball, bei dem keiner der Tanzpartner eine Idee hat, warum er überhaupt hingegangen ist.

Noch besorgniserregender ist die Tatsache, dass dieser Mangel an Klarheit über die Ziele, auf deren Grundlage eine Governance-Struktur festgelegt werden soll, die Tanzpartner nicht unbedingt davon abhält, sich zu vermählen. Vielmehr ist es üblich, diese kritischen Entscheidungen in ein Stadium zu vertagen, in dem entweder teure juristische Entwürfe der Vereinbarung erarbeitet werden oder in dem die Transaktion bereits beschlossen ist und sich in der Umsetzung befindet. Das Ergebnis – wieder wie bei einer Ehe, die ohne vorherige gemeinsame Kommunikation geschlossen wurde – sind große Schmerzen und Frustration auf mindestens einer, wenn nicht auf beiden Seiten, nämlich wenn die Themen, die vorab hätten geklärt werden müssen, schließlich auf den Tisch kommen.

Jede Verhandlung besteht offensichtlich aus Geben und Nehmen. Unsere Erfahrungen sprechen jedoch dafür, dass – wie bei M&A – die Vorbereitung von Outsourcing-Verhandlungen sehr geordnet und methodisch erfolgen sollte und dass beide Seiten sämtliche Aspekte im Visier haben müssen. Und das heißt, dass die richtigen Fragen *vor* den Verhandlungen gestellt werden müssen. Was wollen wir mit dieser Vereinbarung erreichen? Können wir das erreichen? Wer muss wann involviert werden? Wie wird der Erfolg aussehen?

Wie Sie „die Torpfosten aufstellen“

Wenn diese Fragen nicht gestellt werden, liegt das am fehlenden Fokus. Wir haben immer wieder festgestellt, dass man das Kundenunternehmen durch eine einfache Frage an den CEO dazu bringen kann, seine wahren Ziele zu finden: „Was versuchen Sie mit diesem Vertrag in Bezug auf die Produkte und Dienstleistungen, die Sie Ihren eigenen Kunden anbieten, zu erreichen?“

Diese Eröffnungsfrage kann dazu dienen, die vorrangigen Ziele bezüglich der drei Kernthemen Kosten, Qualität und Risiko aus der Sicht des Kunden zu ergründen und festzuhalten. Wenn ein großer Satelliten-TV-Sender vorhätte, seine Kunden-Callcenter outzusourcen, würden wir den CEO fragen: „Versuchen Sie, mit diesem Outsourcing-Projekt Ihren Kundenservice zu verbessern? Oder versuchen Sie die Kosten zu senken oder variabler zu gestalten, die nötig sind, um den aktuellen Servicelevel zu halten? Oder versuchen Sie, Ihr Risikomanagement zu verbessern, zum Beispiel durch einen strukturierteren Ansatz zur Einhaltung der Verkaufspraktiken?"

Verschiedene Vorstandsmitglieder des Kunden werden diese Fragen unter Umständen unterschiedlich beantworten. Das bedeutet, dass es Konfliktpotenzial gibt, über das gesprochen werden muss. Wenn divergierende Auffassungen herrschen, ist es besser, sie möglichst frühzeitig offenzulegen - vor Beginn der Verhandlungen. Die Aufdeckung solcher „Gräben", falls es sie gibt, ist ein lebenswichtiger Teil des Offenlegungsprozesses, durch den die Verhandlungsfähigkeit des Unternehmens sichergestellt wird.

In Fällen, in denen sich CEO und Vorstand nicht auf klare Ziele verständigt haben oder in denen die verschiedenen Vorstandsmitglieder stark unterschiedliche Ziele artikulieren, würden wir dem Unternehmen dringend raten, einen unabhängigen externen Sourcing-Vermittler zu engagieren, der den Beteiligten dabei hilft, die verschiedenen Sachverhalte und Ansichten in einem umsetzbaren Strategieplan zu gliedern. Das gilt sowohl da, wo das Unternehmen eine nichtöffentliche Transaktion mit einem ausgewählten Zulieferer erwägt, als auch da, wo es mit einer offenen Ausschreibung an den Verhandlungstisch tritt. Auf jeden Fall muss das Kundenunternehmen mit klaren, gemeinsam verabschiedeten Zielen in die Verhandlung gehen.

Offenlegung: Vorsicht vor unangenehmen Überraschungen!

Als CEO eines Kundenunternehmens, das bereit ist, eine Vereinbarung über Outsourcing abzuschließen, haben Sie zunächst Ihre Ziele festgelegt. Der Vorstand steht geschlossen hinter Ihnen. Sie sind vorbereitet, um mit einem oder mehreren Zulieferern zu sprechen. Was müssen Sie sonst noch wissen? Die Antwort: alles über Ihren eigenen Betrieb. Die Offenlegung der tatsächlichen Situation Ihres eigenen Unternehmens ist - im Gegensatz zur weitverbreiteten Auffassung vieler Manager - eines der

Schlüsselelemente, die zwar offensichtlich zu sein scheinen, aber trotzdem oft übersehen werden.

Stellen Sie sich folgende Szene vor. Ein Vertrag über IT-Outsourcing mit dem Schwerpunkt Kostensenkung wird verhandelt. Beide Seiten haben sich per Handschlag halbwegs über die Gesamtkosten geeinigt und so machen sie sich an die Details der wichtigen Punkte. In dem folgenden Offenlegungsprozess wird deutlich, dass das Kundenunternehmen nicht genau weiß, wie viele Server es eigentlich besitzt. Tatsächlich sind es 30 Prozent mehr, als das Unternehmen zu Beginn der Verhandlungen dachte.

Ist das ein Problem? Darauf können Sie wetten. Beide Seiten hatten sich auf einen allgemeinen Kostenlevel geeinigt, der dem Kundenunternehmen 20 Prozent Einsparungen pro Server einbringen sollte. Die Entdeckung, dass tatsächlich 30 Prozent mehr Server vorhanden sind als angenommen, verursacht dem Zulieferer nicht nur mehr Arbeit, sondern birgt auch noch die Gefahr, dass am Ende ein Outsourcing-Vertrag steht, der die vereinbarten Kosten für das Kundenunternehmen eher steigert als senkt.

Die Konsequenzen können schwerwiegend sein – und gleichzeitig sehr öffentlich und peinlich werden. Im Jahr 2003 fand EDS heraus, dass UK Prison Service statt der geschätzten 12.500 vorhandenen PCs, auf denen der Outsourcing-Vertrag basierte, tatsächlich 18.500 PCs besaß. Es dauerte mehr als ein Jahr, bis das Ausmaß des Zählfehlers klar wurde. Das eigentliche Problem war allerdings weniger die Zahl der PCs als vielmehr der zusätzliche Arbeitsaufwand für EDS. Zudem musste auch die Vergütung von EDS neu verhandelt werden. In einem anderen Fall aus dem Jahr 1995, in den ein US-Outsourcing-Anbieter und ein britisches Kundenunternehmen involviert waren, gab es Schlagzeilen, weil CSC von British Aerospace einen Schadenersatz in Höhe von bis zu 30 Millionen Pfund Sterling verlangte – ein Ergebnis „potenzieller Verbindlichkeiten“, die im Rahmen eines 900-Millionen-Pfund schweren Outsourcing-Vertrags entstanden waren, der im Jahr zuvor ausgehandelt worden war. Bei den angeführten Verbindlichkeiten handelte es sich möglicherweise um Leasingverträge für Computer, Softwarelizenzen, zusätzliche Telefonleitungen und Pensionsaufwände – alles aufgrund des Versäumnisses, zu Beginn der Verhandlungen die tatsächlichen Fakten offenzulegen.

Eine ähnliche Situation, die wir oft erlebt haben, tritt auf, wenn die Aktivitäten im Rahmen eines bestimmten Servicelevels, den der Zulieferer laut Vertrag zu erbringen hat, nicht exakt den gesamten Service abdecken, der gegenwärtig vom Kundenunternehmen intern erbracht wird. Diese Diskrepanz sollte vom Team des Kundenunternehmens sofort angegangen und im Rahmen der Verhandlungen beseitigt werden. Wie in den zuvor beschriebenen Fällen wäre der Worst Case, dass diese Lücken im Serviceangebot erst aufgedeckt werden, wenn der Vertrag bereits unterzeichnet ist und sich in der Umsetzung befindet. Das zwingt beide Seiten dazu, an den Verhandlungstisch zurückzukehren - hoffentlich fernab vom Rampenlicht der Öffentlichkeit.

Voraussetzungen und Motivationen bei der Vereinbarung

Falls es derartige Lücken gibt, wird diese eine sehr detaillierte Befragung durch erfahrene, spezialisierte und - per definitionem - externe Rechtsanwälte während der Entwurfsphase ans Tageslicht bringen. Findet diese Befragung zu spät statt, kommt es zu Unstimmigkeiten zwischen den beiden Parteien und einer erneuten Erörterung der wirtschaftlichen Fragestellungen, die im Rahmen der inoffiziell getroffenen Vorvereinbarung schon als abgeschlossen galten.

Um diese Eventualität (sowie die daraus resultierenden Verzögerungen oder sogar das Scheitern des Vertrags) unbedingt zu vermeiden, sollte man zu Verhandlungsbeginn zwei entscheidend wichtige Gesichtspunkte nicht aus den Augen verlieren. Einer ist die Dokumentation der Schlüsselaspekte der Transaktion in einem Term Sheet, damit beide Parteien die Voraussetzungen der anderen kennen und sich vorstellen können, wie der Plan in die Realität umgesetzt werden könnte. Der andere Gesichtspunkt ist das Bewusstsein über Spannungen, die sich aus der Rolle der Rechtsanwälte und anderer Berater ergeben können.

Auf der einen Seite haben externe Berater ein Eigeninteresse am Abschluss des Vertrags. Auf der anderen Seite werden sie üblicherweise auf Zeit- und Materialbasis bezahlt - auch das kann ein Anreiz sein. Es ginge zu weit, Beratern, die auf Basis von Stundenhonoraren bezahlt werden, zu unterstellen, sie würden den Prozess absichtlich in die Länge ziehen. Tatsache ist jedoch, dass jede Verlängerung der Zeit, die sie an der Vereinbarung arbeiten, zu ihrem wirtschaftlichen Vorteil ist. Einige Kunden versuchen, vorab ein Pauschalhonorar oder Honorarobergrenzen zu vereinbaren. Wirklich gute Anwälte werden dieses Ansinnen jedoch ablehnen, und Berater, die sich darauf einlassen, werden womöglich versuchen, sich nach Erreichen der Obergrenze aus dem Projekt zurückzuziehen - und hinterlassen unter Umständen eine bedenkliche Lücke im Team ihres Kunden.

Regelmäßige Projektaktualisierungen – wie bei M&A

Anstatt zu versuchen, die Beraterhonorare im Voraus festzulegen, empfehlen wir Kundenunternehmen, die Transaktionsverhandlungen und den Umgang mit den Beratern genauso zu behandeln wie bei einem umfangreichen M&A-Deal. Das heißt, man erstellt einen festen Zeitplan, nach dem die höchste involvierte Führungskraft - ein solider und erfahrener Projektverantwortlicher, der das Vertrauen des Vorstands genießt - und/ oder der gesamte Vorstand regelmäßig (mindestens einmal pro Monat) über die aktuellen Fortschritte bezüglich der Offenlegung, über strittige Themen und über Methoden zur Lösung ausstehender Probleme sowie eben auch über die aktuellen Kosten für den Zeitaufwand aller Berater informiert werden.

Dadurch hat das Führungsgremium den Terminplan bis zur tatsächlichen Umsetzung des Outsourcings immer voll im Blick. Wenn versäumt wird, den Vorstand regelmäßig über den Fortgang der Vereinbarung zu informieren, kann es passieren, dass der Vorstand einen Vertrag ankündigt und auf seinen Abschluss wartet, um dann festzustellen, dass er scheinbar ohne Vorwarnung scheitert. Die Warnsignale waren zwar da, aber man hatte sie nicht gesehen oder nicht beachtet. Und die gegenseitigen Schuldzuweisungen und die Schäden, zu denen es dann kommt, sind alles andere als erfreulich.

Ein starker Führungsstil, zu dem auch eine erstklassige Kompetenz im Projektmanagement gehört, ist eine wichtige Eigenschaft, die einem hilft, im gesamten Verhandlungsprozess nicht den Überblick zu verlieren. Damit versetzt sich das Kundenunternehmen in die Lage, für eine große

Klarheit bei den internen Verantwortlichen zu sorgen, die sowohl die Qualität der Entscheidungsfindung innerhalb des Unternehmens verbessert als auch den Zulieferer in jeder Hinsicht schon bei der Verhandlung und beim Entwurf des endgültigen Vertrags zu wesentlich größerer Professionalität und Disziplin zwingt.

Ein unnachgiebiger Führungsstil hat für das Project einen weiteren positiven Effekt: Er kann die Qualität der Kommunikation innerhalb des Kundenunternehmens spürbar verbessern. Klarheit über die aktuellen Geschehnisse zu gewinnen und zu kommunizieren ist der beste Weg um „FUD“ (abgekürzt von engl. F*ear,* U*ncertainty and* D*oubt* – Furcht, Ungewissheit und Zweifel) zu reduzieren, die Verhandlungen dieser Art begleiten und einen demoralisierenden und destabilisierenden Effekt auf die von der Vereinbarung betroffenen Personen haben. Weitere Informationen finden Sie im Spezialthema über Kommunikation ab Seite 251 und über HR ab Seite 261.

Können Sie mit diesen Leuten zusammenarbeiten?

Die Verhandlungsphase führt nicht nur zur endgültigen Vereinbarung, sondern ist auch der Zeitraum, in dem sich Kunde und Zulieferer gegenseitig richtig kennenlernen. In dieser Phase wird die kulturelle Kompatibilität auf die wahre Probe gestellt – manchmal eine Zerreißprobe.

In diesem Buch haben wir zahlreiche Analogien zu menschlichen Beziehungen hergestellt: Umwerben, Verlobung, Heirat, Großziehen des Nachwuchses. Verstehen Sie uns nicht falsch: Outsourcing hat nichts mit Liebe zu tun. Aber es geht um positive Beziehungen zwischen Menschen. Wir raten jedem CEO und Vorstand dringend, nicht einmal daran zu denken, ihre Aktivitäten an einen Zulieferer outzusourcen, zu dem sie sich keine enge Beziehung im täglichen Geschäft vorstellen können – so als würden die Mitarbeiter des Zulieferers zum Unternehmen gehören.

Sie, der CEO des Kundenunternehmens, sollten versuchen, sich ein paar Fragen bezüglich Ihrer eigenen Gefühle zu stellen. Wenn Sie neue Mitarbeiter einstellen würden, würden Sie dann die Projektleiter Ihres Zulieferers einstellen wollen? Vertrauen Sie darauf, dass die Verkäufer Ihres Zulieferers Ihnen die Wahrheit gesagt und nicht übertrieben haben? Fühlen Sie sich bei der Verhandlung heikler Themen mit den Topmanagern des Zulieferers wohl? Wie gut kennen Sie diese Leute? Kennen Sie jemanden, der diese Leute kennt und Ihnen eine objektive Meinung zu ihnen liefern kann? Haben Sie am Markt eine grundlegende Due Diligence über das Verhalten dieser Personen im Konfliktfall durchgeführt? Und – ganz entscheidend – können Sie sich deren führenden Vertreter als gleichwertigen Partner in Ihrem Vorstand vorstellen?

Der menschliche Faktor

All diese Fragen sind von Bedeutung. Letztendlich geht es in einer Outsourcing-Vereinbarung darum, dass Menschen für andere Menschen Dienstleistungen erbringen. Unsere Erfahrungen belegen, dass ein Knacks in der persönlichen Beziehung der beiden Parteien, der nicht rechtzeitig genug offen angesprochen wird, sich schließlich rächen wird. Wenn die beiden Seiten nicht gut miteinander auskommen und das Senior-Management des Zulieferers sich nicht glaubwürdig und nachhaltig zur Erbringung der vereinbarten Servicequalität und zur Abstimmung der eigenen Wertextraktion mit der Wertextraktion des Kunden bekennt, wird jede kleine Unregelmäßigkeit dazu führen, dass beide Seiten auf den Wortlaut des Vertrages zurückgreifen, anstatt sich die Geisteshaltung, in der die Vereinbarung geschlossen wurde, ins Gedächtnis zu rufen. Und dann wird die Ehe zur Hölle.

Angesichts dieser Risiken sollte das Kundenteam, wenn es beim Zulieferer ein Team vorfindet, mit dem es gut zusammenarbeiten kann, sicherstellen, dass dieses Team mindestens so lange bestehen bleibt, bis die Vereinbarung vollständig unter Dach und Fach ist. Dasselbe gilt für den Zulieferer. Wir empfehlen, dass Käufer und Verkäufer ausdrücklich darauf bestehen, dass das Käufer- und Verkäuferteam während der gesamten Verhandlungen an Bord bleibt und nach Vertragsabschluss für mindestens 12 bis18 Monate die Leistungserbringung betreut.

Wenn das gelingt, hat es einen ausgesprochen positiven Effekt auf die Kommunikation zwischen den beiden Seiten. Es ermöglicht den Beteiligten, sich auf die Mängel an Eindeutigkeit und die Eigenheiten der anderen einzustellen und auf dieser Grundlage Vertrauen aufzubauen. Selbst bei einem erfolgreichen Outsourcing-Programm gibt es schwierige Entscheidungen und Zeiten der Mühe, vor allem im Übergangs- und Transformationsstadium. Dann machen enge persönliche Beziehungen den Unterschied aus zwischen einem echten Gefühl von Partnerschaft und einer „Wir und die anderen“-Haltung, die zum Scheitern führen kann.

Unsere Fallstudie über die Outsourcing-Vereinbarungen des US-Unternehmens Nextel Communications mit EDS und IBM (siehe Seite 299 ff.) ist ein gutes Beispiel für kulturelle Erwägungen, deren Berücksichtigung zum Erfolg führte. Konfrontiert mit einem explosiven Wachstum seiner Kundenbasis, zunehmendem Druck auf seine IT-Infrastruktur, steigenden Kosten und einer hohen Kundenabwanderungsquote, machte sich Nextel daran, eine effiziente Informationsumgebung zu schaffen, um die Kosten einzudämmen, das Umsatzwachstum zu fördern und die Kundenservicestandards zu verbessern. Seine Outsourcing-Vereinbarungen waren – unterstützt durch entsprechende Service Level Agreements (SLAs) – das richtige Rezept zur Erzielung dieser Nutzen. Nextel betont, dass die Auswahl seiner Outsourcing-Partner außer von Erwägungen bezüglich Kosten und technischer Fähigkeiten von beziehungsrelevanten Überlegungen bestimmt war. Es ist bezeichnend, dass Nextels Partnerschaft mit EDS weiterhin für beide Seiten Wert generiert, und zwar teilweise auf eine ganz neue Art und Weise, die zu Beginn der Vereinbarung nicht abzusehen war.

Interne SLAs: ein Schritt in die richtige Richtung

Neben diesen menschlichen Problemen ist in einem Umstieg auf ein Outsourcing-Modell mehr enthalten als nur eine Veränderung der Art und Weise, in der eine Dienstleistung erbracht wird. Für den Kunden ist damit eine Verschiebung in Richtung einer Reihe eher industrieller Gepflogenheiten verbunden – mit weitreichenden Auswirkungen sowohl auf die Unternehmenskultur als auch auf die betrieblichen Abläufe.

Unternehmen, die interne Servicelevels und Shared-Service-Center geschaffen haben, sind in der Lage, ihre Aktivitäten deutlicher zu systematisieren. Damit haben sie ähnliche Schwierigkeiten in Angriff genommen, wie sie ein Outsourcing von Aktivitäten ohne den Nutzen bestehender SLAs als Benchmarks aufwirft. Der Unterschied besteht darin, dass die beim Outsourcing notwendige nachträgliche Einigung auf Dienstgütevereinbarungen ein von außen erzwungener, schmerzhafter Prozess ist, während die Entwicklung interner Servicelevels eine selbst auferlegte Kontrolle darstellt.

Für den Kunden ist der Eintritt in Outsourcing-Verhandlungen mit bereits bestehenden SLAs für die zur Diskussion stehende Serviceleistung definitiv ein Schritt in die richtige Richtung – selbst wenn diese SLAs alles andere als perfekt sein mögen –, weil diese SLAs einen unmittelbaren Vergleich mit den Servicelevels eines Drittanbieters ermöglichen. Zulieferer sind sich jedoch bewusst, dass die internen SLAs, die ihr potenzieller Kunde vorlegt, unter Umständen einfach nur ein Konstrukt sein könnten, mit dem der Serviceanbieter hereingelegt und zu höheren Serviceleistungen gedrängt werden soll, und eher selten ein echter Maßstab für eine bestehende Leistung sind.

Kontrollierbar, aber nicht autonom

Ob intern oder extern, die zwei Hauptmerkmale von SLAs bestehen darin, dass sie kontrollierbar sein und tatsächliche Anforderungen des Unternehmens widerspiegeln sollten, anstatt sich zu einer eigenständigen Unternehmensaktivität zu entwickeln.

Es ist nicht leicht, hier den richtigen Mittelweg zu finden. Viele Kunden verwechseln technische Messgrößen mit den tatsächlichen Servicelevels. Wir vertreten stattdessen die Ansicht, dass Messgrößen – von der einfachen Systembetriebszeit bis hin zur Six-Sigma-Methode* – die *Basis* für solide Servicelevels sind. Aber sie stellen keine Servicelevels per se dar.

*) Six Sigma ist ein Qualitätsmanagementprogramm zur Erzielung von „Six Sigma"-Qualitätsstufen. Es wurde Mitte der 1980er-Jahre von Motorola entwickelt und hat sich seitdem in zahlreichen anderen Fertigungsunternehmen ausgebreitet. Ziel ist, die Gesamtzahl an Mängeln in Bezug auf Qualität oder Kundenzufriedenheit unter das sechste Sigma der Wahrscheinlichkeit in einer Normalverteilung der Kunden zu senken. Sigma steht für einen Schritt einer Standardabweichung. Folglich wird die Gestaltung von Prozessen mit Toleranzgrenzen von mindestens sechs Standardabweichungen nach realistischen Annahmen zu weniger als 3,4 Mängeln in einer Million führen.

Gleichzeitig ist es sehr schwer, SLAs komplett von den individuellen Komponenten (das heißt den vielen Einzelaspekten) der Dienstleistung zu trennen, die sie messen sollen, ohne sie irrelevant zu machen.

Unter Berücksichtigung dieser Tatsachen glauben wir, dass der geeignetste Umgang mit SLAs darin besteht, den Eindruck zu betrachten, den die Dienstleistung bei den Endkunden hinterlässt. Der Servicelevel eines internetbasierten Services sollte zum Beispiel an der Verfügbarkeit aller Gesichtspunkte des Services für den Endkunden gemessen werden - und nicht nur an der Serverbetriebszeit. Ebenso ist es Unsinn, zu sagen, die einzelnen Bankautomaten eines Bankautomatennetzes seien immer in Betrieb, auch wenn sie gelegentlich kein Bargeld enthalten. Die tatsächliche Verfügbarkeit zählt.

Aus der Kundenperspektive

Eine derartige Betrachtung aller existierenden SLAs eines Kundenunternehmens „von außen" kann die Anzahl der einzelnen SLAs, die gemessen werden, erheblich verringern und den Fokus auf stichhaltige und granuläre Messpraktiken verschieben, die darauf ausgerichtet sind, wie die Endkunden die Servicequalität am Punkt der Leistungserbringung erleben und wahrnehmen. Diese Wahrnehmung sollte sowohl dem Kundenunternehmen als auch seinem Outsourcing-Partner als Richtschnur dienen.

Aber selbst wenn man es schafft, die SLAs aus diesem Blickwinkel zu betrachten, kann es zu Komplikationen kommen, wenn die Ergebnisse mehrerer Outsourcing-Vereinbarungen miteinander kollidieren. Vor einigen Jahren ergab sich folgende Situation im U-Bahn-Netz einer Großstadt, an der drei verschiedene Unternehmen beteiligt waren - ein Auftragnehmer war für die Reinigung der Schienen verantwortlich, ein anderer Auftragnehmer für die Reinigung der Bahnsteige und die Transportgesellschaft selbst für das Anbringen von Wandplakaten. Alle drei arbeiteten nachts, um Störungen für die Fahrgäste auf ein Mindestmaß zu reduzieren.

Nachdem die Schienen in der Nacht gereinigt worden waren, tropfte Leim von den frisch aufgeklebten Plakaten herab. Staub, der bei der Reinigung der Bahnsteige aufgewirbelt wurde, klebte durch den Leim auf den Schienen fest. Als die U-Bahn-Züge am nächsten Morgen ihren Betrieb wieder aufnahmen, erhitzten sich der Staub und der Leim und es kam zu einer Rauchentwicklung, die einen Feueralarm und die Unterbrechung des U-Bahn-Verkehrs zur Folge hatte. Das Ergebnis: Ein Hauptabschnitt einer der verkehrsreichsten U-Bahn-Strecken musste während der morgendlichen Rushhour gesperrt werden. Natürlich schoben sich die drei Serviceanbieter gegenseitig die Schuld in die Schuhe. Jeder einzelne Serviceanbieter hatte seine Aufgabe ausgeführt, aber die wichtigste Dienstgütevereinbarung – die Verfügbarkeit für den Kunden – konnte nicht erfüllt werden.

Wie diese Erfahrung deutlich macht, muss der Ansatz für SLAs nicht nur kundenrelevant, sondern auch ganzheitlich sein. Zunehmend werden Dienstleistungen für ein Kundenunternehmen von mehreren Serviceanbietern erbracht, daher ist es wichtig, den Gesamtservice aus der Sicht des Kunden zu betrachten und für einen einheitlichen Blickwinkel und eine einheitliche Verantwortlichkeit für den gesamten Service zu sorgen. Das heißt, dass Sie alle Services und die dazugehörigen SLAs als Gesamtheit betrachten und dass Sie sich mit ihren Wechselbeziehungen und gegenseitigen Abhängigkeiten beschäftigen müssen.

Wie sich juristisches „Fachchinesisch" vermeiden lässt

Wenn Sie sich mit SLAs beschäftigen, dann denken Sie daran, dass sie zwar unerlässlich für das juristische Vertragsgerüst sind, aber nicht in juristischem „Fachchinesisch" abgefasst werden sollten. Anstatt daraus eine Übung in perfekter, aber unverständlicher juristischer Formulierungskunst zu machen, sollten sie für beide Seiten verständlich und anwendbar sein. Unser Spezialthema ab Seite 246 liefert weitere Einsichten in die juristischen Fragen, die sich beim Outsourcing stellen.

Während der Verhandlungen taucht oft die Frage auf, wer für die SLAs verantwortlich sein soll. Die Rechtsanwälte? Die Beschaffungsexperten? Die Antwort: keiner von beiden. Vielmehr sollten diejenigen, die unmittelbar für die Erbringung und Inanspruchnahme des betreffenden Services verantwortlich sind, gemeinsam für die Methode Verantwortung übernehmen, nach der die Servicelevels gemessen werden, und sie sollten in der Lage sein, der Geschäftsleitung zu erklären, was gemessen wird und warum. Diese wiederum sollte diese Erklärungen durch einfache grundlegende Fragen prüfen: „Was passiert, wenn es bei unserem Service zu einem Ausfall kommt und keine Teile mehr an unsere Montagewerke geliefert werden? Erklären Sie mir den Ablauf."

Outsourcing-Anbieter bieten zunehmend ein ausgefeiltes SLA-Management an. Einige bieten inzwischen maschinelle Informationssysteme, mit denen ihre Kunden die Servicelevels direkt und in Echtzeit nachverfolgen können. Wenn diese Art Information zur Verfügung steht, sollte das Kundenunternehmen sie in die Management-Dashboards der Geschäftsleitung integrieren, die damit einen ständigen Gesamtüberblick auf das zentrale Nervensystem des Unternehmens hat, und zwar auf interne und externe Dienstleistungen. Das trägt dazu bei, dass das Management die volle Kontrolle über alle in das Unternehmen integrierten Aktivitäten hat, egal woher diese bezogen werden.

Die jüngsten Schritte in diese Richtung wurden durch die Einführung des Sarbanes-Oxley-Gesetzes (SOX) angeregt, vor allem durch dessen Auswirkungen auf interne Kontrollen. In diesem Zusammenhang sind Schritte in Richtung Echtzeit-Überwachung von Servicelevels eine positive Entwicklung, da sie Führungskräfte und Administratoren dazu anspornt, ein größeres Ausmaß an praktischer Kontrolle und Governance über die Unternehmensaktivitäten zu übernehmen, anstatt sie einer Hierarchie von Abläufen im Berichtswesen zu überlassen, durch die bestimmte Sachverhalte verschleiert oder sogar vertuscht werden können.

Überprüfen Sie regelmäßig den ökonomischen Wert der Vereinbarung ...

Selbst wenn der Outsourcing-Plan allem Anschein nach plangemäß verläuft, besteht neben den Auswirkungen von Offenlegung, Verhandlungen und wirtschaftlichem Geben und Nehmen eine weitere mögliche Gefahr, auf die Sie achten müssen. Es ist das Risiko, dass das Projekt ein Eigenleben entwickelt.

Eine typische Situation, die wir bei einer Reihe von Projekten erlebt haben, entsteht, wenn eine Veränderung des Marktdrucks darin besteht, dass sich die Effekte einer reinen Kostensenkung, die in der ursprünglichen Zielsetzung anvisiert wurde, plötzlich gegen die Unternehmensinteressen richten. Wenn die Wettbewerber bei einem einsetzenden Konjunkturaufschwung beginnen, in ihre Nutzenversprechen zu investieren, verlagert sich der Fokus des CEO wahrscheinlich vom Kostenmanagement auf das Ertragsmanagement und den Schutz des Marktanteils. Sofern die Verhandlungsteams keine anderen Anweisungen erhalten haben, werden sie aber weiterhin die alte Kostenagenda verfolgen und am Ende eine Vereinbarung schließen, die für die neuen Rahmenbedingungen völlig ungeeignet ist.

Um das zu verhindern, müssen CEO und Vorstand das Projekt regelmäßig überprüfen und die ursprünglichen Intentionen und den Status der Projektverhandlungen mit den aktuellen Unternehmenszielen innerhalb eines breiteren Umfelds vergleichen. Dabei sollten sie jedes Mal eine Entscheidung darüber treffen, ob die aktuelle Richtung immer noch im besten Interesse des Unternehmens ist oder ob beide Vertragspartner an einem Punkt angelangt sind, an dem sie nur noch den Vertragsabschluss im Auge haben. Von fundamentaler Bedeutung für diese regelmäßigen Projektüberprüfungen ist die Qualität der Dokumentation der ursprünglichen Projektziele.

... sogar bis zu der Frage, ob die Vereinbarung noch sinnvoll ist

Hier noch ein weiterer Grund dafür, dass eine regelmäßige Überprüfung des Fortschritts der Outsourcing-Verhandlungen durch das Senior-Management oder sogar durch den Vorstand genauso erfolgskritisch ist wie bei einer M&A-Transaktion. Ein Unternehmen, das ein anderes Unternehmen übernimmt, muss Veränderungen am Markt im Auge behalten, die Einfluss auf die Übernahme haben, insbesondere wenn diese Veränderungen die ursprünglichen Gründe für die Übernahme zum Wanken bringen. Genauso wie eine ursprünglich vorteilhafte M&A-Transaktion kann eine Outsourcing-Vereinbarung durch Entwicklungen, auf welchhe die Beteiligten keinen Einfluss haben, schnell an Wert verlieren. Das Kundenunternehmen muss sich daher darauf einstellen, dass das Nutzenversprechen immer wieder geprüft werden muss – wenn nötig sogar bis zu dem Punkt, an dem sich die Frage nach einem Abbruch des Projekts stellt.

Auch wenn die Verhandlungen nicht abgebrochen werden müssen, kann sich durch veränderte äußere Umstände die Notwendigkeit ergeben, dass das Kundenunternehmen beziehungsweise der Serviceanbieter auf eine flexiblere Vertragsgestaltung drängt, damit der Vertrag, falls nötig, an die neuen Bedingungen angepasst werden kann. Wenn man von einer typischen Projektlaufzeit von sechs bis neun Monaten ausgeht und neue Marktanforderungen, die sich in dieser Zeit entwickelt haben, nicht von den im beabsichtigten Vertrag geplanten Serviceleistungen aufgefangen oder abgedeckt werden können, dann besteht so gut wie keine Hoffnung, dass die vereinbarten Leistungen robust und flexibel genug sind, um die neuen Anforderungen während einer fünfjährigen Projektlaufzeit erfüllen zu können. In diesem Fall müssen der CEO oder der Serviceanbieter ein deutliches Signal setzen und einige der Grundvoraussetzungen überprüfen.

Stellen Sie sich den Gemütszustand eines Hypothekenanbieters während eines Hypotheken-Refinanzierungsbooms vor. Berauscht von ihren jüngsten Erfolgen freuen sich das Kundenunternehmen und sein Outsourcing-Partner auf ein fortgesetztes exponentielles Wachstum im Hypothekengeschäft mit privaten Hausbauern – sogar noch zu einem Zeitpunkt, da die Zentralbank beginnt, die Zinssätze anzuheben. Das Projekt entwickelt ein Eigenleben und wird unterschrieben, obwohl die unausgesprochenen Befürchtungen des Vorstands Realität werden. Das Ergebnis: Das Geschäft des Hypothekenanbieters bricht ein und sinkt sogar unter das Niveau, das in den zuvor entwickelten Worst-Case-Szenarien vorgesehen war – und das führt auf beiden Seiten zu größter Beunruhigung. Anstatt ihre Kapazitäten auszuweiten, hätten die beiden Vertragspartner besser eine realistischere Sichtweise verfolgt und aus einem strategischen Denken heraus die Überlegung verfolgt, wie sie ihre Geschäfte zurückschrauben könnten.

Es ist unfair und zudem ziemlich sinnlos, wenn CEO und Vorstand in einer solchen Situation ihrem Verhandlungsteam Fehler bei diesem Projekt vorwerfen. Die Aufgabe der Projektteams ist es, die Vereinbarung anweisungsgemäß abzuschließen. Wenn sich später herausstellt, dass es in der Strategie eines Outsourcing-Vertrags einen großen „blinden Fleck" gibt, so wie das bei Sainsbury der Fall war, als die Akquisitionsbestrebungen von der zuvor getroffenen Entscheidung zur Verbriefung der Outsourcing-Initiative richtiggehend blockiert wurden (siehe Fallstudie auf Seite 284 ff.), dann trägt der Vorstand und sonst niemand die Verantwortung dafür.

Homöopathie oder chirurgischer Eingriff?

Der CEO und sein Vorstand, welche die Verhandlungen über eine wichtige Outsourcing-Vereinbarung überwachen, müssen einen heiklen Drahtseilakt vollbringen. Auf der einen Seite müssen sie ihre ursprünglichen Ziele kontinuierlich im Blick behalten, immer wieder überprüfen und auf ihre Anpassung an die jeweils herrschenden Bedingungen, an die damit einhergehenden veränderten Anforderungen des Unternehmens und an den Status und die Richtung der Projektverhandlungen selbst achten. Auf der anderen Seite müssen sie die Notwendigkeit dieser Verschiebung der Ziele erkennen und gleichzeitig sicherstellen, dass das Projekt kein Eigenleben entwickelt. Darüber hinaus müssen sie die verschiedenen Beteiligten – von den Serviceanbietern über die Gewerkschaften bis zu den externen Beratern – permanent motivieren.

Auch in der Eignung zur Rekalibrierung und Feinabstimmung einer Outsourcing-Vereinbarung im fortgeschrittenen Verlauf der Verhandlungen spiegelt sich die Stärke des Outsourcings als Instrument zur Unternehmensführung wider. Im Vergleich dazu ist M&A ein wesentlich gröberes Instrument, das nach Unterzeichnung der Verträge den Beigeschmack von etwas Endgültigem hat. Wenn M&A ein chirurgischer Eingriff ist, dann ist Outsourcing Homöopathie. Zwar ist es schwierig, eine Outsourcing-Vereinbarung umzukehren, dennoch ist das auch noch nach mehreren Jahren der Zusammenarbeit *machbar* – anders als die Rückabwicklung einer Fusion, die normalerweise nicht ohne Weiteres möglich ist.

Outsourcing ermöglicht zudem eine Risikostreuung über die gesamte Wertschöpfungskette – ähnlich dem Spread Betting –, anstatt das Risiko auf eine Stufe der Wertschöpfungskette zu konzentrieren. Wenn Konsumenten weniger Autos kaufen, dann setzen sich die Auswirkungen über die gesamte Wertschöpfungskette der (häufig outgesourcten) Zulieferer fort und erreichen schließlich auch alle Unternehmen, die Sand zur Herstellung von Windschutzscheiben produzieren. Flexibilität und wechselseitige Abhängigkeiten sind ein integraler Bestandteil auf jeder Stufe der Wertschöpfungskette. Das Risiko verteilt sich auf alle Stufen und betrifft nicht allein den Automobilhersteller, der das Endprodukt montiert. Während der Entstehung dieses Buches setzen sich Wertschöpfungsketten, wie sie Nike, Dell und Toyota erstmalig entwickelt haben, langsam, aber unaufhaltsam in ganzen

Branchen durch und machen in fortschrittlicheren Ländern wie Großbritannien und Kanada nicht einmal vor staatlichen Dienstleistungen halt.

Überprüfen Sie das Projekt immer wieder

Outsourcing kann zwar ein hochflexibles und wirksames Instrument sein, seine Effektivität hängt aber in der Praxis ganz eindeutig von der Kompetenz und der Sorgfalt der Unternehmensführung ab. Wie in anderen Bereichen des Geschäftslebens auch, liegt der Schlüssel zu einem effektiven Prozessmanagement in den Zahlen, und zwar in Zahlen, die nicht nur verfügbar sind, sondern auch genutzt und integriert werden und aufgrund deren gehandelt wird. Aus diesem Grund glauben wir, dass der Vorstand eines Kundenunternehmens einen Katalog an regelmäßigen Kontroll- und Ausgleichsmaßnahmen festlegen sollte, die während der Planung und Verhandlung umfangreicher Aufträge durchgeführt werden. Diese Kontrollen sollten zu einer regelmäßigen Überprüfung des Projekts genutzt werden, wobei jeder Prüfvorgang mit demselben Maß an Sorgfalt, Gründlichkeit und gesunder Skepsis durchgeführt werden sollte, mit dem der Manager einer Unternehmenseinheit die mögliche Übernahme und Integration eines anderen Unternehmens in seine Unternehmenseinheit prüfen würde.

Wie bei M&A sollte eine Überprüfung die erneute Betrachtung der Beweggründe für den Vertrag mit einschließen. Bei M&A könnte die Frage lauten: „Wollen wir Wachstum dazukaufen, weil wir kein organisches Wachstum erzielen können?" Beim Outsourcing könnte der Vorstand fragen: „Wollen wir outsourcen, weil wir nicht über genug Kontrolle verfügen, um aus eigener Kraft Kosten zu senken?"

Externe Moderatoren können eine wichtige Rolle in diesem Prüfprozess spielen. CEO und Vorstand müssen sich jedoch von Anfang an eine klare Vorstellung über den Beitrag verschaffen, den sie von den externen Moderatoren erwarten. Sollen sie in erster Linie einen Einblick dahingehend liefern, was sich mit einem Vertrag am Markt zu bestimmten Kosten erreichen lässt? Oder sollen sie das Unternehmen über eine gerechte Verteilung der Nutzen beraten? Und ist der Vorstand sicher, dass die Motivation des externen Beraters nicht darin besteht, sich an dem Outsourcing-Anbieter zu rächen, für den er einst als Verkäufer gearbeitet hat und der ihm nun am Verhandlungstisch gegenübersitzt?

Die Ausrichtung auf eine Win-win-Situation

Wie so oft beim Outsourcing besteht das Geheimnis des Erfolgs beim Einsatz externer Moderatoren darin, eine Möglichkeit zu finden, die Interessen aller Beteiligten einheitlich auszurichten und auf diese Weise eine Win-win-Situation zu erzeugen.

Daher empfehlen wir dem Vorstand des Kundenunternehmens, bei sehr umfangreichen Outsourcing-Initiativen eine eigene spezialisierte Outsourcing-Beratungsfirma mitzubringen, die ihm dabei hilft, bei den wichtigsten Punkten der Transaktion Kontrolle, Übersicht und Governance zu wahren. Dem vergleichbar gehen Unternehmen bereits dazu über, bei großen Fusionen mehr als einen M&A-Berater einzusetzen. Das Ziel ist dasselbe: die Wahrung einer ausgewogenen und ganzheitlichen Sicht auf die Vereinbarung. Wenn die einheitliche Ausrichtung verschiedener und voneinander abweichender Elemente für den Erfolg maßgeblich ist, sind zwei erfahrene Köpfe sicher besser als einer.

Dieser Ansatz, der auf einer einheitlichen Ausrichtung vor der Transaktion und der Durchführung von Kontrollen im Verlauf der gesamten Verhandlungsphase basiert, ist ein unverzichtbarer Bestandteil erfolgreicher Outsourcing-Initiativen. Derselbe Ansatz lässt sich auch nach der Vertragsunterzeichnung weiterbetreiben. Zum Beispiel sollte die Verpflichtung eines unabhängigen externen Beraters zur Überprüfung der Resultate aus dem Vertrag im Halbjahresrhythmus ein zentrales Element einer Überarbeitung oder Verlängerung des Vertrags sein. Dieser Ansatz sollte zudem sicherstellen, dass CEO und Vorstand in der Lage sind, ihre eigene Fachkenntnis auf diesem höchst dynamischen Gebiet zu erweitern, und damit gewährleisten, dass jeder neue von der Unternehmensführung eingefädelte Outsourcing-Vertrag besser strukturiert ist als der vorhergehende.

Auch hier gibt es eine eindeutige Parallele zu der Art und Weise, wie zahlreiche Vorstände Akquisitionen beziehungsweise Unternehmensverkäufe nach dem Abklingen der ersten Euphorie nüchtern bewerten und so ihr

Wissen und ihre Erkenntnisse über die erfolgsrelevanten Faktoren und die Risiken bei M&A-Transaktionen ständig erweitern. Beim Outsourcing sind die Möglichkeiten für eine kontinuierliche Verbesserung weitaus größer und zahlreicher und das zunehmende Wissen und die Erfahrung des Vorstands können beim Management und bei der Feinjustierung der Verträge eine noch unmittelbarere und anhaltendere Wirkung zeigen. Die Fähigkeit, die Beziehungen mit sicherer Hand, reaktionsschnell und in einheitlicher Ausrichtung auf die strategischen Anforderungen des Unternehmens zu steuern, ist eine CEO-Kompetenz, die bei dem Bestreben, das Unternehmen zu einem erstklassigen Marktteilnehmer zu machen beziehungsweise dafür zu sorgen, dass einer bleibt, zunehmend an Bedeutung gewinnt.

Schlüsselfragen an den CEO und an den CFO, die sich aus Kapitel 4 ergeben

CEO

- Haben Sie in Bezug auf Ihre Produkte und Dienstleistungen eine übersichtliche Liste ihrer Ziele erstellt, dabei Prioritäten gesetzt - geringere/variablere Kosten, höhere Qualität, besseres Risikomanagement - und sich die ausdrückliche, ungeteilte Zustimmung und Rückendeckung des Vorstands sowohl für die Ziele selbst als auch für deren Rangordnung eingeholt?

- Beabsichtigen Sie, die Beschaffungsabteilung die Verhandlungen führen zu lassen und die Vereinbarung im Wesentlichen zu einem reinen Kostensenkungsverfahren zu machen, oder sind Sie bereit, sich für eine Transformation des Unternehmens beziehungsweise der Abläufe in demselben zu entscheiden, was ein höheres Risiko und ein stärkeres Engagement bedeutet, womit aber auch wesentlich größere strategische Nutzen erzielbar sind?

- Gehen Sie mit einer genauen Vorstellung über Ihre eigenen Ausgaben und ihre Kompetenzen, über mögliche Synergien mit potenziellen Outsourcing-Partnern und einer klaren Vorstellung davon, wie die Beziehung mit Ihrem Unternehmen zu *deren* Geschäftsstrategie passt, in die Verhandlung? Wissen Sie, welche Bereiche Sie im Unternehmen behalten wollen? Und wie klar sind Ihre Pläne bezüglich des Personalbestands und aller damit verbundenen Konsequenzen?

- Haben Sie einen festen Zeitplan für eine regelmäßige Berichterstattung und Kommunikation erstellt, um den Vorstand umfassend über die Fortschritte und Kosten auf dem Laufenden zu halten, und haben Sie ein Verfahren entwickelt, um den Business Case für die Outsourcing-Vereinbarung kontinuierlich mit späteren Veränderungen entweder im Unternehmen selbst oder im gesamtwirtschaftlichen oder im Marktumfeld abzugleichen?

- Falls Sie noch keinen spezialisierten externen Outsourcing-Vermittler engagiert haben, haben Sie den möglichen Beitrag eines externen Beraters und seinen Nutzen für Ihr Unternehmen sowie seine Fähigkeit zur Verhandlungsführung und zur Realisierung der angestrebten Nutzen untersucht?

CFO

- Sind Sie bereit und willens, über einen kurz- bis mittelfristigen finanziellen Aufschwung als Ergebnis der Outsourcing-Vereinbarung hinauszublicken und sich zusammen mit dem übrigen Vorstand, den Geschäftseinheiten und potenziellen Outsourcing-Partnern für Qualität, Innovation, kontinuierliche Verbesserungsprogramme und letztlich eine Geschäftstransformation einzusetzen?

- Sind Sie bereit, zur Entwicklung und Umsetzung von SLAs beizutragen, die sowohl auf der Kenntnis der Unternehmensanforderungen als auch auf der Empfindung der Servicequalität durch die Endnutzer begründet sind, anstatt nur auf der Messung der Bilanzzielerfüllung?

- Integrieren Sie längerfristige finanzielle und konjunkturelle Prognosen in Ihr Forecasting und Ihre Planung bezüglich der finanziellen Nutzen aus der Vereinbarung?

Kapitel 5

Der Übergang zu einem neuen Denken

Eine Schlüsselerkenntnis: Einige CEOs sehen im Outsourcing heute eine schnelle, zielgerichtete und relativ kostengünstige Methode, um Know-how zu erwerben und Umgestaltungen im Unternehmen zu fördern. Im Gegensatz dazu betrachten sie M&A als ein teures, grobes Instrument für den Eintritt in einen neuen Markt, das intern mit großen politischen Herausforderungen verbunden ist.

– Institute of Management and Administration (IOMA) Research, Juni 2003

Unsere Erfahrungen zeigen immer wieder, dass die drei wichtigsten Parolen in der Steuerung der Phase des Übergangs zu einer Zusammenarbeit mit einem Outsourcing-Partner folgendermaßen lauten: Kommunikation, Kommunikation, Kommunikation.

Das mag nach einer Selbstverständlichkeit klingen, man vergisst es aber möglicherweise, wenn man mitten in den Verhandlungen steckt. Während der Anlaufphase und während des Übergangsstadiums einer Outsourcing-Initiative empfinden viele CEOs und Vorstände eher den umgekehrten Druck – der Drang zu verhindern, dass Informationen durchsickern, scheint Vorrang zu haben vor der Notwendigkeit, sie zu verbreiten. Aus Angst vor der Reaktion der Mitarbeiter und der Gewerkschaften auf der einen und vor den eindringlichen Fragen der Investoren auf der anderen Seite fühlt sich die Unternehmensführung sicherer, wenn sie „die Schotten dicht macht".

Offenheit oder Geheimhaltung?

Die miteinander konkurrierenden Forderungen nach Geheimhaltung und Offenheit führen dazu, dass das Kundenunternehmen durch zwei ganz eigene und völlig unterschiedliche Ansätze zur Steuerung der Übergangsphase polarisiert wird. Das eine Extrem vertritt ein Vorstand, der ein Spezialistenteam zusammenstellt, das die Veränderung unter strenger Geheimhaltung steuert, das Projekt als verdeckte Operation leitet und versucht, intern und extern undichte Stellen zu unterbinden. Beim anderen Extrem versuchen einige Vorstände, die Übergangsphase mit einem hohen Maß an Offenheit zu steuern, das heißt mit zeitnahen und koordinierten Mitteilungen an die Stakeholder während des gesamten Prozesses.

Aus einer Reihe von Gründen finden CEOs und Vorstände den ersten Ansatz oberflächlich betrachtet möglicherweise attraktiver. Eine Geheimhaltung bedeutet für das Senior-Management die Gelegenheit, zunächst unter sich zu einer einstimmig verabschiedeten und fundierten Meinung über ein mögliches Outsourcing zu kommen, ohne dass die Angelegenheit bei den Aktionären, bei den Mitarbeitern, bei den Gewerkschaften, bei den Zulieferern und bei den anderen Stakeholdern Wellen schlägt.

Wo liegt dabei das Problem? Die Menschen sind grundsätzlich nicht dumm, und wenn sie das Gefühl haben, man enthalte ihnen Informationen vor, dann gehen sie einfach vom Schlimmsten aus. In der Praxis sieht es in den meisten Unternehmen so aus, dass es unmöglich ist, alle relevanten Fakten einzuholen *und* die ganze Angelegenheit geheim zu halten.

Das bringt den Vorstand in ein Dilemma. Auf der einen Seite besteht das Risiko, dass Entscheidungen auf der Grundlage unvollständiger oder falscher Informationen getroffen werden, was zu einem späteren Zeitpunkt zu riesigen Problemen und Peinlichkeiten führen kann. Auf der anderen Seite besteht das Risiko, dass durch Gerüchte und Hörensagen bruchstückhafte Informationen durchsickern. Das wiederum löst Irritationen auf breiter Ebene aus, führt zum Verlust der Arbeitsmoral und potenziell zu Konfrontationen mit den Gewerkschaften. In der Praxis kann ein Unternehmen gleichzeitig in beide Fallen tappen.

Wie Sie das Kommunikationsmuster festlegen

Um diese Fallen zu umgehen, braucht das Management zu Beginn und während des Verlaufs der Übergangsphase einen kontrollierten und straff gesteuerten Kommunikationsplan und einen klaren Kommunikationsprozess, wie in unserem Spezialthema über Kommunikation auf Seite 251 ff. skizziert. Die ersten Mitteilungen sollten – wie bei M&A – deutlich machen, dass Outsourcing nur eine Alternative aus einer ganzen Reihe von Instrumenten ist und als Teil des normalen, täglichen Managementprozesses in Erwägung gezogen wird. Alle Überlegungen bezüglich Outsourcing sind wirklich nur ein Bestandteil des normalen Betriebs.

Wenn sie das Vorhaben so darstellen und versichern, dass es keine versteckte Agenda gibt, können CEO und Vorstand den Kontext für einen wirklich konstruktiven Dialog mit den Mitarbeitern, den Gewerkschaften und mit den Regierungs- und Regulierungsbehörden schaffen. Das wird den Entscheidungsprozess unterstützen und gewährleisten, dass es weder unangenehme Überraschungen für die Stakeholder noch irgendwelche unüberlegten Schnellschüsse gibt.

Wann sollten Sie mit der Kommunikation beginnen? Die einfache Antwort lautet: so früh wie möglich. Die erste Mitteilung sollte ungefähr so lauten: „Als Unternehmen, das stets auf seine Wettbewerbsfähigkeit achtet, bewerten wir immer wieder die Optionen für verschiedene Bestandteile unseres Unternehmens im Hinblick auf den größten Vorteil für das Gesamtunternehmen. Zu diesen Optionen kann ein Verkauf des gesamten Unternehmens, eine Veräußerung von Unternehmensteilen, eine Implementierung einer internen Restrukturierung oder eine Vereinbarung über das Outsourcing eines oder mehrerer Prozesse an einen externen Anbieter gehören. Es ist unsere Pflicht und entspricht unserer Managementkultur, alle Aktivitäten unseres Unternehmens zu optimieren. Mit der Evaluierung dieser Optionen suchen wir nach dem besten Weg, um dieser Verantwortung gerecht zu werden."

Diese Botschaft ist gleichzeitig klar und aussagekräftig. Die Tatsache, dass über Outsourcing nachgedacht wird, heißt nicht, dass es auch automatisch geschehen wird. Noch wurde keine Entscheidung getroffen. Alle Entscheidungen werden aufgrund von Fakten getroffen und auf den höchsten Führungsebenen sorgfältig überprüft. Eine stillschweigende Verschwörung existiert nicht. Das Management versucht einfach nur, das Unternehmen so offen und ehrlich wie möglich zu führen. Die Rechte und Erwartungen aller Stakeholder werden dabei berücksichtigt – und ihre Beteiligung an dem Prozess wird begrüßt, denn dieser Prozess betrifft „uns alle".

Eine kohärente Story

Wenn das Management seine Kommunikation auf diese Weise initiiert, ist der reife, ausgewogene Dialog mit den Stakeholdern möglich, der den meisten Unternehmen, die erfolgreich outsourcen, auch gelingt. Es ist kein Zufall, dass die Unternehmen, die sich für eine offene Kommunikation entscheiden, im Allgemeinen gut geführt und organisiert sind und dass sich bei ihnen diese Managementkultur der Offenheit bewährt hat.

Aus diesem Grund trägt auch die Geheimniskrämerei, mit der schlecht funktionierende, undurchsichtige Unternehmen Outsourcing betreiben, weder bei internen noch bei externen Stakeholdern zu einer Verbesserung des Images bei. Stattdessen schafft sie eine zusätzliche Ebene der Unübersichtlichkeit und Anspannung, was die Governance des Gesamtunternehmens noch weiter erschwert.

Wenn also externe Berater den Vorstand zu ständiger Kommunikation auffordern, dann beinhaltet das mehr, als ein Megafon in die Hand zu nehmen und im ganzen Unternehmen Lärm zu machen. Der Inhalt und das Timing sind genauso wichtig wie die Reichweite der Kommunikation.

Es ist absolut entscheidend, dass nicht nur die Abläufe für die Übergangsphase, sondern auch die Inhalte, der Zeitpunkt und die Form der Mitteilungen von geschulten, erfahrenen Profis sorgfältig geplant werden.

Gleichzeitig müssen alle Mitteilungen sowohl von der HR- als auch von der Rechtsabteilung geprüft werden, damit nicht nur sichergestellt ist, dass sie den jeweils geltenden Gesetzen und Vorschriften entsprechen, sondern auch, dass das Unternehmen auf konsistente und kohärente Weise berechtigte Fragen der Mitarbeiter, Zulieferer und anderer Stakeholder, einschließlich der Presse, beantwortet.

Die Rolle von FAQs

Im Rahmen der Formulierung dieser Mitteilungen und ihrer Vermittlung an alle Stakeholder sind gemeinsam mit dem tatsächlichen beziehungsweise potenziellen Outsourcing-Partner erarbeitete Listen mit FAQs (*Frequently Asked Questions*) ein sehr effektives Instrument, das gewährleistet, dass eine bestimmte Frage stets passend beantwortet wird. Jede Frage sollte immer gleich und richtig beantwortet werden, egal wer die Frage stellt oder aus welcher Ecke sie kommt. Alle Antworten, egal ob in informellen Gesprächen an der Kaffeemaschine, auf der Website des Unternehmens oder in spontan verfassten E-Mails, müssen inhaltlich immer identisch sein, wenngleich sie sich in der Ausdrucksweise oder in den Details unterscheiden können.

Das ist nicht leicht. Ein Mittel, das dazu beitragen kann, diese notwendige Konsistenz zu wahren, sind interne Mitarbeiterworkshops, die mit dem Näherrücken der Übergangsphase immer wichtiger werden. Über den Dialog, der in den Workshops stattfindet, kann der Vorstand gewährleisten, dass die verschiedenen emotionalen Wellen, von denen die betroffenen Mitarbeiter erfasst werden, nicht nur erkannt, sondern auch durch die Botschaft gemanagt werden, dass die gewählte Route sowohl fair als auch im besten Interesse des Unternehmens ist. Die Belegschaft wird das geplante Vorgehen unter Umständen zwar trotzdem nicht begeistert aufnehmen, aber kann zumindest die wirtschaftlichen Erwägungen nachvollziehen. Und der Vorstand kann den Mitarbeitern aufzeigen, dass sie beruflich von der Outsourcing-Initiative durchaus profitieren können.

Veränderung + Ungewissheit = Leid

Es ist allerdings nicht so, dass die Steuerung der personalrelevanten Aspekte des Outsourcings eine reine Frage der Vermittlung ist. Wirklich nötig sind die Erkenntnis und das Eingeständnis innerhalb des Unternehmens, dass die Veränderung auf allen Ebenen der Organisation Leid verursacht. Im Verlauf unserer zusammengenommen fünfzigjährigen Erfahrung mit Unternehmensrestrukturierungen in zahlreichen Kulturen haben wir noch nie ein Unternehmen kennengelernt, bei dem die Aussicht auf eine dramatische Veränderung kein Unbehagen verursacht hätte. Eine Veränderung führt unvermeidlich zu Unklarheiten und Ungewissheiten, gegen die viele Menschen eine instinktive Abneigung hegen. Bewährte psychologische Methoden können bei professioneller Anwendung auf die individuelle und die kollektive Kommunikation dazu beitragen, das Ausmaß der Unsicherheit zu verringern und damit die Schmerzen zu lindern.

Einmal sprach einer der beiden Autoren auf der Betriebsversammlung eines Unternehmens, das eine umfangreiche Outsourcing-Initiative in Erwägung zog, zur Belegschaft. Er teilte den Mitarbeitern mit, dass ihre Arbeitsplätze möglicherweise an einen externen Anbieter ausgelagert und sie von diesem übernommen würden. Sofort hob ein Mitarbeiter die Hand und fragte, ob die Sonderkonditionen für Immobilienhypotheken, in deren Genuss fest angestellte Mitarbeiter des Kundenunternehmens bisher gekommen waren, vom zukünftigen Serviceanbieter übernommen würden. Augenblicklich drohte dieses Thema die gesamte Verhandlung zu beherrschen.

Der Autor rettete die Situation durch größtmögliche Offenheit, indem er betonte, dass noch keine Vereinbarung unterzeichnet worden sei und dass es für spezifische Details wie dieses noch viel zu früh sei. Dann wies er darauf hin, dass ihr derzeitiger Arbeitgeber bisher jedes Jahr 10 Prozent der Arbeitsplätze abgebaut hatte, um Kosten zu senken. Im Gegensatz dazu würde der Outsourcing-Anbieter alle übernommenen Mitarbeiter nicht als Kostenfaktoren, sondern als Einnahmequelle betrachten. Und alle Fragestellungen im Zusammenhang mit Arbeitsverträgen würden zur geeigneten Zeit geklärt werden.

Diese Antwort machte den Mitarbeitern klar, dass der direkte Sprung zu der Detailfrage nach den Sonderkonditionen eine Betrachtung der Situation vom falschen Ende her bedeutete. Damit beruhigten sich die erhitzten Gemüter sofort wieder. Monate und selbst Jahre später kamen noch Menschen, die der Autor nicht kannte, auf ihn zu und dankten ihm für seine Aufrichtigkeit und Offenheit bei der Betriebsversammlung.

Bei einem gemeinsamen Workshop zwischen der Belegschaft und dem Outsourcing-Anbieter oder einer gemeinsamen Fragestunde ist es zudem hilfreich, Mitarbeiter einzuladen, die schon einmal einen solchen Prozess durchlaufen haben und die aufrichtig und in Ruhe über ihre Erfahrung und das Leben auf der anderen Seite der Zusammenarbeit berichten können. Die Mitarbeiter befürchten bei der Betriebsversammlung unter Umständen das Schlimmste, aber dann spricht jemand zu ihnen, der das Ganze bereits hinter sich hat und die Veränderung nicht nur überlebt, sondern davon sogar profitiert hat. Auch das trägt dazu bei, die Tatsache zu unterstreichen, dass Outsourcing - wie M&A - ein ganz normaler Unternehmensaspekt und Teil der Berufserfahrung von Millionen von Menschen auf der ganzen Welt ist.

Governance und Steuerung: Seien Sie ganzheitlich – und rigoros

Das Management emotionaler und verhaltensbedingter Faktoren ist von entscheidender Bedeutung, es wird aber nur innerhalb einer soliden Rahmenstruktur aus klaren Berichtslinien und Verantwortlichkeiten und im Kontext eines rigorosen Projektmanagements funktionieren.

Die Bewertung, ob Outsourcing infrage kommen könnte, ist Teil des Alltags, die Übergangsphase ist es jedoch nicht. In ihrer Reichweite und Komplexität gleicht sie vielmehr einer Reise zum Mond. Jede Maßnahme muss erfasst und zeitlich geplant werden, es muss genau festgehalten werden, wer wofür verantwortlich ist und an welchen Stellen Verknüpfungen und wechselseitige Abhängigkeiten entstehen. Eine Unzahl von Elementen muss zwischen diesen beiden Zusammenstellungen von Vermögenswerten abgestimmt werden und alles muss peinlich genau gegengeprüft werden. Es ist ganz entscheidend, Mitarbeiter mit ausgeprägten Kompetenzen im Projektmanagement einzusetzen, die in der Lage sind, nicht nur den Prozess zu leiten, sondern auch rechtzeitig die damit verbundenen Risiken, Warnsignale und potenziellen Fallstricke zu erkennen.

Ein Schlüsselelement einer erfolgreichen Steuerung der Übergangsphase liegt in der Überwachung und Messung dessen, was sich auf der Seite der Mitarbeiter in dieser Phase abspielt. Die Reaktionen und Sichtweisen der Mitarbeiter müssen erfasst und berücksichtigt werden. Wo sie sich auf der „FUD"-Kurve befinden und in welche Richtung sie sich dort bewegen, ist ein wichtiges Kriterium für Entscheidungen über die Beschleunigung oder Verzögerung bestimmter Maßnahmen oder über den Start neuer Kommunikationsinitiativen.

Gleichzeitig muss das Management das breitere Umfeld des Projekts ganzheitlich betrachten. Dazu gehört auch die Verfolgung scheinbar sachfremder Faktoren, die es aber sehr wohl beeinflussen könnten. Stellen Sie sich ein Unternehmen vor, das seiner Belegschaft mitteilt, es denke über Outsourcing nach, und das zufällig zur gleichen Zeit ein turnusmäßiges Audit seines Immobilienvermögens durchführen lässt. Zwischen beiden Projekten gibt es keine inhaltliche Verbindung. Die Mitarbeiter jedoch, die erleben, wie mit Helmen ausgerüstete Personen ihre Büros mit Zollstöcken vermessen, zählen eins und eins zusammen. Und wenn ihre Rechnung drei ergibt, kann ihre Reaktion die Outsourcing-Vereinbarung zunichtemachen, noch bevor sie überhaupt in Gang gekommen ist.

Dokumentieren Sie den Ausgangs- und den Endzustand

Angesichts so vielfältiger Risiken sind die wichtigsten Eigenschaften einer kompetenten Führung und Steuerung der Übergangsphase die Qualität der Ausführung, das Ausmaß an professioneller Sorgfalt sowie die Detailgenauigkeit auf allen Ebenen. Alle diese Eigenschaften sind notwendig und jede einzelne wird im Verlauf des Prozesses hart auf die Probe gestellt.

Darüber hinaus ist es wichtig, dass Sie genau wissen, welches der Anfangspunkt der Übergangsphase ist und an welchem Punkt sie enden soll. Unserer Erfahrung nach beginnen die gelungensten Übergangsphasen mit der klar dokumentierten Darstellung dreier Dinge: des derzeitigen und des zukünftigen Modus Operandi sowie des Weges von A nach B. Damit hat man eine Karte mit der Marschrichtung, um die herum der Projektplan aufgebaut wird. So lässt sich der Fortschritt kontinuierlich messen und bewerten und jede Abweichung zwischen dem Plan und den wahren Gegebenheiten kann identifiziert und unverzüglich und professionell korrigiert werden, ohne dass auf irgendeiner Seite die Emotionen hochkochen.

Im Gegensatz dazu kann eine Situation, in der täglich Ad-hoc-Entscheidungen getroffen werden, zu einem unvorteilhaften Ergebnis führen – was meistens auch der Fall ist. Das wiederum zieht die Servicelevels, die Interessen der internen Kunden sowie die Interessen der beiden Unternehmen in Mitleidenschaft. Das Outsourcing wird die Erwartungen ebenso unterschreiten, wenn das Kundenunternehmen keine straffe Kontrolle und Klarheit über Punkte wie bestehende Kosten, Sozialleistungen und Personalbestand hat. Wie bei einer Veräußerung kann ein Unternehmen kaum erwarten, einen bestimmten Bereich erfolgreich auszulagern, wenn es seine eigenen Vermögenswerte in diesem Bereich nicht kennt.

Der stabile, belastbare Rahmen

Neben der Umstellung der ausgelagerten Funktion oder des Prozesses von seiner bisherigen auf die zukünftige Betriebsart, muss der Übergang auch noch zu etwas anderem führen: Er muss einen stabilen, belastbaren Rahmen für eine langfristige Beziehung schaffen.

Wie wir schon in Kapitel 3 über den gemeinsamen ökonomischen Wert aufgezeigt haben, kann man auf zwei Arten an das Outsourcing herangehen, was eigentlich für jede geschäftliche Vereinbarung gilt. Eine besteht darin, mehr Wert zu extrahieren, indem man die Wertgenerierung des Vertragspartners herunterschraubt. Die andere Möglichkeit besteht darin, den Wert gerecht und angemessen zu teilen und zu versuchen, eine Win-win-Situation herbeizuführen.

Wenn letzterer Ansatz gelingt, bewirkt er eine Ausrichtung der Interessen beider Parteien auf ein gemeinsames Ziel. Wenn die eine Seite gewinnt, gewinnt die andere ebenfalls; Risiken und Nutzen werden geteilt. Beim

Outsourcing ist dieser Ansatz die dauerhafteste Basis für eine langfristige Beziehung. Umgekehrt kommen auf beide Partner Probleme zu, wenn die Interessen in verschiedene Richtungen gehen.

Warum? Weil bei einer fehlenden einheitlichen Ausrichtung jede Seite beim ersten Anzeichen eines Problems sofort auf den Vertrag pocht, anstatt die gute Beziehung dafür zu nutzen, eine gemeinsame Lösung zu finden und umzusetzen.

Wie Sie vermeiden können, dass es Gewinner und Verlierer gibt

Das Risiko, dass die Partner sich auf die Vertragsklauseln zurückziehen, ist bei Outsourcing-Vereinbarungen mit Transformationscharakter besonders ausgeprägt, da hier Entscheidungen getroffen werden, die den langfristigen Geschäftsbetrieb betreffen. Das heißt, solche Entscheidungen sind in besonderem Maße den Veränderungen am Markt ausgesetzt.

Ein gutes Beispiel dafür, wie man inmitten von äußeren Marktveränderungen Nutzen anstreben, konkretisieren und realisieren kann, ist der Vertrag über den Kauf von AXAs britischem Lebens- und Altersversicherungsgeschäft unter der Marke Guardian Royal Exchange (GRE) durch den holländischen Versicherer Aegon im Jahr 1999 (siehe Fallstudie auf Seite 289 ff.). Angesichts der Herausforderung, diese neue Akquisition so schnell und reibungslos wie möglich zu integrieren, um sie aufzulösen und die Produkte und die Kundenbasis des aufgekauften Unternehmens zu absorbieren, beschloss Aegon, direkt zum Outsourcing zu greifen und die gesamte IT- und Telekommunikationsinfrastruktur von GRE durch Verträge mit BT (für den Bereich Telekommunikation), mit Computacenter (für die Desktop-Systeme) und mit Fujitsu (für die Großrechner) auszulagern. Das Ergebnis war ein Lehrbeispiel für die Nutzung von Outsourcing zur Erleichterung einer schnellen und gelungenen M&A-Integration, womit gleichzeitig vermieden wurde, dass man eine erhebliche Anzahl interner Mitarbeiter in den Griff bekommen und umschulen musste.

In diesem Fall wussten alle Beteiligten genau, was sie wollten, und bekamen es auch. Falls ein Outsourcing mit Transformationscharakter aber nicht von einem Vertrag unterstützt wird, der von beiden Seiten als fair wahrgenommen wird, der sich an veränderte Umstände anpassen lässt und der Governance auf einer partnerschaftlichen Basis anstelle von Frontenbildung („wir und die anderen") möglich macht, kommt es zu Situationen, in denen es eindeutig einen Gewinner und einen Verlierer gibt. Dieses Ungleichgewicht ist nicht immer sofort zu erkennen, aber es wird im Lauf der Zeit deutlich werden. Wenn das Kundenunternehmen der Verlierer ist, wird es umgehend versuchen, Wege zu finden, um dieses Ungleichgewicht wettzumachen - möglicherweise sogar durch den Ausstieg aus dem Vertrag.

Das Risiko, dass dieser Fall eintritt, ist im Allgemeinen am Anfang der Vertragslaufzeit am größten. Das ist üblicherweise das Stadium, in dem der Zulieferer umfangreiche Investitionen in den Übergang und die Transformation tätigt. Allerdings werden diese Investitionen vom Kundenunternehmen nicht besonders wertgeschätzt, da es in ihnen eher Betriebsausgaben sieht. An diesem Punkt ist es besonders wichtig, einen gemeinsamen Workshop durchzuführen und eine offene Kommunikation zu pflegen, um so zu gewährleisten, dass beide Seiten deutlich sehen, wo für sie selbst und für ihren Vertragspartner der Wert der Vereinbarung liegt und wo er generiert wird.

Die Entstehung der Nutzen und ihre Verteilung

Das Bewusstsein über den gemeinsamen beiderseitigen Wert ist die Grundlage einer Win-win-Situation und die ergibt sich nicht von allein. Einige deutliche Beispiele für gemeinsame Gewinne in den frühen Phasen tragen dazu bei, dass sich die Nutzen der Partnerschaft herauskristallisieren und gegenseitiges Vertrauen aufgebaut wird. Dieses Vertrauen wird beide Seiten voranbringen und ihnen dabei helfen, in besonderen Situationen, in denen dem Anschein nach nur eine von beiden Seiten profitiert, ein Gespür für Geben und Nehmen zu haben. In einer besonders stabilen und reifen Beziehung wird dieses Geben und Nehmen die Verhandlungsgespräche prägen.

Das Kundenunternehmen und sein Zulieferer könnten sich zum Beispiel auf die SLAs und den Preis für einen bestimmten Service einigen. Der

Kunde ist bereit, jeden Monat 100 Pfund Sterling pro Desktop für die Instandhaltung nach einem vereinbarten Standard zu bezahlen. Vor dem Hintergrund dieser grob skizzierten Vereinbarung könnten die beiden Vertragspartner nun separate Gespräche darüber führen, wer von ihnen beiden am besten die PCs stellen soll. Der Zulieferer könnte sagen, da die Beschaffung von PCs nicht zum Kerngeschäft des Kundenunternehmens gehöre, sollte es darüber nachdenken, sein Eigentum an den PCs und deren regelmäßige Aufrüstung auszulagern. Die Entscheidung darüber kann davon abhängen, welcher der beiden Partner den größeren Rabatt von Dell oder Apple erhält. Der Lösung besteht darin, dass die Entscheidung auf gegenseitigem Vertrauen, einer Übereinstimmung in den Zielen und einem Bewusstsein für den gemeinsamen Wert basiert.

Dieses Geben und Nehmen ermöglicht es den Partnern, die Vor- und Nachteile jedes einzelnen Schrittes aufzuspalten, die Nutzen und Risiken zu bewerten und sie auf geeignete Weise einzugrenzen. Den jeweiligen Umständen entsprechend ist das bei jedem einzelnen Baustein anders. Wenn die Beziehung einen besonderen Grad der Reife erreicht hat, können sich beide Seiten sogar darauf einigen, dass abwechselnd mal der eine und mal der andere Partner den Löwenanteil der Gewinne kassiert.

Die Rache des Zulieferers

Wir haben bereits über das Risiko gesprochen, dass das Kundenunternehmen aus dem Vertrag aussteigt, weil ihm die Investitionen des Zulieferers zu Anfang der Vertragslaufzeit sauer aufstoßen. Aber auch die Zulieferer haben ihre Möglichkeiten, es dem Kunden heimzuzahlen, wenn sie das Gefühl haben, dass der Vertrag sich gegen sie wendet.

Ein Outsourcing-Vertragswerk besteht in seiner Gesamtheit aus einem überaus komplexen Netzwerk an Faktoren, die untereinander in Wechselbeziehungen stehen. Neben den offensichtlichen Punkten wie Sourcing, Servicequalität und technischen Fragen gibt es noch Eigentumsrechte an Wirtschaftsgütern, Steuern, Compliance und eine ganze Reihe anderer Elemente. Das bedeutet, dass ein Outsourcing-Anbieter unzählige Möglichkeiten zur Wiederherstellung des Gleichgewichts hat, wahrscheinlich sogar, ohne dass es das Kundenunternehmen überhaupt bemerkt.

Ein Zulieferer, der herausfindet, dass er irgendwo „über den Tisch gezogen“ wurde, wird immer die Möglichkeit haben, hier und da Anpassungen vorzunehmen, um seinen Gewinn ein klein wenig zu steigern und/oder das Risiko ein bisschen mehr in Richtung Kundenunternehmen zu verlagern. Diese Methode ist eigentlich ganz normal in einer „angeknacksten“ Geschäftsbeziehung, in der man vom Win-win-Kurs abgekommen ist und in der nur noch der genaue Wortlaut des Vertrages – also das, was sich jede Seite „erlauben kann“ – entscheidend für das Geschäftsgebaren ist. Die Haltung des Zulieferers ist unter Umständen folgende: „Und wenn der Vertrag platzt, was soll's? Wir verlieren damit sowieso nur Geld.“

Wie Sie Nutzen und Ärger gleichmäßig verteilen

Wie bereits zuvor erwähnt, ist die beste Lösung für eine derartige Situation, sie von vornherein zu vermeiden. Anstatt sich auf eine Dynamik von Auseinandersetzungen einzulassen, in der jede Diskussion zum Feilschen um die Positionierung benutzt wird, sollten beide Partner anstreben, sich in einem Terrain zu bewegen, wo der gemeinsame Nutzen der Partnerschaft eindeutig ist und wo die Eigentumsverteilung und die Aufteilung der Verantwortung auf eine Nutzenmaximierung ausgerichtet sind.

Diese Kultur sollte im Vertrag durch regelmäßig vorgesehene Überprüfungen unterstützt werden – zum Beispiel vierteljährlich als Teil eines Governance-Modells für das Senior-Management. Idealerweise sollten diese Überprüfungen sicherstellen, dass die Erzielung beiderseitigen Nutzens nach wie vor im Mittelpunkt steht, dass alle Bereiche, die für eine Seite überproportionale Nutzen oder Nachteile bedeuten, rechtzeitig erörtert werden und dass eine Lösung gesucht wird, bevor in der Beziehung unnötige Spannungen aufkommen.

Man muss zweifellos geben und nehmen können. Aus Kundensicht gibt es nichts Frustrierenderes, als den Zulieferer in einem bestimmten Bereich um Hilfe zu bitten, um dann festzustellen, dass dieser als Erstes einen Blick in den Vertrag wirft und sagt: „Tut mir leid, aber das ist nicht Bestandteil unserer Vereinbarung.“ Damit ein Outsourcing-Vertrag funktioniert, müssen auf beiden Seiten die Einstellung und die Erwartung herrschen, dass in erster Linie der Serviceanbieter dem Kunden dient.

Selbstverständlich sollten Leistungen, die nicht im Vertrag enthalten sind, ihren Preis haben und in Rechnung gestellt werden, aber der Anbieter sollte sie offen und ehrlich berechnen und dabei auf den Kunden eingehen, statt den Preis in dem Wissen, dass der Kunde ihm ausgeliefert ist, in die Höhe zu treiben.

Wir wollen damit weder sagen, dass das Verhältnis untereinander alles ist, noch dass die besten Outsourcing-Verträge diejenigen sind, die unterschrieben und anschließend nie wieder angesehen werden. In der heutigen hoch regulierten Post-SOX-Welt ist der Vertrag eine reale Tatsache und seine Einhaltung durch beide Vertragspartner muss regelmäßig überprüft werden. Aber die Feuerprobe besteht darin, wie der Vertrag angewendet wird. Hier bekommt das Governance-Modell eine entscheidende Bedeutung, weil es ein Verfahren und ein Forum für Auslegungen und einen ständigen Dialog zwischen beiden Parteien bieten sollte.

Was bleibt übrig?

Von zentraler Bedeutung für diesen Dialog sind der Umfang, der Fokus und die Struktur der Organisation, die im Kundenunternehmen verbleibt, um die Outsourcing-Beziehung zu steuern. Wir haben – bisher – noch keine wichtige Outsourcing-Transaktion erlebt, bei der die gesamte funktionale Organisation auf den Serviceanbieter übergegangen wäre. Normalerweise behält der Kunde einen Teil seines Know-hows in Form einer „Restorganisation“ im Unternehmen.

Die Beschaffenheit und der Umfang der verbleibenden Rumpforganisation variieren jedoch von Vertrag zu Vertrag. Bei dem einen Extrem behält das Kundenunternehmen lediglich eine auf ein Minimum reduzierte Kernkompetenz in Gestalt eines Senior-Managers. Dieser Senior-Manager, der oft ganz allein dasteht, erhält meist wenig organisatorische Unterstützung und agiert im Wesentlichen als Beziehungsmanager, der die Durchführung des Outsourcing-Vertrags und die Performance des Outsourcing-Partners überwacht. Bei einer Vereinbarung dieser Art kümmert sich der Serviceanbieter üblicherweise um alle Prozesse im Zusammenhang mit dem ausgelagerten Service und überlässt dem Kundenunternehmen die Verantwortung für die Planung und das vertraglich festgelegte Audit.

Das andere Extrem ist ein Ansatz, den wir in zahlreichen Situationen erlebt haben, vor allem in großen Kundenunternehmen, die zum ersten Mal wichtige Elemente ihrer Aktivitäten auslagerten. Dieser Ansatz beinhaltet die Beibehaltung einer soliden unternehmensinternen Rumpforganisation, die effektiv als Versicherungspolice gegen eine schlechte operative Performance des Outsourcing-Partners dient. Der Gedankengang des CEO und des Vorstands ist in diesem Fall, dass der Beibehalt einer Einheit dieser Art und Größe innerhalb des Unternehmens eine eventuelle Rückabwicklung der Transaktion erleichtern wird. Gleichzeitig wollen sie bewusst oder unbewusst eine „Pufferzone" zwischen der internen Nachfrage und dem externen Angebot schaffen und damit einen direkten Kontakt des Serviceanbieters mit seinen Endnutzern verhindern.

Wie Sie Funktionsstörungen vermeiden

Unserer Erfahrung nach erweist sich dieser Ansatz normalerweise als großer Fehler. Wenn die verbleibende Restorganisation zu groß ist, löst sie Funktionsstörungen aus, welche die Vereinbarung schließlich zu Fall bringen können. Einfach gesagt ist dieser Ansatz ein Hinweis darauf, dass der Vorstand die Nerven verloren hat oder sich nicht hundertprozentig zu der Vereinbarung bekennt und daher versucht, eine Kompromisslösung herbeizuführen, die weder eine unternehmensinterne noch eine Outsourcing-Lösung ist. Die daraus resultierende Funktionsstörung bedeutet für das Kundenunternehmen, dass es wahrscheinlich einen hohen Preis dafür zahlen muss.

Die erste Funktionsstörung, die aus einer zu großen Restorganisation resultiert, besteht darin, dass es zu einer Unmenge an Schuldzuweisungen kommt, da es der Restorganisation viel zu leicht gemacht wird, den Outsourcing-Anbieter für unpopuläre Entscheidungen verantwortlich zu machen. Dieser Umstand in Kombination mit der organisatorischen Trennung zwischen der unternehmensinternen und der ausgelagerten Einheit macht aus dem Outsourcing-Anbieter einen Fremdkörper, der die bisherigen Prozesse, von denen alle plötzlich meinen, sie seien doch eigentlich schon immer perfekt gewesen, neuen und unnötigen Regeln und Beschränkungen unterwirft. In einer solchen Situation wird die Erinnerung erstaunlich schnell selektiv.

Die zweite Funktionsstörung geht von der Rolle der zurückbleibenden Restorganisation als „Pufferzone" zwischen dem Zulieferer und den Endnutzern aus. Sie wird praktisch zu einer Art Schutzschild und verhindert, dass Veränderungen zeitnah und effektiv Eingang in das Kundenunternehmen finden, und blockiert in der anderen Richtung den freien Fluss von Informationen und Feedback. Mit der Zeit führen die daraus entstehenden Zeitverzögerungen und Übertragungsfehler in beiden Richtungen zu einer wachsenden Kluft zwischen dem Zulieferer und den eigentlichen Endnutzern im Kundenunternehmen.

Dadurch beginnen Auseinandersetzungen zwischen dem Zulieferer, der Restorganisation und den Endnutzern zu eskalieren. Oft schenken der CEO und der Vorstand des Kundenunternehmens, die diese Situation letztlich herbeigeführt haben, den Aussagen und dem Urteil der Restfunktion mehr Glauben als ihrem Outsourcing-Partner – trotz der Tatsache, dass die im Unternehmen verbliebene Restfunktion möglicherweise ein starkes Interesse daran hat, den Outsourcing-Partner schlecht dastehen zu lassen. Nur in wenigen Fällen erkennt der Vorstand diese Dynamik, hinterfragt die sich widersprechenden Behauptungen beider Organisationen und bewertet letztere nach ihren tatsächlichen Verdiensten. Auf keinen Fall sind die Konflikte zwischen dem Outsourcing-Partner und der verbliebenen Restfunktion einer positiven langfristigen Beziehung förderlich.

Die dritte Funktionsstörung besteht darin, dass ein schnell fortschreitender Technologiewandel und die kontinuierliche Weiterentwicklung von Outsourcing-Modellen eine wachsende Distanz zwischen dem Endnutzer im Kundenunternehmen und dem Zulieferer schaffen. Ein Outsourcing-Anbieter wächst am realen, unmittelbaren Kontakt mit dem eigentlichen Nutzer seiner Serviceleistungen. Seine Kompetenzen werden sich ohne einen direkten Kontakt zu den Endkunden nicht verbessern beziehungsweise werden nicht zur vollständigen Entfaltung kommen. Wegen des undurchlässigen Schutzschilds, mit dem die im Unternehmen verbliebene Organisation die Endnutzer von dem Zulieferer abschottet, wird es für den Zulieferer zunehmend schwierig, hoch qualifizierte Mitarbeiter mit den richtigen Kompetenzen zu gewinnen und zu halten. Und die vorhandenen kompetenten Mitarbeiter, die in anderen Outsourcing-Beziehungen des Zulieferers arbeiten, werden nicht bereit sein, in eine Beziehung zu wechseln, die beide Seiten als schwierig und unbehaglich empfinden.

Das Ergebnis: Die Beziehung verarmt, die Leistungserbringung leidet, die im Unternehmen verbliebene Restfunktion behauptet, ihre Kritik am Zulieferer habe sich bestätigt, und so beginnt ein Teufelskreis, der sich negativ auf Leistung, Qualität und Kompetenzen auswirkt. Auslöser dieser Funktionsstörung ist jedoch die im Kundenunternehmen verbleibende Restorganisation. Es handelt sich hierbei ausschließlich um ein hausgemachtes Problem des Kundenunternehmens.

Der richtige Umfang für die verbleibende Restorganisation

Dieser Teufelskreis lässt sich in vielen Outsourcing-Beziehungen beobachten. Wahrscheinlich fallen Ihnen ein paar Beispiele aus Ihrer eigenen Erfahrung ein. Wir empfehlen den Kundenunternehmen, eine Restfunktion in einem sinnvollen Umfang beizubehalten und dafür zu sorgen, dass sie statt als Barriere als Moderator fungiert und für einen Austausch von Informationen und Personal zwischen den Endanwendern im Kundenunternehmen und dem Zulieferer sorgt.

Der kontinuierliche Fluss und Austausch von Know-how und Erfahrungen auf der ganzen Länge dieser logistischen Kette wird das praktische Know-how und das theoretische Fachwissen des Kundenunternehmens zunehmend erweitern. Mit der Zeit wird das Unternehmen in der Lage sein, einen kompetenten Pool an Outsourcing-erfahrenen Mitarbeitern aufzubauen und einzusetzen und so für die Zukunft den Weg für noch ausgefeiltere erfolgreiche Outsourcing-Modelle freimachen.

Stellen Sie sich vor, über welche umfangreichen Erkenntnisse ein Mitarbeiter verfügt und welchen Wert er hat, wenn er nach einigen Jahren der Beschäftigung im Unternehmen des Outsourcing-Partners in das Kundenunternehmen zurückkehrt oder wenn er zwei Jahre in der verbleibenden Restfunktion gearbeitet hat, gefolgt von zwei weiteren Jahren der Zusammenarbeit mit den Nutzern der ausgelagerten Dienstleistung. Diese sechs Jahre praktischer Erfahrung lassen sich beinahe mit einem Universitätsstudium oder einem Master-Studiengang in Outsourcing-Theorie und -Praxis vergleichen. So ein Mitarbeiter könnte die gleichen Lernprozesse, durch die er selbst gegangen ist, in vielen anderen Teilen des Kundenunternehmens in Gang bringen.

Definition und Überwachung der Rollen

Dies sind einige der Möglichkeiten, wie sich die Vorteile eines erfolgreichen Outsourcings über viele Jahre auf das gesamte Kundenunternehmen übertragen lassen. Die Fähigkeit, diese Vorteile vollständig zu nutzen, wird in hohem Maße davon bestimmt, welcher Ansatz zur Steuerung der Übergangsphase gewählt wird. Ein entscheidender erster Schritt besteht darin, sämtliche Rollen und Verantwortlichkeiten beider Partner eindeutig und unmissverständlich zu definieren, und zwar was die bisherige und die zukünftige Arbeitsweise sowie die Übergangsphase von einem Betriebsmodus zum anderen anbetrifft.

Neben den Rollen und Verantwortlichkeiten muss diese Definition auch die Grenzwerte und Auslöser beinhalten, die bei zunehmender Ausgereiftheit der Outsourcing-Vereinbarung eine Verkleinerung, Vergrößerung oder Strukturveränderung der verbleibenden Restfunktion ermöglichen. Es ist weiterhin entscheidend, dass die Definition umfassend ist und alle relevanten Aktivitäten und Prozesse abdeckt.

Ein ermutigender Trend in dieser Hinsicht ist in jüngster Zeit der zunehmende Einsatz von Senior-Management-Dashboards und verschiedenen Servicequalitätsinformationssystemen, die das notwendige Ausmaß an strenger Überwachung ermöglichen, ohne dass eine große „Vertragspolizeitruppe“ eingesetzt werden muss, die über die Erfüllung des Vertrags wacht und diese im Zweifelsfall durchsetzt.

Ein entsprechender Fall aus der Branche ist die Verwendung eines Produktionssystems bei Toyota, das auf eine konsistente, termingerechte, Six-Sigma-optimierte, ausschussfreie Lieferung von Bauteilen an die Montagewerke ausgelegt ist. Die Erfüllung der Maßgaben an die Leistungsqualität ist eine Voraussetzung, die durch ein zyklisches Abfrageverfahren und nicht durch systematische Tests jedes einzelnen Metallbolzens überprüft wird. Die Qualität ausgelagerter Services lässt sich auf die gleiche Weise überwachen, und zwar zu weitaus geringeren Kosten als die, die für die ständige Qualitätsprüfung jedes einzelnen Elements anfallen würden.

Wie Sie die gemeinsame Ausrichtung stabilisieren

Neben dieser strengen, aber wirklichkeitsgetreuen Überwachung muss man unbedingt sicherstellen, dass sich die gemeinsame Ausrichtung auf die Projektziele sowie das Konstrukt, das zur Erfüllung dieser Ziele geschaffen wurde, bewähren.

Unserer Erfahrung nach lässt sich das nur erreichen, wenn man die Ausrichtung beider Partner auf die gemeinsamen Ziele und Verfahren zur Lösung von Konflikten nicht nur überwacht, sondern im Lauf der Zeit auch in zunehmendem Maße praktiziert und verbessert. So lässt sich die zum Zeitpunkt der Vertragsschließung erreichte einheitliche Ausrichtung zu einer dauerhaften und tief verwurzelten Kultur des Gebens und Nehmens weiterentwickeln. Diese Kultur ist bei der Entwicklung und Weiterentwicklung des Projekts ein Riesenvorteil, der eine Verlängerung oder Ausweitung des Vertrags zum gegebenen Zeitpunkt erheblich erleichtert.

Wie bereits erwähnt, ist eine Voraussetzung für ein Gelingen die Vermeidung eines Verhaltens, das zwischen „wir" und „den anderen" unterscheidet. Das Governance-Verfahren sollte geeignete Bedingungen zur Erfassung, Analyse und Klärung von Situationen schaffen, in denen sich eine Frontenbildung abzeichnet, um das Senior-Management bei der Aufrechterhaltung der ursprünglichen Win-win-Einstellung zu unterstützen.

Die Verknüpfung mit den Interessen der Nutzer

Dieses ständige Angleichen muss bis hin zu den Interessen der Nutzer reichen. Neben der Erfüllung der vereinbarten SLAs ist es auch wichtig, dass die Endnutzer regelmäßig befragt werden, um zu gewährleisten, dass ihr Eindruck von der Dienstleistung mit ihren Erwartungen und Anforderungen im Einklang steht. Diese Umfragen sind deshalb so wichtig, weil sich die Erwartungen der Nutzer im Lauf der Zeit verändern können. Zudem werden die Umfragen für den Fall, dass einige SLAs an Relevanz verlieren und für die ganze Nutzerorganisation oder für Teile von ihr neu definiert werden müssen, als Frühwarnsystem fungieren.

Stellen Sie sich eine Situation vor, in der veränderte Marktbedingungen eine Nachfrageblase erzeugen. Zum Beispiel könnte ein schneller und umfangreicher Kapitalzufluss in Investmentfonds bedingen, dass ständig neue Workstations aufgestellt und für Sachbearbeitungsanwendungen konfiguriert werden müssen. SLAs, die in ruhigeren, „gewöhnlicheren" Zeiten vereinbart wurden, sehen bei einer neuen Workstation für Installierung, Konfigurierung und Einarbeitung vielleicht einen Zeitraum von drei Wochen vor.

Durch die veränderten Bedingungen reicht dieser Zeitraum nun aber nicht mehr aus. Die Nutzerabteilung ist darauf angewiesen, dass die Workstations innerhalb von zwei Arbeitstagen anwendungsbereit sind, da andernfalls der Rückstand bei der Bearbeitung immer größer wird. Wenn sie rechtzeitig erkennen, welches die Anforderungen der Nutzer sind, können sich die Restorganisation und der externe Serviceanbieter zusammenzusetzen und eine Lösung entwickeln, von der sie beide profitieren und die den Eindruck verbessert, den die Nutzer von dem ausgelagerten Service haben. Im Lauf der Zeit wird diese Ausrichtung auf die Bedürfnisse der Nutzer dazu beitragen, dass beide Seiten den Outsourcing-Vertrag als einen Erfolg empfinden.

Es gibt zahlreiche Beispiele für Situationen, in denen Outsourcing hilfreich bei der Bewältigung eines sprunghaften Anstiegs des Geschäftsumfangs hätte sein können. Im Jahr 1998 war Egg – eine Internetbank, die von dem britischen Versicherungsunternehmen Prudential gegründet wurde – gezwungen, seine potenziellen Kunden in ganzseitigen Zeitungsanzeigen zu bitten, keine weiteren Anträge und Spareinlagen an die Bank zu senden. Der große Ansturm auf die Internetbank unmittelbar nach ihrer Gründung hatte zu einer völligen Überforderung der IT-Abteilung und des Backoffices geführt. Mit Outsourcing hätte sich dieses Problem womöglich vermeiden lassen, denn gerade die Steigerung und Reduzierung des Arbeitsvolumens ist eines der Hauptargumente für ein Outsourcing.

Dies angemessen in den Vertrag einzuarbeiten erfordert ganz eindeutig eine schmale Gratwanderung zwischen Compliance und Bereitschaft zur Flexibilität. Wenn man die SLAs zu starr einhält, ohne dass ihre Aktualität regelmäßig auf den Prüfstand gestellt wird, wenn man blind ist für die zugrunde liegenden Nutzeranforderungen, die sich wandeln können, und wenn man zulässt, dass eine verbleibende Restfunktion im Kundenunternehmen als Barriere und Verzögerungsfaktor wirkt – das sind allesamt Faktoren, die den

Interessen beider Parteien schaden. Vor allem werden diese Fehler aber die Nutzer treffen, von denen der Erfolg der Vereinbarung letztlich abhängt.

Die Kundenwahrnehmung ist die Realität

In diesem Buch konzentrieren wir uns in erster Linie auf das Outsourcing von Dienstleistungen und bei Dienstleistungen ist die Wahrnehmung der Serviceinhalte besonders ausgeprägt. Unsere Beobachtung über die Jahre war, dass der Wert der Outsourcing-Vereinbarung mit der Zeit aus dem Bewusstsein verschwindet und der Eindruck, dass das Outsourcing der richtige Schritt war, allmählich nachlässt, wenn dieser Wert nicht regelmäßig und deutlich kommuniziert wird. Das kann sogar passieren, wenn die messbaren Kosten- und Qualitätsziele erfüllt oder übertroffen werden.

Aufgrund dieses Risikos ist es für beide Seiten extrem wichtig, in eine interne und eventuell auch in eine externe Kommunikation zu investieren, die den Nutzen, der als Ergebnis des Outsourcings generiert werden konnte, deutlich macht. Die Notwendigkeit einer derartigen Kommunikation zeigt, in welchem Ausmaß die Wahrnehmung, die man vom Erfolg hat, zum tatsächlichen Erfolg der Outsourcing-Vereinbarung beiträgt.

Aktivitäten wie gemeinsame Innovationen, gemeinsame Initiativen sowie festliche Events, die das Erreichen von Etappenzielen in dem Projekt markieren, können allesamt dazu beitragen, dass eine Atmosphäre des Erfolgs und der beiderseitigen Dynamik erzeugt und gewahrt wird. Das wiederum ebnet anspruchsvolleren Zielen und höheren Benchmarks den Weg, was nicht nur zu einer Steigerung der Wertgenerierung führt, sondern auch dazu beiträgt, die Mitarbeiter, die diesen Service tagtäglich erbringen oder in Anspruch nehmen, zu motivieren und zu stimulieren.

Der Einsatz von externen Beratern für ein frühzeitiges Benchmarking

Zwar ist die Wahrnehmung ein wertvolles Instrument, aber letztlich sind Sie als CEO oder Vorstandsmitglied an messbaren Ergebnissen interessiert, und zwar sowohl in absoluten Zahlen als auch im Vergleich zu den

Ergebnissen der Wettbewerber. Beim Bestimmen dieser Daten spielen oft externe Berater eine maßgebliche Rolle.

Der Einsatz eines externen Beraters kann unter anderem auch deshalb von größtem Nutzen sein, weil man davon ausgehen kann, dass er über eine umfassende und detaillierte Erfahrung aus einer Vielzahl ganz unterschiedlicher Transaktionen verfügt und somit in der Lage ist, ein solides und praktikables Benchmarking über das durchzuführen, was in Bezug auf Servicelevels, Preisgestaltung und Governance vorhanden und was erreichbar ist. Das bedeutet, dass sein Beitrag den Umfang der Recherchen erheblich reduzieren kann, die das Kundenunternehmen vor Vertragsschluss in Bezug auf den Zulieferer und die Marktlage durchführen sollte.

Diese maßgebliche Rolle birgt aber auch einige deutliche Risiken in sich. Eines besteht darin, dass sich der externe Berater unter Umständen nur auf einem (zu) begrenzten Marktsegment auskennt und daher dazu neigt, ein bestimmtes einseitiges Verhaltensmuster und eine einseitige Perspektive einzunehmen, was unter Umständen nicht zu der vom Kunden erwarteten und erhofften Best-of-Breed-Lösung führt. Das andere Risiko besteht darin, dass der Berater sich möglicherweise eher als Auktionator begreift, dessen Absicht es ist, dass der Kunde aus dem zukünftigen Outsourcing-Partner so viel Wert wie möglich extrahiert.

Es ist wichtig, dass Kundenunternehmen daran denken, dass das Veranstalten von Auktionen beim Outsourcing nicht sinnvoll ist. Einige Standarddienstleistungen kann man natürlich durch eine Auktion an den Mann bringen – in diesem Buch wurde bereits die Gehaltsabrechnung als mögliches Beispiel erwähnt –, aber bevor ein Unternehmen eine solche Ausschreibung initiiert, muss es sich wirklich sicher sein, dass der betreffende Service *tatsächlich* eine austauschbare Standardleistung ist und wenig Anpassung auf seine speziellen Bedürfnisse erfordert.

Aus unserer Sicht sollten Kundenunternehmen externe Berater einsetzen, um sich zu orientieren und damit diese ihnen dabei helfen, ein besseres Verständnis für die beim Outsourcing am Markt herrschenden Kräfte, für das, was bezüglich Kosten und Nutzen tatsächlich erreichbar ist, sowie für die mit verschiedenen Vertragsformen und Anbietern verbundenen Vor- und Nachteile zu erlangen. Diese ganzen Empfehlungen werden es dem

Kundenunternehmen ermöglichen, in jeder Phase des Prozesses bessere Entscheidungen zu treffen. Das heißt, dass Sie Ihren Beratern vertrauen, aber gleichzeitig auch genug Kontrolle behalten müssen, um sicherzustellen, dass Sie nicht in die falsche Richtung gedrängt werden, vor allem wenn diese zu einer Allerwelts-Auktion führt.

Externe Branchenkennzahlen

Wir glauben, dass Outsourcing eine Branche ist, die immer mehr den Charakter einer Industrie annimmt. Das bedeutet, dass es – neben der Idee von Vertrauen und Partnerschaft, zu der wir Sie ermuntern und die wir sogar verteidigen – ganz entscheidend ist, dass bestimmte Bestandteile des Vertrags einer peinlich genauen Messung und einem regelmäßigen Benchmarking unterliegen. Damit ist gewährleistet, dass das Kundenunternehmen in Bezug auf Qualität, Kosten und Nutzen einen einigermaßen wettbewerbsfähigen Service erhält.

Die Ermittlung der richtigen Benchmarks gestaltet sich, anders als bei anderen Verträgen, aufgrund der inhärenten Probleme beim Vergleich eines Servicevertrags mit einem anderen als sehr schwierig. Man bräuchte einen „Äpfel mit Äpfeln"-Vergleich und der ist nicht immer leicht zu finden. Aber Benchmarking ist eine wichtige fortlaufende Maßnahme und es gibt durchaus einige externe Berater, die über Geschick und Erfahrung verfügen, wenn es darum geht, sinnvolle externe Benchmarks auszumachen und brauchbare Vergleiche durchzuführen.

Nach Beginn der Outsourcing-Transaktion wird der damit befasste externe Berater ihre Dynamiken und empfundenen Nutzen kennen und sich daher in einer guten Position befinden, um diese regelmäßig – wahrscheinlich alle zwei oder drei Jahre – neu bewerten zu können. Eine ordentliche Überprüfung der Vertragsleistung im Vergleich zu ähnlichen Verträgen am Markt durch einen objektiven und unabhängigen externen Berater in diesem Zeitfenster ist für beide Vertragspartner eindeutig von Vorteil und ein weiterer Stützpfeiler für eine dauerhafte Beziehung und eine einheitliche Ausrichtung.

Schlüsselfragen an den CEO und an den CFO, die sich aus Kapitel 5 ergeben

CEO

- Wie bei jeder M&A-Aktivität ist eine kohärente Kommunikation von entscheidender Bedeutung. Haben Sie alle wichtigen Multiplikatoren/Stakeholder identifiziert und eine interne und externe Kommunikationsstrategie entwickelt, die effektiv, gut geplant und ganzheitlich ist? Spiegelt diese Strategie die entscheidende Bedeutung der Kommunikation für die Wahrung der Arbeitsmoral wider? Wird sie potenzielle juristische Probleme verhindern und zum richtigen Umgang mit regulatorischen Risiken beitragen und ist sie darauf ausgerichtet, den Aktienkurs stabil zu halten?

- Werden Sie bei der Ankündigung der Vereinbarung und beim Werben für dieselbe einen öffentlichen Schulterschluss mit Ihrem Outsourcing-Partner üben und sind Sie bereit, das auch zukünftig beim Verkünden von Erfolgen sowie im Falle eines Krisenmanagements zu tun?

- Sind Sie sicher, dass das mittlere Management im verbliebenen Vertragsmanagement-Team genug Anreize und Entscheidungsbefugnisse hat, um alle Vorschläge des Outsourcing-Partners zu möglichen Innovationen zu bewerten und zu überwachen, und wird es diese Vorschläge zur Erörterung und Verarbeitung in überprüfbaren Entscheidungsprozessen an die relevanten verantwortlichen Stellen im Kundenunternehmen weiterleiten?

- Haben Sie ein Governance-Modell installiert, das sowohl das verbliebene Team als auch die Abteilungen mit direktem Kundenkontakt in die Lage versetzt, alle Erfolge und Reklamationen an die Führungsgremien der Outsourcing-Partnerschaft weiterzuleiten?

CFO

- Verfügen Sie über ein klares Bild über den erwarteten Endstatus sowie die finanziellen und geschäftlichen Effekte der Nutzen? Werden Sie dafür sorgen, dass alle Wertaussagen etwas niedriger angesetzt und nicht übertrieben werden, um einen ausreichenden Spielraum für den Fall des Eintretens unvorhergesehener Probleme zu gewährleisten?

- Nehmen Sie sich persönlich die Zeit und bringen Sie das persönliche Engagement auf, um der Investorengemeinde die Outsourcing-Vereinbarung nahezubringen und sie als großen Nutzen für das langfristige wirtschaftliche Wohlergehen des Unternehmens, für seine Flexibilität und Profitabilität und somit für seinen Aktienkurs darzustellen?

- Sind Restorganisation, -struktur und -governance fähig zum Feedback von Frühwarnungen über Probleme und Punkte, die zum Scheitern führen können, damit Sie so jede Möglichkeit einer „Auswirkung“ auf die Investorengemeinde mit Sicherheit vorhersehen können?

- Haben Sie genug Vertrauen zu Ihrem Outsourcing-Partner, um mit ihm Bereiche wie die Eigentümerstruktur von wesentlichen Vermögenswerten zu verhandeln und eine Entscheidung auf der Grundlage der besten Methode zur beiderseitigen Wertgenerierung zu treffen?

- Sind Sie bereit, weiterhin die mit der Outsourcing-Initiative verbundenen notwendigen Investitionen in Kommunikation, Kompetenzen und Initiativen über die gesamte Vertragslaufzeit und darüber hinaus zu unterstützen?

Kapitel 6
Die Realisierung der Nutzen

Angesichts möglicher Kosteneinsparungen von rund 39 Prozent lastet auf den Unternehmen ein enormer Druck, Funktionen ins Ausland zu verlagern. Finanzdienstleister sind auf diesem Gebiet die Pioniere und allen anderen weit voraus. Banken wie die Citibank gehörten zu den Ersten, die sich dem Outsourcing zugewandt und sich damit gegenüber allen anderen Finanzinstituten einen Wettbewerbsvorteil am Markt verschafft haben.

– Chris Gentle, Deloitte & Touche

Nach dem erfolgreichen Management des Übergangs zu Ihrer neuen Outsourcing-Vereinbarung erwarten Sie nun, die angestrebten Nutzen realisieren zu können. Das wird allerdings nur geschehen, wenn Sie im Voraus minutiös geplant haben, wie das geschehen soll. Auch hier macht es Sinn, wenn sich CEOs und Vorstände an der Parallele zu M&A orientieren.

Würden Sie als CEO eine Akquisition durchführen, *ohne* zu planen, wie Sie die angestrebten Nutzen realisieren wollen – egal wie Sie diese definiert haben? Würden Sie sich entscheiden, diese Transaktion *ohne* ein Spitzenteam durchzuführen, das einen offenen Rückhalt von allen Seiten genießt, und ohne ein ganz eindeutiges Ziel in Bezug auf Kostensynergien, Personalabbau, Produktsynergien und den Abbau von Redundanzen, die alle innerhalb eines engen Zeitrahmens erreicht werden müssen?

Selbstverständlich nicht. Beim Outsourcing geschieht das aber. Der Unterschied besteht darin, dass bei M&A die Stakeholder, die öffentlichen oder privaten Shareholder und – bei börsennotierten Unternehmen – die Marktanalysten ganz klare Erwartungen an die Nutzen der Transaktion haben und eindeutige Maßstäbe an sie anlegen. Das heißt, dass eine detaillierte Planung und Formulierung der Nutzen sowie die Unterstützung und der Rückhalt zu ihrer Erreichung bei M&A-Transaktionen ganz normal sind. Es gibt gute Gründe, dieses Vorgehen auf Outsourcing-Initiativen zu übertragen.

Denken Sie voraus?

Recherchen und auch unsere eigenen Erfahrungen beweisen jedoch, dass dies in den meisten Fällen nicht geschieht. Mehr als 80 Prozent aller Kunden, die einen Outsourcing-Vertrag abschließen, versäumen bis zur letzten Minute, über die verbleibende Restorganisation – das zurückbehaltene Expertenteam – nachzudenken, welche die komplexe Beziehung zwischen dem Kundenunternehmen und dem Serviceanbieter steuern soll. Nur sehr wenige dieser Teams genießen den notwendigen offenkundigen Rückhalt der Unternehmensspitze, den sie brauchen, um das Gelingen einer höchst anspruchsvollen Agenda sicherzustellen.

Mit dem Ergebnis, dass das im Unternehmen verbleibende Team erst in letzter Minute ins Spiel gebracht wird. Häufig hatten seine Mitglieder nur am Rande oder – schlimmer noch – gar nicht mit der Auswahl des Zulieferers und mit den Verhandlungen zu tun. Das bedeutet, dass dieses Team kaum etwas über die Notwendigkeiten weiß, aufgrund deren sich das Unternehmen zum Outsourcing entschieden hat.

Alles, was die Mitglieder dieses Teams *tatsächlich* wissen, ist, dass die Kosten gesenkt werden müssen, und sie kennen die angestrebten SLAs und den geschätzten Zeitrahmen für die Ausschöpfung der Synergien. Denn all das steht schwarz auf weiß im Vertrag, sie brauchen es also nur nachzulesen. Aber aufgrund der Tatsache, dass diese Leute erst so spät dazugekommen sind, sind sie wahrscheinlich nicht dazu qualifiziert, zu wissen, wie diese Resultate erzielt werden können. Und das ist nicht nur für das Kundenunternehmen ein großes Problem, sondern auch für den Outsourcing-Anbieter.

Die Definition der Rolle des verbleibenden Teams

Als Kunde, der die Nutzen, deretwegen er den Outsourcingvertrag unterzeichnet hat, realisieren will, müssen Sie schon frühzeitig anfangen zu planen, wie die Vereinbarung nach der Vertragsunterzeichnung gemanagt werden soll, von wem sie gemanagt werden soll und welche Ressourcen und Budgets dem Team zur Verfügung gestellt werden sollen.

Bei der Bildung des Teams sollten Sie daran denken, dass einer der Unterschiede zu M&A darin besteht, dass Sie beim Outsourcing keine Vermögenswerte kaufen, sondern Bandbreite – den Zugang zum fachspezifischen Know-how und sogar zur Experience on Demand Ihres Outsourcing-Partners. Outsourcing unterscheidet sich daher in einem Aspekt der Nutzenrealisierung ganz grundlegend von M&A: Der Vertrag definiert lediglich das Minimum. Mit einem qualifizierten Team und dem richtigen Zulieferer sollten Sie von mehr ausgehen. Von viel mehr.

Traurigerweise planen Kundenunternehmen aber nur bei ungefähr 10 Prozent aller Outsourcing-Transaktionen so voraus, dass das Team aus den richtigen Leuten besteht und die Unterstützung der höchsten Ebene genießt, dass die klar definierten Verantwortlichkeiten verteilt sind und dass eigens passende Governance-, Berichts- und Eskalierungsstrukturen geschaffen werden, gestützt auf eindeutige Kriterien für die Messung der Fortschritte im Verhältnis zu den Unternehmenszielen. Es ist kein Zufall, dass die Initiativen, die unter der Schirmherrschaft der Unternehmensführung stehen, meist erfolgreich sind.

Optimalerweise hat das Kundenunternehmen das verbleibende Team frühzeitig vorbereitet, im Rahmen einer formalen Struktur die besten Experten rekrutiert, ihnen ein sinnvolles und ausreichend großes (wenn auch im Vergleich zu M&A eher schmales) Budget für die Implementierung der Vereinbarung und für den laufenden Betrieb zur Verfügung gestellt und ihnen, deutlich sichtbar für beide Vertragsseiten, den aktiven Zugriff auf die Führungsspitze und die Unterstützung durch diese bewilligt.

Wie Sie das Steuer in der Hand behalten

Der Schlüssel hierzu liegt in der Wahrung der Kontrolle sowohl über das Nachfragemanagement - das heißt den Umgang mit den Anforderungen des Unternehmens, die sich wandeln und weiterentwickeln - als auch über das Beschaffungsmanagement. Zu Letzterem gehören eine genaue Kenntnis der Aktivitäten inklusive ihrer Veranlassung und der Prioritäten des Zulieferers sowie möglicherweise die Änderung von Zeitplänen und Anforderungen als Reaktion auf Veränderungen im Unternehmen und auf Veränderungen der Gesetzeslage. Diese Rolle ist in Abbildung 6.1 dargestellt.

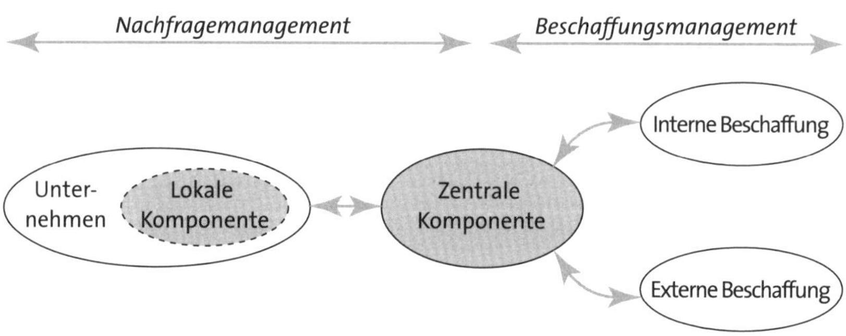

Abbildung 6.1: Die Komponenten der im Unternehmen verbleibenden Organisation

Fast immer braucht die Nachfrageseite jetzt einen formaleren Ansatz, als es vor der Outsourcing-Vereinbarung der Fall war. Vor allem muss das Unternehmen seine Bedürfnisse konkreter formulieren und deutlicher artikulieren, wie viel es dafür zu zahlen bereit ist.

Es ist nicht einfach, dieses Ausmaß an Kontrolle einzuführen. Immer wieder stellen wir fest, dass das Kundenunternehmen den Outsourcing-Partner kontinuierlich als interne Abteilung betrachtet und dementsprechend behandelt. Das heißt, man erwartet „Freundschaftsdienste" und geht davon aus, dass diese nicht in Rechnung gestellt werden. Dies widerspricht dem Grundsatz, dass einem Outsourcing-Anbieter für seine Leistungen eine rechtmäßige Vergütung zusteht. Die Kosten für spontane Änderungswünsche und Pilotprojekte waren auch vor dem Outsourcing vorhanden, aber sie wurden nie deutlich beziffert. Der Unterschied besteht nun darin, dass sie offengelegt und bezahlt werden müssen, anstatt in irgendeinem zentralen Unternehmenstopf zu verschwinden, das heißt, es müssen nun betriebswirtschaftliche Kosten-Nutzen-Disziplinen auf alle Serviceerweiterungen angewendet werden, die vom Kundenunternehmen verlangt werden. Insbesondere Forderungen bezüglich funktionaler Veränderungen können für den Outsourcing-Anbieter einen wesentlich erhöhten Arbeits- und Kostenaufwand bedeuten.

Um dem Unternehmen nach und nach die notwendige Disziplin beizubringen, sollte das verbleibende Team für jede Serviceanforderung, die nicht vom Vertrag abgedeckt ist, vom Zulieferer eine Bewertung als eigenständiges Projekt mit allen dazugehörigen Kosten, Zeitrahmen und Risikoprofilen verlangen. Auf diese Weise können die tatsächlichen Kosten ermittelt werden, wobei man nie vergessen sollte, dass 5 Prozent zusätzliche Funktionalität 40 Prozent zusätzliche Kosten bedeuten können.

Zehn Kernkompetenzen – richtig platziert

Wir haben bereits darauf hingewiesen, dass sich die verbleibende Restorganisation aus den besten verfügbaren Mitarbeitern zusammensetzen sollte, damit sie ihrer komplexen Schlüsselrolle in der Nutzenrealisierung gerecht werden kann. Doch welche Kompetenzen sind dazu erforderlich?

Durch unsere Erfahrung aus umfangreichen Transaktionen sind wir in der Lage, neun entscheidende Kompetenzen zu nennen, die in drei Bereiche aufgeteilt sind, die untereinander in Wechselbeziehung stehen und die von einer übergeordneten Schlüsselkompetenz gesteuert werden: der Sourcing-Strategie. Diese zehn Kompetenzen, die im Unternehmen verbleiben sollen, sind in Abbildung 6.2 im Kontext einer IT-Organisation dargestellt, aber sie gelten gleichermaßen für andere funktionsbezogene Outsourcing-Vereinbarungen.

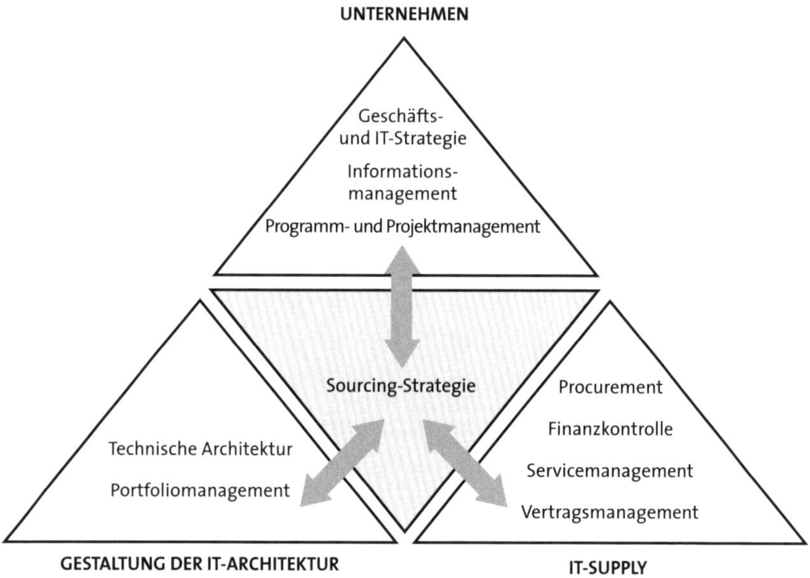

Abbildung 6.2: Die zehn Kernkompetenzen der verbleibenden Organisation

Auf dem Gebiet *Supply* braucht das Team Kompetenzen für:
- Procurement
- Finanzkontrolle
- Servicemanagement
- Vertragsmanagement

Auf dem Gebiet *Gestaltung der Architektur* braucht es Kompetenzen für:
- Technische Architektur
- Portfoliomanagement

Auf dem Gebiet *Geschäft* braucht es Kompetenzen für:
- Geschäft und Strategie
- Informationsmanagement
- Programm- und Projektmanagement

Im Zentrum dieser Bereiche steht die Sourcing-Strategie, die den Ansatz der Organisation in Bezug auf interne und externe Beschaffungsquellen definiert und gestaltet.

Damit das Team seine Aufgabe wirksam erfüllen kann, müssen diese Kompetenzen anschließend innerhalb der Organisation korrekt positioniert werden, und zwar in einer Matrix von sechs organisatorischen Schlüsselelementen (siehe Abbildung 6.3), wobei sich funktionales Management, Anwendungsmanagement und technisches Management auf der vertikalen Achse befinden und die Aspekte strategisch, taktisch und operativ auf der horizontalen Achse.

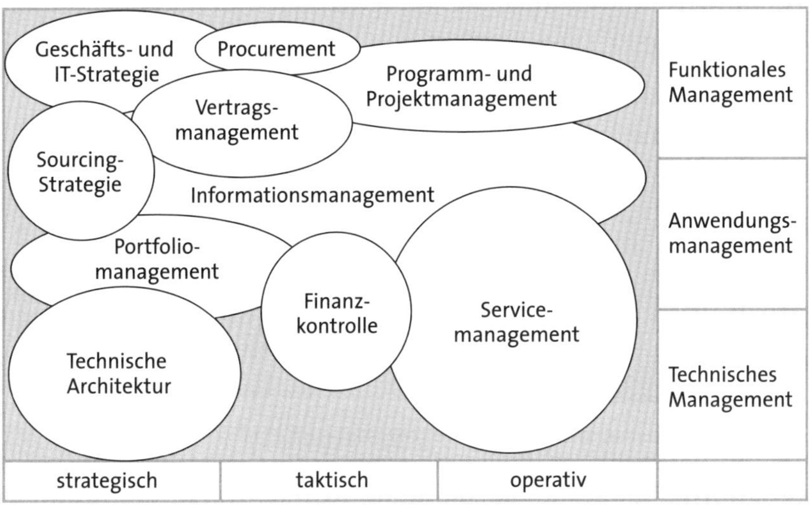

Abbildung 6.3: Die Positionierung der zehn Kernkompetenzen innerhalb der verbleibenden (IT-)Organisation

Eindeutige Verantwortlichkeiten in einem veränderlichen Umfeld

Nachdem die Kompetenzen des verbleibenden Teams identifiziert und korrekt positioniert wurden, ist der nächste Schritt die Definition der Verantwortlichkeiten, von denen die wichtigsten in dem nachfolgenden Kasten dargestellt sind. Wie bereits erwähnt, sollte das verbleibende Team frühzeitig aus den besten verfügbaren Mitarbeitern gebildet werden, um eine optimale Nutzenrealisierung zu gewährleisten. Für ein effektives Management der Zulieferbeziehungen benötigt dieses Team zudem ein Budget, Beförderungsmuster und die Rückendeckung vonseiten der Vorstandsebene. Und die Mitglieder des Teams müssen von den Kompetenzen, Entscheidungsbefugnissen und der Erfahrung profitieren, die für das Management von kommerziellen, schulungsbezogenen und kulturellen Themen notwendig sind.

Die eindeutige Definition der Verantwortlichkeiten des verbleibenden Teams

Effektives Supply-Management

Schaffung der Schnittstelle Vertrag/Lieferung

- Frühzeitige Rekrutierung der besten Mitarbeiter
- Angemessenes Budget, sowohl zu Vertragsbeginn als auch weiterhin
- Formale Strukturen und gute berufliche Aussichten
- Ständiger Zutritt zur Führungsetage und offene Unterstützung von dort

Kommerzielle Struktur

- Output-bezogene Kriterien/Preisgestaltung
- Geschäftsrelevante Performance-Messgrößen

Bekenntnis zu Schulung und Training

- Reifung und Entwicklung der Nachfrageseite und ...
- ... Motivation, Kontroll- und Sicherheitssysteme auf Zulieferseite

Kulturelle Entwicklung

- Bekenntnis zur Entwicklung einer hybriden Nachfrage-/Angebotskultur
- Wissensaustausch und Erzielung von Nutzen für beide Seiten

Ein entscheidender Gesichtspunkt bei der Definition und Verteilung dieser Verantwortlichkeiten ist das dynamische Umfeld, in dem die verbleibende Organisation operieren wird - vor dem Hintergrund eines vielschichtigen Durcheinanders aus sich verlagernden Wettbewerbskräften, neuen Prioritäten und regulatorischen Veränderungen. Alle diese Elemente bestimmen mit, inwieweit die Vorteile der Outsourcing-Vereinbarung ausgeschöpft werden können.

Stellen Sie sich eine Outsourcing-Initiative mit Fokus auf Kostensenkung vor. Plötzlich erzielt ein wichtiger Wettbewerber mit einer Innovation, die für eine Ihrer wichtigsten Produktlinien eine Bedrohung darstellt, einen großen Wettbewerbsvorteil. Das Unternehmen muss schnell und entschlossen reagieren, um der Herausforderung zu begegnen. Die Verfolgung der prognostizierten Kosteneinsparungen des Outsourcing-Programms hat plötzlich keine Priorität mehr. Der Marktanteil des Unternehmens steht auf dem Spiel und muss verteidigt werden - oder das Unternehmen „geht den Bach hinunter".

Das Ergebnis ist ein ungewohnter Druck auf eine auf ganze Reihe von Funktionen von der IT bis hin zur Produktion. Der Outsourcing-Anbieter kappt also die Investitionen und Ressourcen zur Erzielung der einst angestrebten Kostensenkung und leitet sie auf die Ziele um, die der Vorstand als neue Priorität genannt hat. Doch eine Rückkehr zu den ursprünglichen Zielen nach der Überwindung der Krise erweist sich möglicherweise als gar nicht so einfach. Zum einen ist eine vollständige Rückkehr zur ursprünglichen Agenda kaum möglich, wenn das Krisenereignis besonders schwerwiegend war. Zum anderen ist es nun sehr schwierig, eine Einigung über die genauen Auswirkungen auf die ursprünglichen Kostensenkungsziele und - gleichermaßen wichtig - über die Fristen zu erzielen, die für die Erzielung dieser Kostensenkungen kalkuliert wurden, auch wenn beide Seiten wissen, dass dieses Ereignis erhebliche Sonderkosten beziehungsweise die Erschöpfung von freien Projektgeldern verursacht hat.

Wie Sie Reife entwickeln ...

In einer solchen Situation müssen beide Seiten einen ausgereiften Ansatz verfolgen, der über die unmittelbaren Umstände hinausreicht. Ein unüberlegter Schnellschuss ist keine Lösung. Auch ohne dass sich eine Katastrophe ereignet, müssen der CEO und der Vorstand des Kundenunternehmens die Disziplin aufbringen, um zumindest einmal pro Jahr darzustellen, wie sich ihre Geschäftsstrategie entfaltet und entwickelt.

Es ist also unerlässlich, dass Veränderungen der Strategie, die Auswirkungen auf die ausgelagerten Serviceleistungen haben, dem Zulieferer so schnell mitgeteilt werden, wie es die Vorsicht gebietet. Denn so kann der Zulieferer durch Vorausplanung die Strategie unterstützen. Wenn der Vorstand sagt, er wolle innovative Wege beschreiten, zum Beispiel indem auf Rechnungsstellung und CRM via Internet umgestellt wird, dann sollte er vom Outsourcing-Anbieter erwarten können, dass dieser ihm unverzichtbare Informationen liefert – zum Beispiel, welche Bereiche sich relativ einfach dementsprechend umstellen lassen, welche Bereiche schwieriger umzustellen sind sowie welcher Anteil der Umstellung von der bestehenden Vereinbarung abgedeckt ist und welcher nicht.

Das versetzt den Vorstand in die Lage, bessere Entscheidungen zu treffen, vorausgesetzt, die maßgeblichen Kostenelemente sind bekannt und wurden berücksichtigt – immer im Bewusstsein darüber, wo sich die Grenze zwischen freien Projektgeldern und laufenden Zahlungen an den Outsourcing-Partner befindet. Sofern die Vertragspartner eine geeignete flexible Vereinbarung unterzeichnet haben, die von einer gemeinsamen Kultur und wechselseitigem Vertrauen getragen wird, können sie sich unter Umständen auch auf eine Senkung weniger maßgeblicher Servicelevels und Service-KIPs (K*ey* P*erformance* I*ndicator*s) einigen, um Einsparungen zu erzielen, die dazu beitragen werden, dass die Initiative bezahlbar bleibt.

Im Verlauf solcher Diskussionen ist es wichtig, sich daran zu erinnern, dass ein empfundener Mangel in der Nutzenrealisierung die Hauptursache für Verdruss auf der Kundenseite ist. Daher ist es von entscheidender Bedeutung, dass der Vorstand des Kundenunternehmens frühzeitig über die Auswirkungen und über die notwendige Neuausrichtung, die aus einer veränderten Strategie resultieren, informiert wird. Er muss in Entscheidungen über die Ziele und die Kostenkontrolle involviert und zuversichtlich sein, dass das verbleibende Team in der Lage ist, diese Entscheidungen umzusetzen. Auf diese Weise wird ein umfassendes Verständnis der neuen Ziele zur Nutzenrealisierung geschaffen und eine Neuformulierung der Erwartungen im Licht der neuen Situation ermöglicht.

... unterstützt durch Kontinuität

Das multidisziplinäre verbleibende Kundenteam braucht vor allem eins: Kontinuität. Es ist von maßgeblicher Bedeutung, dass die Mitglieder der verbleibenden Restfunktion wissen, wer die Dienstleistungen vor Beginn der Outsourcing-Initiative erbracht hat, dass sie über Erfahrung in der Offenlegung der relevanten Fakten verfügen und die Argumente kennen, die zur Auswahl des betreffenden Zulieferers geführt haben, und dass sie wissen, wie die Prioritäten möglicherweise verändert werden und welche Opfer gebracht werden müssen, um die angestrebten Ziele zu erreichen.

Diese Mitarbeiter müssen in der verbleibenden Organisation gehalten und mit Anreizen zum Bleiben bewegt werden. Wenn sie das Unternehmen verlassen, wird die Kontinuität leiden und die Nutzenrealisierung aus der Sicht des Vorstands schwer beeinträchtigt. Das gilt vor allem dann, wenn ein unerwartetes Ereignis auftritt, das eine Neuformulierung der Ziele und Erwartungen nötig macht.

Im Gegensatz dazu bedeutet Kontinuität im verbleibenden Team, dass sich der Vorstand auf Experten verlassen kann, die verstehen, wie und warum im Unternehmen möglicherweise Kritik an der Outsourcing-Vereinbarung laut wird und wie diese Kritik unterstützt oder entkräftet werden muss. Die personelle Kontinuität hilft dem verbleibenden Team dabei, im Falle von Irritationen in der Partnerbeziehung, die durch Ignoranz oder einen Mangel an Verständnis im outsourcenden Unternehmen ausgelöst wurden, seine Rolle als erste Pufferzone zu erfüllen.

Messgrößen für Verbesserungen

Kontinuität unterstützt auch das Benchmarking des Gelingens beziehungsweise des Misslingens des Vertrages. Hier ist es wichtig, bei den Grundlagen zu beginnen und zu erkennen, ob an die ursprüngliche unternehmensinterne Funktion anspruchsvolle Messgrößen angelegt wurden. Höchstwahrscheinlich war das nicht der Fall.

Sehr viele Unternehmen – selbst große globale –, die kein Outsourcing betreiben, arbeiten entweder noch mit sehr rudimentären SLAs oder verwenden überhaupt keine. Das ist zum großen Teil darauf zurückzuführen, dass Abteilungen als Funktionen mit eigenen Budgets betrachtet werden, oder auf zentralisierte Finanzierungsmechanismen, die alle Kosten auffangen, ohne sie auf die verantwortlichen Einheiten umzulegen. Erst wenn die Ausgaben an die Verursacher weiterberechnet werden, kommen Fragen auf, die üblicherweise Dialoge wie den folgenden auslösen: „Warum zahlen wir für drei Leute, wenn wir sie kaum brauchen?“ Antwort: „Weil Sie ein dreiköpfiges Team verlangt haben.“

Selbst bei Unternehmen, die zwar nie Outsourcing betrieben haben, aber über interne Messgrößen und SLAs verfügen, stellen diese Standards meistens nicht einmal für einen mittelmäßigen Zulieferer eine Herausforderung dar, geschweige denn für einen von Weltrang. Wenn ein Kundenunternehmen beschließt, eine Funktion auszulagern, ohne jemals in Erfahrung gebracht zu haben, wie ein erstklassiger Servicelevel beschaffen sein sollte, dann ist es höchst unwahrscheinlich, dass der ausgewählte Serviceanbieter diese Information freiwillig liefert. Stattdessen würde er – verständlicherweise – von sich aus nichts unternehmen und die Lücke zwischen den Erwartungen des Kunden und der tatsächlich erbrachten Leistung dazu nutzen, seinen Kunden von Zeit zu Zeit mit Extraleistungen zu begeistern, ohne sich besonders anstrengen zu müssen.

Aber angenommen der Kunde kennt den Unterschied zwischen mittelmäßigen und exzellenten Servicelevels, dann ist dieses Wissen für ihn von unschätzbarem Wert. Wenn man sich damit abfindet, dass die Abstimmung der Messmethoden auf die inhärenten Risiken mit Kosten verbunden ist, dann gibt es sehr vielfältige Einsatzmöglichkeiten für spezialisierte Berater, die dem Unternehmen dabei helfen können, die Qualität, Konsistenz und Stabilität der ausgelagerten Serviceleistung langfristig anzuheben.

Wie machen Sie aus der Outsourcing-Beziehung „eine gut geölte Maschine"?

Die allgemein akzeptierte Methode, mit der ein Outsourcing-Anbieter das vor sich hin dümpelnde Geschäft eines Kunden dazu bringt, wie geschmiert zu laufen, sind Kontinuierliche Verbesserungsprozesse (CIPs). Dabei geht es um die Bilanzierung der Kosten sowie der Effektivitäts- und Effizienzsteigerung. Wir glauben, dass es für die meisten Kundenunternehmen sinnvoll ist, die Kostensenkung als höchste Dauerpriorität zu betrachten und eine kontinuierliche Effektivitäts- und Effizienzsteigerung als unterstützende Ziele.

Bei den CIPs wird es immer wieder Moden und Trends gegeben, die kommen und gehen. Six Sigma, das durch Jack Welch, ehemaliger CEO von GE, berühmt wurde, und das Capability Maturity Model (CMM) Level 5 – der höchste Standard für Softwareentwicklung und -support – sind derzeit en vogue. CEOs, die diese Standards anwenden wollen, müssen jedoch an die versteckten Kosten denken.

Zum Beispiel betreiben viele Unternehmen heute ein Offshoring der Softwareentwicklung nach Indien, wo nach CMM-Level-5-Standards gearbeitet wird. Aber die Unternehmen vergessen oft, dass die wechselseitige Messung und Überwachung der Änderungen und Ergänzungen von Mitarbeitern durchgeführt werden muss, die ebenfalls nach CMM Level 5 qualifiziert sein müssen, andernfalls werden die Standards nicht erfüllt. Die meisten Unternehmen sind aber derzeit voll und ganz damit zufrieden, wenn ihre Mitarbeiter den Standard CMM Level 2 erfüllen. In dem Streben nach einer kontinuierlichen Verbesserung muss ein Mittelweg gefunden werden. Kundenunternehmen müssen eine qualifizierte Entscheidung darüber treffen, ob sie die zusätzliche Komplexität und die zusätzlichen Kosten auf sich nehmen und in Kompetenzen investieren wollen, die von Headhuntern abgeworben werden könnten, sobald sich dass herumspricht.

Benchmarking beim BPO: ein Do-it-yourself-Ansatz

Im Zusammenhang mit den CIPs ist eine weitere Warnung hinsichtlich BPO-Transaktionen angebracht. Da das Outsourcing großer Bereiche des Back-, Middle- und Frontoffice noch so neu ist, sind bisher noch keine formalen Benchmarks allgemein verfügbar. Sicher, es gibt Indikatoren – eine Versicherung wird die durchschnittlichen Branchenkosten für die Verwaltung einer Versicherungspolice kennen und eine Fluggesellschaft kennt die Kapazitäten sowie die relative Kostenbasis ihrer Wettbewerber. Aber das sind vage Indikatoren, keine echten Outsourcing-Benchmarks.

Es gibt für BPO weder Gartner- oder Compass-Benchmarks, wie beim „reinen" Technologie-Outsourcing, noch gibt es bisher anerkannte Standards. Das gesamte Gebiet des BPO ist zu neu und für Spezialisten zu breit gefächert, als dass sie in der kurzen Zeit Erfahrung in mehr als einigen wenigen vertikalen Unternehmensanwendungen hätten sammeln könnten. CEOs von Kundenunternehmen müssen im Wesentlichen akzeptieren, dass ein BPO-Outsourcing zumindest in den nächsten Jahren effektiv zu seiner eigenen Benchmark wird.

Es gibt aber keinen Grund, sich zu fürchten. Es wird kaum wirklich vergleichbare Wettbewerber geben, an denen man sich messen kann. Das Kundenunternehmen und sein Outsourcing-Partner müssen sich in Bezug auf die Art und Weise der Durchführung des Vorgangs, die Menge an Doppelungen in der Lieferkette, die fehlende Automation, eine Unterfinanzierung, die das Unternehmen eventuell mitbringt, und die Auswirkungen der Ansprüche der Power User also ständig selbst fordern, um die Zahl der Mitarbeiter zu reduzieren und technologische Lösungen einzusetzen, mit denen man die Kosten senken und die Effizienz steigern kann.

Wenn Effektivität und Effizienz im Rahmen einer BPO-Beziehung im Lauf der Zeit steigen, sollte die Beziehung – zumindest auf kurze Sicht – als Erfolg betrachtet werden. Auch wenn Sie die Nutzen ohne Durchführung eines detaillierten Benchmarkings erzielen, wie sie bei einer Vereinbarung über IT-Outsourcing zur Verfügung stehen. Die Vorgaben für eine BPO-Messung sollten jedoch so flexibel sein, dass sie Marktdaten einschließen, sobald solche Vergleichszahlen allgemein verfügbar sind.

Sinnvolle Ergebnisse mit SLAs

Unabhängig von der Verfügbarkeit von Benchmarks sollten Servicelevels und Messungen die Faktoren im Fokus haben, die echte Auswirkungen auf das Geschäft haben. Weiter vorn in diesem Buch haben wir die Erfahrung des irischen Hypothekeninstituts First Active beschrieben, das sich zum klaren Ziel gesetzt hatte, jeden Hypothekenantrag innerhalb eines Arbeitstages zu bearbeiten.

Es kommt nicht oft vor, dass ein Kundenunternehmen sein einziges Ziel so klar und eindeutig definieren kann. Als einfaches, übergeordnetes, verabschiedetes und klar artikuliertes Geschäftsziel, das zur Festlegung aller KPIs und SLAs der Transformation führt, stellt das von First Active definierte Ziel so etwas wie ein Ideal dar. Das liegt zum Teil daran, dass es sich dabei um eine Benchmark handelt, die nicht den Prozess-Input betrachtet, sondern sein Ergebnis.

Aussagekräftige Messgrößen messen das Enablement. Daher sollte man *Ergebnisse* messen, so wie First Active es getan hat. Diese Ergebnisse sollten als geschäftsrelevante gemeinsame Nenner identifiziert werden - sei es die Reduzierung der durchschnittlichen Zahl an Schuldnertagen oder die Steigerung des Aktienkurses.

Die Zielrichtung: eine Gewinnverteilung auf Basis von Messgrößen

Egal wie die Ziele aussehen, es ist entscheidend, dass man die angesetzten Maßstäbe von Anfang an richtig versteht. Sie werden die Auswahl des Outsourcing-Anbieters bestimmen, da potenzielle Anbieter, die in der Zusammenarbeit mit anderen Unternehmen bei vergleichbaren Messungen nachweislich gut abgeschnitten haben und diese Erfahrung in die neue Beziehung einbringen, die Kundenziele mit größerer Wahrscheinlichkeit erreichen werden. Das gilt besonders, wenn sich die Ergebnismessung im Rahmen einer Partnerschaft mit geteilten Risiken durchführen lässt.

Ein Beispiel für eine erfolgreiche Messung dieser Art ist die Outsourcing-Vereinbarung, die EDS und der britische Turbinenhersteller Rolls-Royce vor einigen Jahren trafen. Rolls-Royce, aktiv in einem dynamischen Markt, auf dem ein rauer Wettbewerb herrscht, wollte seine weltweite Marktpositionierung von Platz fünf auf Platz drei verbessern. Dafür musste Rolls-Royce seine Investitionen in hoch entwickelte Technologien zum Test von Turbinendesigns mithilfe von Computersimulationen aufstocken, um die Entwicklungs- und die Markteinführungsphase zu verkürzen und seine Abhängigkeit von echten Tests im Windkanal zu reduzieren. EDS verfügte aus Projekten für andere Unternehmen bereits anerkanntermaßen über Expertenwissen auf dem Gebiet der elektronischen Simulations- und Prototyping-Technologie.

Um die notwendigen Investitionen zu erleichtern, schlossen beide Unternehmen im Rahmen der Vereinbarung eine sehr effektive, mustergültige Partnerschaft auf der Grundlage einer beiderseitigen Gewinnbeteiligung. Eine auf Schlüsselkennzahlen beruhende Vertragsinnovation bestand darin, dass ein gewisser Prozentsatz der Vergütung, die EDS als Summe für die festen laufenden Kosten des Tagesgeschäfts der ausgelagerten Serviceleistungen erhalten sollte, an die Entwicklung des Aktienpreises von Rolls-Royce gekoppelt sein sollte. Diese enge gemeinsame Ausrichtung bewährte sich für beide Seiten – Rolls-Royce war in der Lage, schneller und effektiver neue Marktchancen wahrzunehmen, und EDS profitierte von dem daraus resultierenden Anstieg des Aktienkurses. Rolls-Royce entwarf neue Turbinen und testete Prototypen für die inzwischen boomende Luftfahrtindustrie, gewann wichtige Marktanteile dazu und erhöhte gleichzeitig die Messlatte für die führenden Anbieter der Branche. EDS erzielte hohe Gewinnspannen, die den Erfolg seines Kunden widerspiegelten, und Rolls-Royce sicherte seinen Fortbestand als unabhängiges Luft- und Raumfahrtunternehmen und technisches Exzellenzzentrum.

Seitdem hat es zahlreiche ähnliche Vereinbarungen gegeben, auch wenn nur wenige davon allgemein bekannt sind. Interessanterweise liegt der Fokus bei einigen Vereinbarungen inzwischen auf der Beschleunigung der Umsatzerzielung und nicht auf einer Verkürzung der Entwicklungszeit (siehe nachfolgender Kasten) – durch eine solche Regelung hat der Outsourcing-Partner ein eigenes Interesse am Markterfolg der Produkte beziehungsweise der Dienstleistungen des Kundenunternehmens.

Von der Verkürzung der Entwicklungszeit zur Beschleunigung der Ertragserzielung: Die Welt wird flacher

Outsourcing wird häufig als ein Weg zur Verkürzung der Produktentwicklungszeit beschrieben. In dem Maße, wie die alten Beziehungen zwischen globalen Unternehmen sowie die bisherigen Annahmen über globale Geschäfte immer mehr versagen, wird dieser Fokus jedoch zunehmend durch eine beschleunigte Ertragserzielung ersetzt. Eine derart enge gemeinsame Ausrichtung macht noch einmal deutlich, dass die Grenzen zwischen Outsourcing, Joint Venturing und M&A zunehmend verschwimmen.

In seinem Buch *Die Welt ist flach* beschreibt Thomas L. Friedman*, was er als „die Verflachung der Erde: die Tatsache, dass wir uns inzwischen in dem Prozess der weltweiten Verknüpfung aller Wissenspools befinden" bezeichnet. Er sagt weiter: „Wir befinden uns an der Schwelle zu einer unglaublichen neuen Ära der Innovation ... Wenn die Erde flach ist, können Sie innovieren, ohne emigrieren zu müssen. Das wird noch interessant werden. In Kürze werden wir eine gewaltige schöpferische Zerstörung erleben."

Offshoring ist in diesem Prozess von zentraler Bedeutung. Friedman beschreibt, wie die Öffnung der wirtschaftlichen und politischen Systeme von Ländern wie China, Indien und Russland während der 1990er-Jahre dazu führte, dass drei Milliarden Menschen in die globalen Märkte für Geschäftsprozesse und IT-Services eintraten. „Achten Sie darauf", so Friedman, „der Wettlauf mit den Indern und Chinesen wird nicht ganz unten stattfinden, sondern an der Spitze. Was Chinas Führung wirklich vorhat, ist, dass die nächste Generation an Unterwäsche und Flugzeugtragflächen nicht nur ‚made in China' ist, sondern auch ‚designed in China'."

*) Original: Thomas L. Friedman, The World is Flat: A Brief History of the Twenty-First Century, Allen Lane, 2005. Dt. Übersetzung: Thomas L. Friedman u.a.: Die Welt ist flach. Eine kurze Geschichte des 21. Jahrhunderts. Suhrkamp Verlag 2006.

Und er fährt mit einem Zitat des ehemaligen CEO von Intel, Craig Barrett, fort: „Sie können keine drei Milliarden Menschen über Nacht in die Weltwirtschaft integrieren, ohne dass das gewaltige Konsequenzen hätte, vor allem wenn diese aus drei Gesellschaften kommen" - nämlich Indien, China und Russland -, „von denen jede über ein reiches Erbe an Bildung und Ausbildung verfügt."

Eine Hierarchie der Messgrößen

Bei der Beschäftigung mit dem Thema Messgrößen ist die Anwendung einer dreistufigen Hierarchie sinnvoll, in der sich die Messgrößen von einer Stufe auf die nächsthöhere bewegen können. Diese drei Stufen sind folgende:

1) **SPITZE – Balanced Scorecard (BSC):** Die meisten Menschen denken, dass es bei der Balanced Scorecard um Beziehungen und technische Leistung geht. In Wirklichkeit misst die Balanced Scorecard, was immer Sie wollen. Es geht dabei um Auswirkungen auf das Unternehmen im weitesten Sinne. Eine Unmenge von Befunden, vom Einfluss auf den Aktienkurs über eine direkte Verkürzung der Produktentwicklungszeit bis hin zur Neuausrichtung der Wettbewerbsfähigkeit, kann mit einbezogen werden. Kein Aspekt ist von einer Berücksichtigung ausgeschlossen. Die Balanced Scorecard kann ausgefeilt oder unsystematisch, schlicht oder interpretativ sein. Wie auch immer sie beschaffen sein mag, es ist möglich, Serviceanbieter dazu zu bringen, diesem Messinstrument zuzustimmen.

2) **MITTE – Key Performance Indicators (KIPs):** Sie messen die unmittelbaren geschäftlichen Nutzen. Während die Balanced Scorecard die übergeordneten Effekte misst, gehen KIPs stärker ins Detail und ihr Schwerpunkt sind die prognostizierten und erzielten Nutzen beim Tagesgeschäft.

3) **BASIS – Service Level Agreements (SLAs):** SLAs sind im Wesentlichen zwischen dem Kundenunternehmen und seinem Outsourcing-

Partner vereinbarte Standards für die technische Performance und – ganz entscheidend – die Serviceverfügbarkeit und den Lieferzeitpunkt. Ein SLA ist eine vertragliche Vereinbarung, welche die Verantwortlichkeit des Zulieferers gegenüber dem Kunden hinsichtlich der Servicequalität sowie die finanziellen Sanktionen, die in Kraft treten, falls diese Standards nicht erreicht werden, definiert.

Der CEO und der Vorstand des Kundenunternehmens sich müssen genau überlegen, wie sie diese drei Messhierarchien nutzen wollen. Die Balanced Scorecard ist oft das beste Instrument zur Messung ehrgeiziger und anspruchsvoller Ziele. Wichtige Zwischenziele für die Übergangsphase werden oft in dem Sinne als willkürlich empfunden, dass nachrangige Hierarchieebenen oft nicht bereit sind, diese ohne ein konkretes und realistisches Argument für ihre Realisierbarkeit gutzuheißen.

Ein weiterer Faktor, der die Messgrößen beeinflusst, sind veränderte Erwartungen der Endnutzer im Kundenunternehmen. Mit zunehmendem Wissen und wachsender Erfahrung der Mitarbeiter wachsen auch ihre Erwartungen, wobei sie dazu neigen, die Entwicklung zu vergessen, die sie selbst durchgemacht haben, und sich oft nicht mehr daran erinnern, wie niedrig ihre anfänglichen Erwartungen waren. Daher werden sie immer kritischer und anspruchsvoller – ein natürliches Nebenprodukt einer steigenden Qualität und Erwartung.

Die Rolle der Governance beim Beziehungs- und Vertragsmanagement

Wir haben bereits die Wichtigkeit der Offenheit in der Beziehung betont, die von der beiderseitigen Bereitschaft gestützt sein muss, bei Problemen miteinander zu kommunizieren, statt sich auf die Vertragsklauseln zurückzuziehen. Tatsache ist, dass die Qualität der Kommunikation direkt mit der Stärke des Vertrauens, das in der Beziehung herrscht, verbunden ist (siehe nachfolgender Kasten).

Wie Sie eine lückenlose und effektive Kommunikation pflegen

Von der Stärke des Vertrauens zwischen den Vertragspartnern hängt es ab, wie lückenlos die Kommunikation sein kann (siehe Tabelle 6.1).

Dieses Vertrauen legt den Grundstein für eine effektive Kommunikation,

- die proaktiv und
- kontinuierlich ist,
- die heikle Themen frühzeitig und ohne Umschweife anspricht,
- die subjektive Empfindungen genauso zur Kenntnis nimmt wie die tatsächlichen Gegebenheiten und mit ihnen genauso verfährt,
- deren Schwerpunkt mehr auf positiven als auf negativen Botschaften liegt und
- die die Erfolge personalisiert, die Misserfolge generalisiert und die Erfahrungswerte aus beiden weitergibt.

Eine ineffektive Kommunikation kehrt alle diese positiven Dynamiken um, lässt die Realisierung der erwarteten Nutzen aus der Beziehung unweigerlich scheitern und führt möglicherweise sogar zum Abbruch der Beziehungen.

Tabelle 6.1

Vertrauensvolle Partnerschaft	Partnerschaft ohne gegenseitiges Vertrauen
Partner, die einander vertrauen, kommunizieren ständig.	Partner, die einander nicht vertrauen, kommunizieren anlassbezogen.
Partner, die einander vertrauen, verlangen eine offene Kommunikation auf allen Ebenen.	Partner, die sich gegenseitig nicht vertrauen, kanalisieren die Kommunikation nach Hierarchieebenen.

Eine lückenlose, effektive Kommunikation kann aber nur im richtigen Kontext stattfinden. Und dieser Kontext wird letztlich von einem Merkmal bestimmt: der Governance. Das Vertragsmanagement unterteilt sich grundsätzlich in zwei Bestandteile. Auf der einen Seite regelt es alle wirtschaftlichen Aspekte und das beinhaltet weitaus mehr als nur die Festlegung des Preises. Auf der anderen Seite regelt es den Service und der beinhaltet weitaus mehr als KPIs und SLAs.

Die vier Kategorien der Governance, die sich auf das Management eines Outsourcing-Vertrags anwenden lassen, sind in Abbildung 6.4 dargestellt.

	Gegenstand der Governance	Risiko
Ziele	Unternehmensziele und -prioritäten	Niedrig
	Partnerschaftsstrategie	Hoch
	Geschäftsstrategie	Mittel
	IT-Strategie	Hoch
	Programme	Mittel
	Servicedefinitionen und -planung	Mittel
Personal	Verbleibende IT und Buchhaltung	Mittel
	Definierte Schnittstellen	Mittel
	Definierte Rollen und Verantwortlichkeiten	Mittel
	Mitarbeiterkompetenzen und -ressourcen	Hoch
	Beziehungsmanagement	Hoch
	Meeting- und Berichtsstruktur	Mittel
Prozesse und Verfahren	Rechtlicher Ordnungsrahmen	Niedrig
	Standards und Verfahren für Strategien und Programme	Hoch
	Verfahren und Prozesse	Mittel
	Servicemanagement	Mittel
	Change-Management	Niedrig
	Finanzmanagement	Hoch
Performance	KPIs/Kritische Erfolgsfaktoren (CSFs)/SLAs	Mittel
	Kundenzufriedenheit	Mittel
	Aufzeichnung von Einsparungen und Nutzen	Hoch
	Effektivitäts-Scorecard	Hoch
	Kontinuierliches Verbesserungsprogramm (CIPs)	Mittel

Abbildung 6.4: Vier Kategorien der Governance

Jede Kategorie – Ziele, Personal, Prozesse und Verfahren sowie Performance – beinhaltet eine Reihe von bestimmten Gegenständen der Governance, die abgedeckt sein sollten. In der Spalte „Risiko" auf der rechten Seite steht, wie hoch jeweils das Risiko ist – daran kann man ablesen, bei welchen Punkten man im Allgemeinen am meisten aufpassen muss. Wenn Sie zum Beispiel die Faktoren Mitarbeiterkompetenzen und -ressourcen ignorieren, dann sind Sie am Ende – oder werden es zumindest bald sein.

Die Vorgaben für die Governance sowohl auf dem Gebiet des Outsourcings als auch bei M&A kann man aus in unserem Versuch, das Unternehmensumfeld umfassend darzustellen, entnehmen (siehe Abbildung 6.5). In dieser Abbildung sind die oberen Zeilen für Outsourcing und M&A relevant, während die Zeilen weiter unten in zunehmendem Maße ausschließlich auf M&A und nicht auf Outsourcing-Vereinbarungen anwendbar sind.

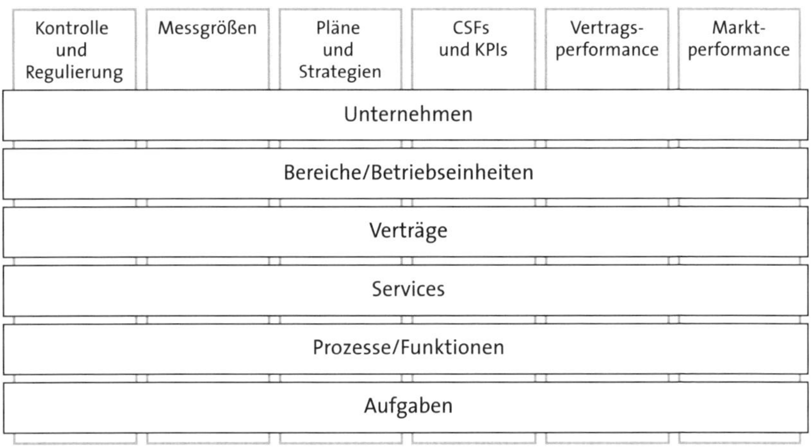

Abbildung 6.5: Darstellung des Unternehmensumfelds bei Outsourcing und M&A

Dienstleistungen, die über die KPIs hinausgehen: die Bereitschaft zur Flexibilität

Als wir zuvor erwähnten, dass Service im Rahmen einer Outsourcing-Vereinbarung weitaus mehr bedeutet als die Beachtung der KPIs, wollten wir damit die komplexe Wechselbeziehung und die enge gegenseitige Abhängigkeit zwischen dem Management des Vertrages und der Entwicklung der Beziehung hervorheben.

Bei der Dienstleistung müssen die Zulieferer flexibel und vom Geist des Gebens und Nehmens beseelt sein. In der frühen Umsetzungsphase des Vertrags könnte es für den Kunden zum Beispiel zunehmend offensichtlich werden, dass sein Outsourcing-Partner für einen bestimmten Serviceaspekt weniger geeignet ist. Wenn die Beziehung in ausreichendem Maße offen und stabil ist, kann der Kunde zu seinem Outsourcing-Anbieter sagen: „Das könnte Sie etwas Umsatz kosten, aber wären damit Sie einverstanden, wenn wir einen spezialisierten Subunternehmer mit diesem Aspekt des Services beauftragen?"

Üblicherweise sind dem Outsourcing-Anbieter die Probleme in diesem Bereich bewusst und er hat vielleicht selbst das Gefühl, dass dieser Bereich ihn an die Grenzen seiner Kompetenz, seines geistigen Eigentums oder seiner Verfahren bringt. Die Chancen stehen gut, dass er dem Anliegen seines Kunden zustimmt und ihm der Erhalt und die Stärkung der übergeordneten langfristigen Beziehung eine kleine Umsatzbuße wert ist.

Eine Rückkehr zu Projekten mit dem Charakter von „Freundschaftsdiensten"?

Ein weiterer Aspekt der Governance im Servicebereich ist, dass informelle Vereinbarungen möglich werden. Wir haben bereits darauf hingewiesen, dass die unternehmensinterne Kultur der unüberwachten und nicht in Rechnung gestellten Projekte nach Art von „Freundschaftsdiensten" durch das Outsourcing weggefegt wurde. Wenn die Beziehung jedoch gut ist und das Kundenunternehmen seinem Zulieferer mit dem ausgelagerten Service eine anständige Gewinnspanne ermöglicht, dann kann sich eine neue Kultur entwickeln, die ein vergleichbares Ausmaß an Informalität erlaubt, in dessen Rahmen nicht dokumentierte und nicht in Rechnung gestellte Elemente existieren, die möglicherweise nie in einen formalen Vertrag münden oder nur dann, wenn sie nach einem Pilotprojekt oder einer Versuchsphase vollständig beziehungsweise größtenteils implementiert werden. Diese Art von Vereinbarung könnte Initiativen wie das Prototyping eines neuen Serviceelements oder das versuchsweise Austesten eines neuen Arbeitsverfahrens umfassen.

Diese auf der guten Beziehung beruhende Form der Entwicklung von Dienstleistungen hat jedoch strenge Grenzen. Insbesondere sollte keiner der beiden Partner diese Vorgehensweise missbrauchen, wobei der potenzielle Schuldige hier wahrscheinlich eher das Kundenunternehmen ist, das die Kooperationsbereitschaft des Zulieferers als Schwäche auslegen und verstärkt auf kostenlose Zusatzleistungen drängen könnte. Die Fähigkeit, die Ausgeglichenheit zu wahren und die informelle Kooperation nicht auszunutzen, ist ein entscheidender Gesichtspunkt der Rolle des im Unternehmen verbleibenden Teams und eine der Schlüsselkompetenzen, die es entwickeln muss. Sie ist zudem ein echter Test für die Disziplin und die Neutralität dieses Teams.

Markenschädigung: eine andere Bezeichnung für Folgeschäden?

Ein parallel dazu ablaufender und wesentlich formalerer Trend bei Outsourcing-Verträgen ist die wachsende Akzeptanz seitens der Zulieferer, die Haftung für Schäden an der Marke des Kundenunternehmens zu übernehmen. Das ist kaum die Art von Vertragsklausel, die Kunde und Zulieferer näher zusammenbringt. Aber sie kann Kundenunternehmen Schutz bieten, die feststellen, dass ihr wichtigster immaterieller Vermögenswert ohne ihr eigenes Verschulden beschädigt wurde.

Der Hintergrund dieser Entwicklung ist, dass Zulieferer bisher nicht bereit waren, die Haftung für „Folgeschäden" zu akzeptieren, die aus einer Nichterfüllung der Abmachung resultierten. Zulieferer und ihre externen Berater haben in jüngster Zeit jedoch Fortschritte in der Debatte darüber gemacht, ob sie ihren Kunden Schadenersatz leisten sollten, wenn die Nichterfüllung der eigenen vertraglichen Verpflichtungen zu einer Beschädigung des Markennamens ihres Kunden führt. Als Messgröße könnten hier zum Beispiel die Anzahl der Zeitungsspalten dienen, in denen nationale und internationale Medien negativ über das Unternehmen berichten. Wenn das Kundenunternehmen als Ergebnis der Versäumnisse seines Zulieferers von Dritten in Anspruch genommen wird, kann der Schaden noch ganz andere Dimensionen annehmen.

Stellen Sie sich eine Fluggesellschaft vor, deren ausgelagerter Turbinenwartungsservice die vereinbarte Wartungszeit nicht einhält, woraufhin Flüge gestrichen werden müssen und sich ein Sturm der Entrüstung vonseiten der Medien über der Fluggesellschaft entlädt. Oder denken Sie daran, wie der britische Schieneninfrastrukturbetreiber Railtrack wohl durch die negative Publicity seiner mit der Instandhaltung beauftragten Subunternehmer aus dem Geschäft (und letztlich aus der Existenz) gedrängt wurde. Oder an den großen Einzelhandelskonzern, der eines Montagmorgens feststellte, dass alle seine EPoS-Terminals am Tag zuvor durch einen automatischen Software-Download seines Serviceanbieters außer Gefecht gesetzt worden waren. Wenn Marken auf dem Spiel stehen, sind auch die Aktienkurse und der langfristige Unternehmenswert gefährdet. Wenn Outsourcing-Anbieter echte Partner sein wollen, muss jeder seinen Teil der Verantwortung übernehmen.

Ständiger Zugriff auf Innovation

Wie zuvor erwähnt, besteht eine der größten und häufigsten Klagen von Kundenunternehmen an ihre Zulieferer in einem empfundenen Mangel an Innovation. Sie glauben, dass ein ständiger Zugriff auf innovatives Denken und innovative Leistungserbringung ein wesentlicher Bestandteil des Outsourcing-Vertrags ist.

In Wirklichkeit war dies zum Zeitpunkt der Vertragsverhandlungen meist eine Annahme, die nicht dokumentiert wurde, weil das Hauptaugenmerk des Kundenunternehmens vorrangig auf die Kostensenkung gerichtet war. Und Kostensenkung und Innovation vertragen sich nicht gut. Beide nach der Vertragsunterzeichnung unter einen Hut zu bringen ist, gelinde ausgedrückt, schwierig.

Bei der Durchführung von Audits über gescheiterte Beziehungen stellen wir fest, dass sich eine 80:20-Regel anwenden lässt. Gewöhnlich fordern der CEO und der Vorstand des Kundenunternehmens ein Schlichtungsverfahren für den Vertrag, weil sie glauben, dass keine Innovation stattgefunden hat. In rund 80 Prozent der Fälle stellen wir dann fest, dass der Zulieferer *sehr wohl* regelmäßig und konsistent Innovationsvorschläge gemacht hat. Die im Kundenunternehmen verbliebene Organisation glaubte jedoch, ihre Rolle sei die eines Gatekeepers, der vor allem die Kosten niedrig halten sollte. Folglich verhinderte sie, dass der Zulieferer seine Serviceinnovationen oder -modifikationen an das Kundenunternehmen „verkaufen“ konnte, indem sie gegen sämtliche Innovationen Einspruch erhob, ohne sie jemals an die Endnutzer oder an den Vorstand des Unternehmens zur Bewertung und eventuellen Genehmigung weiterzuleiten.

In den meisten Fällen ist die verbleibende Organisation zudem ernsthaft von der Richtigkeit ihres Handelns überzeugt. Unter Umständen lehnt sie sogar Innovationen ab, weil sie nur 1 Prozent Kosteneinsparung bedeuten würden. Aber selbst die bescheidenste Kostensenkung ist es nicht nur wert, eingeführt zu werden, sondern kann auch eine Diskussion über andere Ineffizienzen zwischen den Abteilungen in Gang bringen, die zu wesentlich größeren Kosteneinsparungen führen können.

Diese Art, Innovationen zu blockieren, ist ganz eindeutig ein schlechtes Zeichen für eine langfristige Nutzenrealisierung. Das verbleibende Team unterdrückt den Innovationsfluss des Zulieferers an das Kundenunternehmen und entscheidet, ihn aus subjektiv wahrgenommenen Gründen einer „Kostenbegrenzung“ nicht an das Unternehmen weiterzuleiten. Der Informationsfluss muss sofort wieder in Gang gebracht werden, und zwar so, dass er für beide Seiten transparent ist. Die Frage ist nur: Wie?

Freie Bahn für Innovationen

Sie können und sollten tatsächlich nachprüfbare zukünftige Innovationen im Outsourcing-Vertrag vereinbaren. Das funktioniert folgendermaßen: Der Zulieferer muss seine Innovationsvorschläge dem Team des Kundenunternehmens schriftlich unterbreiten, inklusive eines einfachen Business Case und einer Kostenkalkulation. Wenn dem Kundenteam die Vorschläge gefallen, leitet es sie für eine weitere Prüfung weiter. Wenn der Zulieferer jedoch das Gefühl hat, man habe ihn unfairerweise abblitzen lassen oder die Innovation sei im Kundenunternehmen nicht ausreichend geprüft worden, kann er sie selbst für eine Überprüfung weiterleiten, zumindest bis auf die Ebene der Abteilungsleiter der Unternehmenseinheit.

Wenn die Innovation so essenziell und bahnbrechend ist, dass sie einen gewaltigen Schritt nach vorn bedeuten würde, dann sollte der Zulieferer nach vorab festgelegten Kriterien automatisch das Recht haben, diesen Vorschlag direkt dem CEO und seinen Vorstandskollegen zur Begutachtung vorzulegen. Entscheidend ist, dass diese Vereinbarung auch dem Kundenteam zugutekommt, indem sie noch einmal deutlich macht, dass seine Rolle die eines Wegbereiters, Moderators und Beziehungsmanagers und nicht die eines Gatekeepers ist.

Ein weiterer entscheidender Aspekt des Innovationsflusses vom Zulieferer an das outsourcende Unternehmen besteht darin, dass dieser sich nicht zwangsläufig auf die Bereiche beschränken muss, die von der Vereinbarung abgedeckt sind. Bei der Erbringung der vertraglich vereinbarten Leistungen erkennt der Zulieferer oft Ineffizienzen und Redundanzen an anderen Stellen im Unternehmen. Daraufhin kann er – und idealerweise sollte er – Empfehlungen aussprechen, um das Kundenunternehmen auch außerhalb seines eigentlichen Wirkungsbereichs zu unterstützen. Ob das aber letztendlich zu einer Ausdehnung der vertraglich vereinbarten Aktivitäten führt, ist unerheblich. Der Innovationsvorschlag wird auf jeden Fall zu der Quote der zu leistenden Innovationen mitgerechnet.

Beim Technologie-Outsourcing wird oft ein 70:30-Modell angewendet, bei dem von dem Zulieferer erwartet wird, dass er 70 Prozent technologische Innovationen und 30 Prozent Rationalisierung oder Automatisierung manueller Systeme liefert, wobei letztere in den Technologie-Aufgabenbereich aufgenommen werden kann, aber nicht muss. Ein Beispiel für eine Innovation dieser Art, die gegenwärtig in zahlreichen Outsourcing-Beziehungen Erfolg hat, ist die elektronische Rechnungsstellung, bei der die Kunden des Kundenunternehmens sich damit einverstanden erklären, dass sie gleich nach Erhalt der elektronischen Bestellung eine automatisch erzeugte Rechnung erhalten.

Diese scheinbar geringfügige Veränderung, die von Outsourcing-Anbietern oft vorgeschlagen wird, bringt erhebliche Vorteile. Bei einer elektronischen Rechnungsstellung ist der Anteil an manueller Verarbeitung gering bis nicht vorhanden. Rechnungsfehler werden von durchschnittlich 10 Prozent bei manuellen Systemen auf nahezu null reduziert, was zu einer erhöhten Kundenzufriedenheit führt. Und der Cashflow wird verbessert, weil der Rechnungsversand schneller und fehlerfreier erfolgt.

Wie sie zukünftige Risiken durch Flexibilität bewältigen können

Neben dem Zugriff auf Innovationen ist ein weiterer Aspekt einer langfristigen Nutzenrealisierung ein dauerhaftes und robustes Risikomanagement, inklusive der vertraglichen Möglichkeit, Ereignisse wie Auftragsspitzen und Integrationsfragen zu berücksichtigen, nach deren Erledigung man zu einem „normalen" Fokus und Aktivitätslevel zurückkehrt.

Was in jedem Fall vertraglich geregelt werden sollte, ist die Vorgehensweise im Falle einer Akquisition oder Veräußerung beziehungsweise einer Schließung von Unternehmensteilen. Dabei sollten alle Aspekte berücksichtigt werden – vom Ansatz zu einer Systemintegration oder -desintegration auf der höchsten Ebene bis zu relativ detaillierten Prinzipien der Kostenrechnung. Diese Art Vereinbarung kann vertraglich und eventuell auch öffentlich getroffen werden, damit man sicher sein kann, dass die Analysten erkennen, dass das Unternehmen sich rigoros gegen Risiken absichert. Die Vertragspartner können sich dabei darauf berufen, dass diese Vorkehrung ein eingeplanter, aber nicht unbedingt ein sofortiger Nutzen ist, der sich aber in der Zukunft realisieren lässt und unmittelbare Auswirkungen auf die Fähigkeit des Unternehmens hat, bei der Umsetzung seiner Strategie flexibel zu reagieren.

Ein Bereich, der sich unseren Recherchen nach bei zahlreichen M&A-Transaktionen immer wieder als große Schwachstelle erweist, sind der nach innen gerichtete Fokus und die operative Trägheit eines akquirierenden Unternehmens, welche die Anstrengungen behindern können, die das Unternehmen unternimmt, um das aufgekaufte Unternehmen wieder in Gang zu bringen, den Fokus neu zu setzen sowie um aus fortlaufenden Umsätzen zu profitieren. Ein gut ausgearbeiteter Outsourcing-Vertrag kann einen Großteil solcher Störungen von vornherein verhindern und wird eindeutig der M&A-Transaktion förderlich sein.

Für diese Art von Nutzen hinsichtlich zukünftiger Risikoprofile sollten Kunden keinen Preisaufschlag bezahlen müssen. Zulieferer sind inzwischen in zunehmendem Maße bereit, die Einhaltung zukünftiger regulatorischer Vorgaben zu einem Standardelement von Outsourcing-Verträgen zu machen. Damit gewährleisten sie, dass ihr Kundenunternehmen einer

Weiterentwicklung der gesetzlichen Regulierungen immer folgen kann. Wenn hier Zusatzkosten entstehen, sollten diese in Form einer transparenten Formel und nicht willkürlich weitergereicht werden. Zudem sollte die ausgelagerte Erfüllung von Regulierungsvorgaben im Gegensatz zu einer unternehmensintern gemanagten Erfüllung dem Kunden große Einsparungen bescheren - was daran liegt, dass der Outsourcing-Anbieter diesen Themenkomplex für eine Vielzahl von Kunden managt und die Kosten daher auf alle umlegt.

Ein weiterer Aspekt der Flexibilität, den man nicht vergessen darf, ist die strategische Flexibilität, wobei das Ziel ist, die Outsourcing-Vereinbarung so zu strukturieren, dass sie das outsourcende Unternehmen befähigt, zukünftige Marktchancen bestmöglich auszuschöpfen. Es gibt allerdings Fälle, in denen Outsourcing genau den umgekehrten Effekt hat. Ein Beispiel darüber findet sich in unsere Fallstudie über die britische Einzelhandelskette J. Sainsbury auf Seite 284 ff., deren Outsourcing-Vereinbarung eine Verbriefung vorsah - was effektiv einem Kredit auf seine zukünftigen Zahlungsströme gleichkam -, mit der eine ganze Reihe struktureller Veränderungen finanziert werden sollte. Zunächst schien das eine geschickte Lösung zu sein, aber die Reduzierung der Verbindlichkeiten in der Bilanz und die Auslagerung der Schulden bewirkte, dass Sainsbury keinen Spielraum für eine weitere Kreditaufnahme zur Finanzierung eines Übernahmeangebots hatte. Damit steckte Sainsbury in einer finanziellen Zwangsjacke.

Gegenseitige Offenheit auf der Führungsebene zum beiderseitigen Nutzen

Wenn, nachdem die Outsourcing-Vereinbarung in Gang gesetzt wurde, beide Seiten sich gegenseitig zu strategischen Fragen konsultieren und beide einen fairen und gerechten Anteil an der Wertgenerierung erzielen, dann ist ein Szenario für eine transparente, langfristige Beziehung geschaffen.

Damit kommen zwei Schlüsselfaktoren ins Spiel. Einer dieser Faktoren, den wir bereits besprochen haben, ist die Vertrauensbildung auf allen Ebenen zwischen den Partnern. Der andere Faktor, noch in der Entstehung begriffen und weitaus umstrittener, ist die Führungsreife des Zulieferunternehmens sowie dessen Bereitschaft, persönliche Nähe zu den CEOs und den Vorständen des Kundenunternehmens herzustellen. Vor allem die Unternehmensführer globaler Zulieferunternehmen besitzen bisher noch nicht die Reife, sich als persönlich verantwortlich beziehungsweise persönlich in die Kundenbeziehung involviert zu sehen. Das könnte sie in Zukunft teuer zu stehen kommen, wenn regionale und lokale Wettbewerber ihre Marktanteile mit einem sichtbar größeren und nachweislichen persönlichen Commitment angreifen.

Da beide Vertragspartner an einer transparenten Beziehung interessiert sind, stellt sich die Frage, wie sich Vertrauen herstellen und wahren lässt – ein für beide Seiten überaus wichtiges Thema. Die Antwort scheint auf der Hand zu liegen: Die Basis des Vertrauens sind Offenlegung und Audit. Richtig? Nicht ganz. Tatsächlich ist die Basis für eine vertrauensvolle Outsourcing-Beziehung eine *bilaterale* Offenlegung und ein *bilaterales* Audit – und das ist unter Umständen eine ganz andere Sache.

Mit diesen beiden Grundlagen ermöglichen Offenheit und Aufrichtigkeit eine vertrauensvolle Beziehung. Ob sich Offenheit und Aufrichtigkeit herstellen lassen, hängt letztlich von den Auswahlkriterien ab, das heißt, ob das outsourcende Unternehmen seinen Outsourcing-Anbieter nach kulturellen Kompatibilitätskriterien auswählt. Zudem muss eine Akzeptanz dafür vorhanden sein, dass es immer wieder ungeplante wesentliche Veränderungen geben kann und dass jede Seite ihre wirtschaftlichen Gegebenheiten hat. Die Mechanismen, die diese Elemente unterstützen, sind Audits und Messungen. Wenn beide Parteien die Ebene erreicht haben, auf der sie füreinander ein „offenes Buch" sind, dann vervollkommnen sie gerade ein erhebliches dauerhaftes Vertrauen.

Die Rolle von „Trust Brokers"

Doch selbst nachdem dieses Vertrauen geschaffen wurde, besteht natürlich immer noch die Gefahr, dass es durch verschiedene Ereignisse wieder zerstört wird. In Fällen, in denen die Beziehung ins Wanken gekommen ist, können externe Vermittler als sogenannte „Trust Brokers" eine zentrale Rolle bei der Wiederherstellung des Vertrauens spielen. Dazu gehört die Stärkung und Bekräftigung des Wertes der Beziehung und der Beiträge beider Seiten im Kontext der bisherigen Errungenschaften, des aktuellen Vertrags und der zukünftigen Möglichkeiten.

Neben der Gewährleistung reibungsloser Abläufe sorgt Vertrauen auch auf unmittelbarere Weise für Nutzen. Kunden tun ihren bestehenden Zulieferern oft einen „Gefallen“, indem sie ihnen ein Prototyping ihrer neuen Ideen und Konzepte ermöglichen.

Die Nutzen fließen aber auch in die andere Richtung. Angesichts der derzeitigen Bestrebungen globaler IT-Outsourcing-Anbieter, sich Eintritt zu BPO in funktionalen Bereichen außerhalb ihrer traditionellen Kernkompetenzbasis zu verschaffen, sind sie stark daran interessiert, für ihre Kunden Mustersites einzurichten, auf denen sie ihr neu gewonnenes Expertenwissen entwickeln und demonstrieren können. Diese mit Kinderkrankheiten behaftete Entwicklungsphase geschieht am besten in einer wohlwollenden Umgebung, was im Allgemeinen bedeutet, dass für die Entwicklung einer soliden, glaubwürdigen und kooperativen Referenzsite für die Unternehmensentwicklung ein Kundenunternehmen ausgewählt wird, zu dem ein vertrauensvolles Verhältnis besteht.

Die wichtigsten Voraussetzungen, die eine vertrauensvolle Beziehung fördern oder behindern, sind in Tabelle 6.2 im nachfolgenden Kasten dargestellt. Wie sich daraus ablesen lässt, ist ein integraler Bestandteil des Vertrauens die wirklichkeitsbezogene Definition der Verantwortlichkeiten. In einem dynamischen, sich ständig weiterentwickelnden Umfeld lassen sich die Verantwortlichkeiten nur allgemein festlegen. Allgemein formulierte Verantwortlichkeiten werden eher im Kontext von Misserfolgen zum Problem, während eine vertrauensvolle Beziehung beiden Seiten eine lockerere Definition der Rollen ermöglicht, anstatt dass diese von funktionalen Aufgabenbeschreibungen abhängt. Das heißt auch, dass im Falle eines Problems nicht als Erstes nach dem Verantwortlichen gesucht wird, sondern man sich darauf konzentriert, sich auf eine gemeinsame Reaktion zu verständigen und langfristig sicherzustellen, dass sich das Problem nicht wiederholt. Die Realisierung der Nutzen muss dabei stets das beiderseitige Kernziel bleiben.

Das führt uns wieder zu der Rolle des verbleibenden Kundenteams und zur Auswahl der geeigneten Mitglieder, die nach ihrem kaufmännischen und technischen Wissen, ihrer bisherigen Erfolgsbilanz und ihrer Kenntnis des vielfältigen Drucks, der die gemeinsame Kultur prägt und formt, erfolgt. Es ist ganz entscheidend, dass dieses Team auf die uneingeschränkte Unterstützung und das Engagement der Führungsriege zählen kann und dass die Teammitglieder erfahren genug sind, um zu wissen, wie viel sie im Rahmen der vertrauensvollen Beziehung von dem Zulieferunternehmen verlangen können und wo die Grenze der Ausnutzung beginnt. Und falls diese Grenze von einer Seite überschritten wird, zeichnet sich eine hybride Kultur dadurch aus, dass die Seite, die sich ausgenutzt fühlt, dieses Thema offen ansprechen und eine effektive Grenzlinie ziehen kann, die von keiner Seite überschritten wird.

Der Aufbau vertrauensvoller Outsourcing-Beziehungen: ein Leitfaden

Tabelle 6.2

Förderliche Elemente für eine vertrauensvolle Beziehung	Hinderliche Elemente für eine vertrauensvolle Beziehung
Klar definierte Ziele	Mangelnde Vorbereitung
Sorgfältig geplante Beziehung	Mangelnde kulturelle Kompatibilität
Durchdachte Prozesse	Keine gemeinsamen Ziele
Ermutigung zum Teamwork und gerecht verteilte Nutzen	Ungeeignetes Governance-Umfeld
Effektive Berichterstattung und Kommunikation auf jeder Ebene	Kosten- versus Gewinndruck

Die Voraussetzungen für Vertrauen sind:

- Offenheit und Aufrichtigkeit
- Kulturelle Kompatibilität
- Ständige Bereitschaft zu wesentlichen Veränderungen
- Akzeptanz der wirtschaftlichen Realitäten des anderen
- Mechanismen für Audits und Messungen

Der *Erhalt* des Vertrauens:

- Anzustreben ist ein Verhältnis, in dem man für den anderen ein „offenes Buch“ ist.
- Einsatz von Trust Brokers: Außenstehende Experten können den Wert und die Beiträge beider Seiten während der gesamten Dauer der Beziehung bewerten, bekräftigen und für eine gerechte Aufteilung der Nutzen sorgen.
- Vereinfachung der Definition von Verantwortlichkeiten:
  - In vertrauensvollen Beziehungen ist keine detaillierte Definition notwendig.
  - Die Frage der Verantwortlichkeiten wird eher bei Misserfolgen ein Problem als bei Erfolgen.
  - Das Vertrauen ermöglicht einen gemeinsamen Fokus auf die Bewältigung eines Misserfolgs und die Verhinderung seiner Wiederholung.

Das Führungsteam des Zulieferunternehmens muss Reife und Visionskraft entwickeln

Es gibt ein zentrales Gebiet im Verhältnis zwischen dem Kundenunternehmen und dem Outsourcing-Anbieter, auf dem sich das Vertrauen nach wie vor im Embryonalstadium befindet und auf dem die meisten großen Serviceanbieter ihren Ansatz unserer Meinung nach überdenken müssen, um nicht von beweglicheren Wettbewerbern überholt zu werden. Die Rede ist vom Aufbau und der Pflege persönlicher Kontakte zwischen dem Führungsteam inklusive CEO auf Zulieferseite und dem Führungsteam des Kundenunternehmens.

Bei den Verhandlungen über eine Outsourcing-Vereinbarung erwartet der CEO eines Kundenunternehmens, dass ihn sein möglicher Partner in Bezug auf die Unternehmensstrategie und -ziele hinterfragt. Gegenwärtig denken Kundenunternehmen aber nicht daran, dasselbe beim Führungsteam des Zulieferers zu tun. Nun, das sollten sie aber – und das Führungsteam des Zulieferers sollte sie aktiv dazu auffordern.

Warum? Wenn die Vorstandsmitglieder des Kundenunternehmens wirklich davon überzeugt sind, dass die Outsourcing-Vereinbarung einen grundlegenden und dauerhaften Schritt in Richtung der Erreichung ihrer definierten Geschäftsziele darstellt, sollten sie sich genau informieren, wie diese Ziele zur Strategie ihres zukünftigen Partners passen. Welches sind die langfristigen Ziele des Zulieferers? Ist er in erster Linie aus Umsatzgründen an der Vereinbarung interessiert oder hat er noch Absichten darüber hinaus? Erbringt er für andere Kundenunternehmen im selben Marktsegment ähnliche Serviceleistungen? Wird er das Projekt als Referenzprojekt nutzen, um sein BPO- oder Branchenangebot zu vermarkten? Wird er das Projekt nutzen, um Innovationen zu testen?

Diese Fragen werden von den CEOs der Kundenunternehmen einfach nicht gestellt. Die Gründe für diese einseitige Informationsblockade sind bei den Führungskräften auf beiden Seiten zu finden. Die zentralen Schwierigkeiten, mit denen beide Führungsteams konfrontiert sind, sind in Abbildung 6.6 auf-

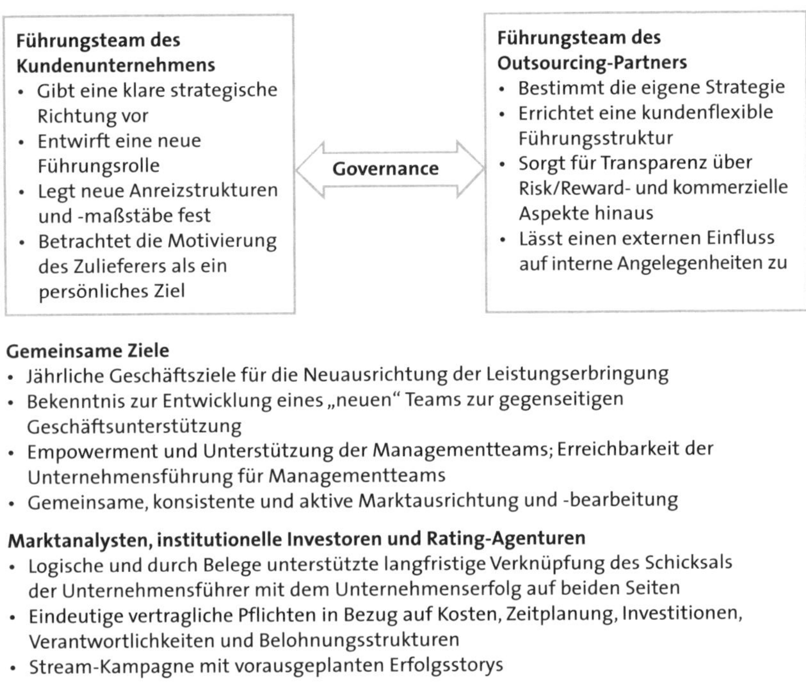

Abbildung 6.6: Strategische Herausforderungen an die Führungsteams beider Vertragspartner

geführt. Den Schlüssel zur Überwindung des Taubstummendialogs zwischen Zulieferer und Kundenunternehmen hat aber das Führungsteams des Outsourcing-Anbieters in der Hand. Um diesen Schlüssel richtig anzuwenden, müssen viele von ihnen jedoch ihre Sichtweise und ihr Verhalten radikal verändern. Ein Erfolg auf diesem Gebiet kann wirklich eine neue Generation von beiderseitiger Nutzenrealisierung hervorbringen.

Die Ausrichtung auf einen gemeinsamen Ansatz

Wir haben bereits darauf hingewiesen, dass die Basis für eine vertrauensvolle Outsourcing-Beziehung eine beiderseitige Offenlegung aller Fakten und Audits ist. Dem vergleichbar ist die Basis für erfolgreiches strategisches Outsourcing der sichtbare und kontinuierliche Rückhalt seitens der beiden Führungsriegen. Aber auch für ihn gilt, dass er auf beiden Seiten vorhanden sein muss. Das Team des Zulieferers, welches das „Interesse" seiner eigenen Unternehmensführung an der Vereinbarung sieht, wird sich daraufhin mehr anstrengen, um die beiderseitigen Nutzen und Ziele zu erreichen. Im Rahmen einer gegenseitigen Beobachtung und Offenlegung auf Führungsebene wird es schwerer fallen, Ausreden aufrechtzuerhalten; A-Team-Eigenschaften werden der einzig akzeptable Standard sein.

Zwar beginnen Zulieferer allmählich zu erkennen, dass ihre Unternehmensführung sich ähnlich wie bei einem „Super-Sales-Management" aktiv in die Beziehungen zu den Top-50-Kunden einbringen muss, aber die Fortschritte diesbezüglich sind bisher extrem zäh. Dieser Dialog ist aber nicht nur für die Verkaufsanstrengungen der Zulieferer von zentraler Bedeutung, sondern auch für die Realisierung der Nutzen dieser Schlüsselkunden über einen längeren Zeitraum. Der CEO des Zulieferunternehmens und andere hochrangige Führungskräfte sollten ihre Geschäftsziele artikulieren und benennen können, wie das Kundenunternehmen zu diesen Zielen passt. Das ist besonders dann wichtig, wenn sich der Zulieferer auf Einkaufstour befindet mit dem Ziel, über Akquisitionen neue Kompetenzen zum beiderseitigen Vorteil ins Unternehmen zu holen.

Vor dem Hintergrund dieses Ansatzes ist die Formulierung einer Reihe echter gemeinsamer Ziele nicht nur möglich, sondern wird bei Outsourcing-Vereinbarungen angesichts eines sich verschärfenden Wettbewerbs um hoch attraktive Kunden in der Zukunft effektiv zum Pflichtprogramm gehören. Das gemeinsame Ziel, auf das sich beide Partner vor allem anderen ausrichten müssen, ist *das aktive Management des Drucks, der von Marktanalysten, institutionellen Investoren und Rating-Agenturen ausgeübt wird.*

Wie Sie mit den Investmentmärkten zurechtkommen

Was heißt das? Kurz gesagt, dass die beiden CEOs geschlossen hinter der Vereinbarung stehen sollten, um den sichtbaren Beweis zu erbringen, dass beide hier viel zu verlieren haben.

Das unterstreicht und zementiert aber nicht nur das uneingeschränkte Bekenntnis des Zulieferers zum Erfolg des Kundenunternehmens. Es beeinflusst auch den langfristigen Aktienkurs des Kundenunternehmens, indem es demonstriert, dass das outsourcende Unternehmen in der Lage ist, seine Risiken durch den Einsatz von sachkundigen, erstklassigen Serviceanbietern zu streuen.

Gleichzeitig sollten Kundenunternehmen nicht unterschätzen, wie die Verknüpfung ihrer Marke und ihres Firmenlogos mit dem Zulieferunternehmen das *Standing des Zulieferers* in den globalen Investmentmärkten und letztendlich seinen Aktienkurs stärkt. Ausweitungen des Zuständigkeitsbereiches, die Darstellung von Innovationen und nachweisliche beiderseitige Erfolge spiegeln sich ebenso auf der Palette der Einschätzungen durch die Marktanalysten wider und davon profitieren beide Vertragsparteien, weil das auf beiden Seiten für ein noch nie da gewesenes Vertrauen auf höchster Führungsebene sorgt. Eine sorgfältige und kontinuierliche Kommunikation der gemeinsamen Ziele und der Erfolge auf dem Weg dorthin stärken das Standing beider Parteien auf dem Markt.

Ein Schlüsselfaktor in der Beeinflussung der Investmentmärkte ist es, zu verstehen, wie unterschiedlich und häufig auch oberflächlich die Meinungen und Prioritäten an diesen Märkten sind. Recherchen zeigen, dass Kundenunternehmen mit hoch profilierten CEOs eher mit einer wohlwollenden Reaktion auf die Ankündigung einer Outsourcing-Vereinbarung rechnen können als solche, deren CEOs und Vorstande unauffälligere

„unbeschriebene Blätter“ sind. Das mag irrational sein, zeigt aber, welche emotionale Bedeutung auf den Investmentmärkten der Glaube hat, eine prominente Persönlichkeit habe mit dieser Vereinbarung ihre Reputation aufs Spiel gesetzt und verfolge daher mit dem Outsourcing eine klare strategische Position. In der Tat steckt hinter diesem Glauben mehr als reine Emotion. Eine Untersuchung, die im Jahr 2001 von Morgan Chambers und CW360 (dem Informationsportal von *Computer Weekly*) unter dem Titel *„Outsourcing in the FTSE 100: The Definitive Study“* veröffentlicht wurde, ergab, dass 21 Unternehmen des britischen FTSE 100, die beim Outsourcing eine eindeutige, nachweisbar strategische Linie verfolgten, die durchschnittliche Aktionärsrendite des FTSE 100 um 5,3 Prozent und die Rendite in ihrem Marktsegment um 4,9 Prozent übertrafen.

Nichtsdestotrotz bleibt der Umgang mit den subjektiven Wahrnehmungen am Markt eine große Herausforderung. Abbildung 6.7 illustriert die Komplexität der Aufgabe, indem sie die Prioritäten von drei Gruppen – CEOs,

Berichtende Unternehmen	Marktanalysten	Institutionelle Investoren
1. Strategische Richtung	1. Marktwachstum	1. Ertrag
2. Cashflow	2. Strategische Richtung	2. Cashflow
3. Marktwachstum	3. Wettbewerbslandschaft	3. Führungseigenschaften/ Erfahrung des Managementteams
4. Bruttogewinnspannen	4. Führungseigenschaften/ Erfahrung des Managementteams	4. Wettbewerbslandschaft
5. Führungseigenschaften/ Erfahrung des Managementteams	5. Ertrag	5. Marktwachstum
6. Marktumfang	6. Marktumfang	6. Strategische Richtung
7. Wettbewerbslandschaft	7. Bruttogewinnspannen	7. Bruttogewinnspannen
8. Ertrag	8. Marktanteil	8. Marktanteil
9. Zeit bis zur Produktreife (Marktpionier)	9. Cashflow	9. Zeit bis zur Produktreife (Marktpionier)
10. Marktanteil	10. Zeit bis zur Produktreife (Marktpionier)	10. Marktumfang

Quelle: PwC

Abbildung 6.7: Unterschiedliche Prioritäten bei Unternehmen und Investment-Stakeholdern

Analysten und institutionelle Investoren – in Bezug auf die Unternehmensperformance darstellt. Um nur eine Anomalie herauszupicken: Der Aspekt „Ertrag" rangiert bei institutionellen Investoren an erster Stelle, bei Analysten an fünfter und bei CEOs an achter Stelle. Für ein effektives Management der Marktmeinung zu einer Outsourcing-Vereinbarung kommt es darauf an, diese Differenzen zu verstehen und zu nutzen.

Bisher waren die Unternehmensführungen der Zulieferunternehmen zu stark mit der operativen Seite ihres Geschäfts und der Wahrung der Umsätze beschäftigt, um ihrer Fähigkeit zur Beeinflussung der Investmentmärkte allzu große Aufmerksamkeit zu schenken. Inzwischen können sie das aber tun, indem sie die gemeinsame Strategie und die gemeinsamen Innovationen hervorheben, die sie in Zusammenarbeit mit ihren Kundenunternehmen umsetzen, wovon sowohl sie selbst als auch ihre Kunden profitieren können. Wir meinen, dass sie *unverzüglich* damit beginnen sollten.

Stellen Sie sich ein Kundenunternehmen vor, das mit der Rückendeckung eines erstklassigen Outsourcing-Anbieters bullish am Markt auftritt und lautstark die beiderseitigen strategischen Nutzen einer umfangreichen Outsourcing-Initiative verkündet. In der Vergangenheit hätten sich die Analysten möglicherweise auf die Schulden des Unternehmens gestürzt und seinen Aktienkurs auf Talfahrt geschickt. Untersuchungen zeigen jedoch, dass die aggressive Ankündigung einer Outsourcing-Initiative in einer positiven Botschaft den Aktienkurs des Kundenunternehmens um nachhaltige 5 Prozent anheben kann. Das ist ein Riesennutzen, den ein Kundenunternehmen aus der Vereinbarung ziehen kann, und zwar noch bevor die eigentlichen operativen Nutzen realisiert wurden.

Herausforderungen für die Führungskräfte der Zulieferer

Wir glauben, dass diejenigen Zulieferer die Gewinner im Outsourcing-Markt von morgen sein werden, denen es gelingt, diesen positiven Kreislauf am schnellsten in Gang zu setzen, indem sie sich durch ihre erwiesene Fähigkeit zur Nutzenerzielung für ihre Kunden von ihren Mitbewerbern absetzen. Damit das geschehen kann, sind eine erheblich größere Offenheit und ein erheblich größeres Maß an persönlicher Kommunikation auf der Vorstandsebene nötig. Und das stellt den CEO und andere hochrangige Führungskräfte des Zulieferunternehmens vor fünf Schlüsselherausforderungen:

1) **Neue Führungsstrukturen:** Sie werden gebraucht, um das Bekenntnis zum strategischen Sourcing zu betonen, um eine gemeinsame Vision mit dem Kundenunternehmen zu verfolgen und um die Richtung, die beide Partner gemeinsam einschlagen, vorzugeben. Bei global operierenden Zulieferern setzt das „vor Ort" eine größere Autonomie von der Unternehmenszentrale voraus. Viel zu oft löst die Vorgabe, dass umfangreiche Vereinbarungen zur Genehmigung an die Unternehmenszentrale weitergeleitet werden müssen – vor allem solche, die einer umfangreichen Finanzierung bedürfen – Verzögerungen und Diskussionen aus. Das führt dazu, dass die regionalen Teams risikoscheue Angebote unterbreiten, die jede Innovation im Keim ersticken, um das Plazet auf Konzernebene zu erhalten. Das Ergebnis sind verlorene Aufträge und ein Schaden für Chancen und Beziehungen bis in die Zukunft hinein.

2) **Aufstockung der Investitionen in BPO:** Anbieter von IT-Outsourcing müssen neue Modelle für BPO entwickeln und „Branchenfüchse" anheuern, die über eine intime Kenntnis der Branche verfügen. Sie sollten ihr Augenmerk auf die *Wirtschaftlichkeit eines Shared-Service-Centers* richten – und nicht auf die Wirtschaftlichkeit *einzelner Kundenverträge*. Ein großer Teil des BPO dreht sich um die Erzielung von Wirtschaftlichkeit durch Volumeneffekte. Um Kunden das Modell des BPO zu verkaufen, müssen sie zudem aktiv Messgrößen und geschäftsrelevante Maßstäbe entwickeln. Serviceanbieter werden in Zukunft vor der Wahl zwischen der Investition in neue Werksanlagen und der Akquisition von bestehenden Einrichtungen durch M&A stehen. Einige Kunden können davon möglicherweise durch den Verkauf einer Geschäftsfunktion und den Rückkauf des Services unter einem konventionellen Sourcing- (nicht Outsourcing-) Vertrag profitieren.

3) **Ausrichtung auf den KMU-Sektor:** Kleine und mittlere Unternehmen (KMUs) bieten erhebliche Marktchancen, aber aufgrund ihrer wirtschaftlichen Beschaffenheit sind die bestehenden Mechanismen des Verkaufs und der Leistungserbringung seitens der Zulieferunternehmen ökonomisch ungeeignet. Mittels Fabriken oder anderer Einrich-

tungen kann man sich einen Anteil an diesem gewaltigen Markt sichern. Aufgrund der Standardisierung der Serviceleistungen für dieses Kundensegment ist der Bedarf an Personalisierung geringer und es gibt kaum beziehungsrelevante Gesichtspunkte, da kleine und mittlere Unternehmen wahrscheinlich eher an kostengünstigen, zuverlässigen Standardleistungen als an einer echten Partnerbeziehung interessiert sind.

4) **Aktive Beeinflussung der Märkte:** Die Wahrnehmung der Analysten, Rating-Agenturen, Investoren und Regulierer muss aktiv gesteuert werden, vor allem durch einen engen öffentlichen Schulterschluss mit den Kunden und das wiederholte Bekenntnis zur gemeinsamen Vision und Strategie. Das ist für die Branche die wichtigste Motivation zur Investition – sowohl für die *eigenen* Aktionäre des Zulieferunternehmens als auch für die Aktionäre des Kundenunternehmens. Die Zulieferer müssen andere einflussreiche Meinungsbildner auf ihre Ziele einschwören und gleichzeitig mit ihren Kunden zusammenarbeiten, um überzeugende Modelle und Argumente zu entwickeln, mit denen sie die Analystengemeinde auf ihre Seite bringen.

5) **Eine verstärkte Risikobeteiligung akzeptieren:** In der Outsourcing-Vereinbarung sollte eine mögliche M&A-Integration berücksichtigt sein, wobei regulatorische Entwicklungen wie Basel II, die International Accounting Standards (IAS) oder das Sarbanes-Oxley-Gesetz (SOX) gute Möglichkeiten bieten, die Risiken regulatorischer Veränderungen auf sich zu nehmen und auszugleichen. Eine stärkere Involvierung der Unternehmensführung des Zulieferunternehmens sorgt für eine empfundene und tatsächliche bessere Verteilung der Risiken auf beide Partner.

Wir haben erklärt, dass wir Outsourcing für ein wirksameres und clevereres Führungsinstrument halten als M&A, und haben untersucht, wie und wo sich Nutzen aus einem Outsourcing-Projekt realisieren lassen. In Zukunft werden diese Nutzen jedoch weit über operative Einsparungen, Wirtschaftlichkeit und Innovation hinausreichen. Auch die Sourcing-Strategie wird sich zu einem Schlüsselelement im Umgang mit der Wahrnehmung des Marktes entwickeln. Um diese Möglichkeit ausschöpfen zu können, müssen Zulieferer und Kundenunternehmen einen echten Dialog aufnehmen. Es liegt in ihrer beider Interesse, damit so früh wie möglich zu beginnen.

Schlüsselfragen an den CEO und an den CFO, die sich aus Kapitel 6 ergeben

CEO

- Sind sie genauso rigoros wie bei einer M&A-Transaktion, wenn es darum geht, die Nutzen der Outsourcing-Vereinbarung detailliert zu planen und zu formulieren, sowie darum, die Verantwortung zu übernehmen und hinter der Vereinbarung zu stehen?

- Haben Sie ein Team für die im Unternehmen verbleibende Restfunktion gebildet, das sich aus hoch kompetenten Mitarbeitern mit klar definierten Verantwortlichkeiten und einem Bewusstsein für die der Outsourcing-Vereinbarung zugrunde liegenden Ziele zusammensetzt - oder handelt es sich dabei nur um eine lose Ansammlung notorischer Underperformer, beauftragt, die laufenden Kosten so gering wie möglich zu halten?

- Besteht das verbleibende Team durchgängig aus den gleichen Mitarbeitern, die über das organisatorische Durchhaltevermögen und die notwendigen Kompetenzen verfügen, um eine dauerhafte Beziehung in einem veränderlichen Umfeld flexibel und effektiv zu managen und gleichzeitig eigenständige, auf Innovation ausgerichtete Projekte zu befürworten und zu managen, die für beide Seiten das Potenzial einer Wertschöpfung bieten?

- Haben Sie als Grundlage für eine kontinuierliche Verbesserung der Performance ein Benchmarking Ihrer SLAs gegenüber Ihrer bisherigen intern erbrachten Serviceleistung und - wo möglich - globalen Best Practice durchgeführt?

- Haben Sie die Führungskräfte Ihres Zulieferers dazu aufgefordert, zu äußern, wie Ihr Unternehmen zu deren eigener strategischer Ausrichtung passt, und haben Sie eine ausreichend offene und engagierte Antwort erhalten, die darauf hindeutet, dass eine wirklich kooperative Kommunikation beider Partner mit der Investmentgemeinde möglich sein könnte?

CFO

- Erwarten Sie, den vertraglich vereinbarten Mindestservice zu einem festgelegten Preis zu bekommen, oder hoffen Sie, mit dieser Vereinbarung ständig eine herausragende Leistung und fortlaufende Innovationen zu erhalten?

- Wird der Vorstand frühzeitig Informationen über die Auswirkungen der Vereinbarung auf die finanziellen Ergebnisse erhalten, die sich aus den Veränderungen in der Unternehmensstrategie ergeben, einschließlich ihrer Auswirkungen auf Ziele, Kosten und Nutzenerzielung?

- Wird Ihre Beziehung mit dem Zulieferer ausreichend eng und stabil sein, um informelle Vereinbarungen zuzulassen, sodass außerhalb der finanziellen Beschränkungen des Vertrags potenzielle Innovationen ausgetestet und Prototypen entwickelt werden können, bevor sie in formalere Strukturen übergeleitet werden?

- Plant Ihr Zulieferer, für Ihr Unternehmen Dienstleistungen auf der Grundlage eines *Shared-Service-Centers* statt auf Grundlage eines *isolierten Kundenvertrags* zu erbringen? Falls nicht, wäre das eine Möglichkeit, wenn der Zulieferer irgendwann Shared-Services anbietet?

Kapitel 7

Fazit: Das ultimative Führungsinstrument

Der Unterschied zwischen dem, was wir tun, und dem, wozu wir in der Lage sind, würde genügen, um die meisten Probleme auf der Welt zu lösen.

- Mahatma Gandhi

Die größten Phasen der Veränderung im Verlauf der Geschichte haben allesamt neue Möglichkeiten eröffnet, die mit dem Status quo ein für alle Mal aufgeräumt haben - nicht nur in ihrem unmittelbaren Einflussbereich, sondern auch in anderen scheinbar völlig fremden Sektoren.

Nehmen Sie die industrielle Revolution. Sie schuf nicht nur die Verfahren für die Massenproduktion - und die Nachfrage nach der Massenproduktion - kostengünstiger, qualitativ hochwertiger Produkte. Sie bedeutete auch eine gesellschaftliche Zäsur, die unsere Städte transformierte und das Ende der Heimarbeit einläutete, die mit den großen Fabriken nicht mithalten konnte. Diese Entwicklungen lösten, zusammen mit dem daraus resultierenden Bedarf an neuen Instrumenten zur Massendistribution, in allen möglichen Bereichen, vom Transportwesen bis zu den Gesellschaftsstrukturen, grundlegende Umwälzungen aus.

Weniger bekannt als die Industrierevolution ist die Agrarrevolution, die sich aus der Notwendigkeit ergab, dass man als Folge der zunehmenden Landflucht eine explodierende städtische Bevölkerung ernähren musste. Anfang des 19. Jahrhunderts bewirtschafteten englische Bauern ihre Felder nach einem Rotationssystem, sodass es keine Brachflächen mehr gab. Auf diese Weise wurde die Agrarwirtschaft intensiviert und die Rahmenbedingungen für die moderne Agrochemieindustrie wurden geschaffen.

Die Sourcing-Revolution?

Revolutionen in einem Bereich bringen also auch in anderen Bereichen Dinge ins Rollen. Über den genauen Zeitpunkt der Informationsrevolution, die noch immer weiter Kreise zieht und deren Auswirkungen täglich in der ganzen Welt von Baltimore bis Bengaluru zu spüren sind, gehen die Meinungen auseinander. Veränderungsphasen sind im Rückblick immer leichter zu identifizieren und zu isolieren. Zudem geben uns die schnell aufeinanderfolgenden und sich überschneidenden Entwicklungen in Technologie und Kommunikation das Gefühl, als ereigneten sich mehrere Zyklen auf einmal.

Die Geschichte wird zeigen, ob das der Fall ist. Eines der größten Vermächtnisse der Infocom-Revolution könnte jedoch durchaus darin bestehen, welche Auswirkungen sie auf die Art und Weise hat, wie Unternehmen ihre Serviceleistungen und Kompetenzen beziehen. Höchst leistungsfähige Kommunikationssysteme in Verbindung mit einer standardisierten Rechenleistung und einer rasanten Globalisierung haben neue Aussichten auf Sourcing-Potenzial eröffnet und den geografischen Standort für die Durchführung zahlreicher Aktivitäten und Dienstleistungen praktisch irrelevant gemacht.

Dieses Potenzial erfüllt sich jetzt, wobei das flexible und eklektische Sourcing auf dem besten Wege ist, sich von einem Konzept in eine Philosophie und letztendlich in eine Disziplin zu entwickeln. Während wir in diese Sourcing-Revolution eintreten, entsteht ein Reservoir an Best-Practice-Denken und -Erfahrung. Allerdings wird beides bisher nicht schnell oder genau genug gesammelt oder kommuniziert, um CEOs und ihre Kollegen vor schweren – und gelegentlich extrem kostspieligen – Fehlern zu bewahren. Der Hauptgrund für unsere Entscheidung, dieses Buch zu schreiben, war der ausgesprochene Mangel an unabhängigen Informationsquellen über diese so wichtige Disziplin.

Neuland

Die Erfahrungswerte aus den vergangenen Revolutionen zeigen jedoch, dass in unerforschten Gebieten gemachte Fehler Teil des Lernprozesses sind. Und es bestehen keine Zweifel daran, dass Sourcing heute für die Wirtschaft, die sich darum bemüht, die allumfassenden Auswirkungen der Globalisierung zu bewältigen, das größte Neuland darstellt.

Welche Auswirkungen hat die Globalisierung auf uns alle? Sehen Sie sich nur Ihr eigenes Unternehmen an und Sie werden die Effekte erkennen. Die Globalisierung schafft und verstärkt Konformität und Regulierung. Sie legt das Hauptaugenmerk auf das günstigste Angebot – eine Tendenz, die ständig zunimmt. Sie treibt die Verlagerung von Arbeit an Standorte voran, an denen diese billiger und/oder effektiver ausgeführt werden kann.

Diese Veränderungen werden von betriebswirtschaftlichen Kräften gesteuert, gegen die fast kein Widerstand möglich ist. Selbstverständlich können nationale Regierungen versuchen – und das tun sie auch –, durch regionale Wirtschaftsförderung und steuerliche Anreize, die Unternehmen von einer Standortverlagerung ins Ausland abhalten sollen, die Arbeitsplätze innerhalb ihres Einflussbereichs zu schützen. Das vielleicht eindrucksvollste Beispiel einer gezielten Regierungsintervention in den letzten Jahren ereignete sich im Jahr 2004, als die französische Regierung beschloss, dem französischen Medien- und Kommunikationskonzern Vivendi Universal im Gegenzug für die Schaffung von Arbeitsplätzen in Frankreich massive Steuererleichterungen zu gewähren – wobei es nicht einmal um Arbeitsplätze innerhalb des Konzerns ging. Im Rahmen dieser Abmachung stimmte Vivendi zu, bei seinen Zulieferern in Frankreich

2100 Arbeitsplätze zu schaffen, und erhielt daraufhin für die folgenden fünf bis sieben Jahre Steuergutschriften in Höhe von bis zu 3,8 Milliarden Euro. Berichten zufolge arbeitete keiner der 2100 neuen Mitarbeiter direkt für den Konzern. Das Steuerabkommen mit der Regierung, dem achtmonatige Debatten vorausgegangen waren, kam zustande, als der jetzige französische Staatspräsident und damalige Finanzminister Nicolas Sarkozy die Ankündigung von Maßnahmen vorbereitete, welche die Unternehmen dazu ermuntern sollten, Arbeitsplätze in Frankreich zu erhalten, anstatt sie ins Ausland zu verlagern.

Regierungen intervenieren manchmal nicht nur, um die bestehenden Arbeitsplätze zu schützen, sondern auch, um neue Unternehmen und Arbeitsplätze von anderen Standorten abzuwerben, so wie es die irische Regierung in den 1990er-Jahren tat. Eine solche Strategie zur Ausrichtung der politischen Maßnahmen eines Landes auf die jeweils vorherrschenden globalen ökonomischen Bedingungen kann spektakuläre Erfolge hervorbringen, wie die Wachstumsraten des „keltischen Tigers“ Irland, seine veränderte Infrastruktur und sein Kompetenz- und Ausbildungsniveau – vom Immobilienmarkt ganz zu schweigen – gezeigt haben. Steuererleichterungen und andere Anreize erweisen sich jedoch oft als zweischneidiges Schwert. Unternehmen, die sich allein aus Kostengründen für einen Standort entscheiden, sind die Ersten, die bei der nächsten sich bietenden Gelegenheit an einen noch günstigeren Standort abwandern.

Gesellschaften im Wettbewerb

Wie man anhand solcher gesellschaftlichen Auswirkungen sehen kann, reichen die Effekte von Sourcing-Entscheidungen weit über ihre direkten Auswirkungen auf die betreffenden Unternehmen und ihre Belegschaften hinaus. Für die westlichen Gesellschaften mit ihren hohen Kosten stellt sich eine ganz klare Frage: Wie können wir mit Entwicklungsländern konkurrieren, zu denen ein derart massives Lohngefälle besteht? Unsere Wirtschaft und unsere Gesellschaft sind darauf ganz einfach nicht ausgerichtet.

Die Modellantwort westlicher Politiker lässt sich wie folgt zusammenfassen: „Dienstleistung statt Fertigung“. Eine logische Konsequenz dieses Satzes ist, bei diesen Serviceleistungen effizienter und innovativer zu werden.

Der Motor hierzu sind die Technologien und das Tempo, mit denen sich ein nachhaltiger Wandel erzielen lässt.

Wir sind der Auffassung, dass die westlichen Länder *nicht* versuchen sollten, Irlands Experimente in den 1990er-Jahren nachzuahmen. Eine Zeit lang war Irland das CRM-Zentrum Europas, wenn nicht sogar der ganzen Welt. Callcenter aus Großbritannien und den Benelux-Ländern wurden nach Irland verlagert, angezogen von Verlockungen, die von den niedrigen Steuern bis zum heiteren, melodiösen Tonfall der Iren reichten. Inzwischen werden diese Callcenter an neue Standorte verlegt, wenngleich einige Funktionen in Irland zurückbleiben. Wenn Sie das heutige globale Kostenranking betrachten, liegt Irland irgendwo im Spitzenbereich. Globale Unternehmen halten inzwischen aktiv nach kostengünstigeren Standorten Ausschau, an denen sie sich niederlassen können, bis sie sich, angespornt durch eine neue Welle der Lohnanstiege und Inflation in diesen Ländern, erneut auf die Wanderschaft begeben.

Wir sind der Überzeugung, dass es das *Sourcing* in seinen vielfältigen Formen und Facetten ist – und nicht das *Out*sourcing, das nur einen Teil des gesamten Sourcing-Spektrums darstellt –, das der westlichen Welt einen Weg bietet, sich gegenüber Billiglohnländern zu behaupten, ohne dass ein dramatisches Absinken des Lebensstandards, an den sich die Bürger gewöhnt haben, zu befürchten ist, was bedeutet, dass man besser und günstiger einkaufen, außerhalb des eigenen Landes fertigen lassen und fertige Erzeugnisse oder gelegentlich Komponenten und Halbfertigerzeugnisse zur Montage ins Inland importieren kann.

Die Philosophie des Sourcings

Sourcing-Entscheidungen sind als Lösung für die Probleme eines Unternehmens deswegen so leistungsfähig, weil Sourcing ein Prozess ohne Endpunkt ist – eine Disziplin, die niemals zu einer ultimativen Schlussfolgerung gelangt. Sich die Philosophie des Sourcings anzueignen bedeutet, ständig bestehende und potenzielle Zulieferer und Standorte im Auge zu haben und die richtige Balance zwischen Qualität, Wirtschaftlichkeit, Flexibilität und Innovation zu finden. Es bedeutet auch, sich eine neue Denkweise anzueignen – dargestellt in Abbildung 7.1 –, bei der sich das Gewicht von Attributen wie Organisationsgröße und -reichweite wegverlagert und sich stärker auf die Kompetenzen konzentriert, die sich gewinnbringend einsetzen lassen, sowie auf die daraus resultierenden Ergebnisse, zum Beispiel eine schnelle Ausführung.

Die Disziplin der geplanten, reaktionsschnellen Verlagerung beziehungsweise des Wechsels von Beschaffungsquellen („In Spanien sind die Löhne gestiegen? Gut, dann gehen wir eben nach Portugal.“) ist inzwischen so gut definiert, dass sie an mehreren europäischen Universitäten und Managementschulen in formalen MBA-Kursen gelehrt wird. Der Kern dieser Disziplin besteht in dem Wissen, wie man richtig einkauft und dabei seine volle Verantwortung als Käufer wahrnimmt, und zwar sowohl gegenüber den Stakeholdern der eigenen Organisation als auch gegenüber dem speziellen Markt, auf dem man einkauft. Der Einkauf reiner Dienstleistungen, im Gegensatz zu einem Einkauf von Produkten, erfordert mehr Ausgefeiltheit und Aufgeschlossenheit bei den Ansätzen und bei der Governance sowie die Fähigkeit zum Management und zur Motivierung von Zulieferern. Dafür profitiert Ihr Unternehmen – und nicht zuletzt Ihre immer anspruchsvollere Kundenbasis – von einem beschleunigten Business Enablement. Wert ist mehr als ein Schlagwort – er ist ein erzielbares differenzierendes Verkaufsinstrument.

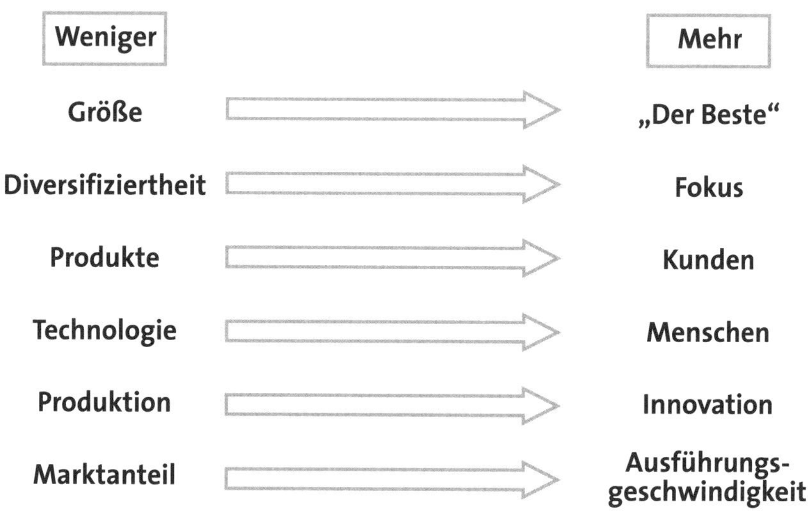

Abbildung 7.1: Die neue Denkweise

Angesichts der durch den technologischen Wandel und die Globalisierung ausgelösten irreversiblen Veränderungen ist strategisches Outsourcing ganz eindeutig keine vorübergehende Modeerscheinung. Wie wir bereits erwähnt haben, ist Outsourcing nur ein Teil des gesamten Sourcing-Spektrums. Bei richtiger Anwendung ist es heute das ultimative Instrument zum Business Enablement. Ohne dass umfangreiche Anfangsinvestitionen nötig wären, ermöglicht es einem Unternehmen, im Grenzbereich von Gebieten zu experimentieren, die möglicherweise durch neue Technologien oder neue Ideen, durch billigere Mechanismen der Leistungserbringung oder durch irgendeinen anderen Eingriff, an den bisher noch niemand gedacht hat, ersetzt werden.

Ob ein Outsourcing, In-Sourcing, Co-Sourcing oder Joint Venture stattfindet, macht kaum einen Unterschied. Alle Vorgehensweisen beinhalten die Ausschöpfung der Investitionen, der Spezialisierung, der Ressourcen, der Vermögenswerte und des Intellekts Dritter für einen weiteren Ausbau des Unternehmens und die Veränderung der Kundenwahrnehmung. Dieser Ansatz versetzt schon jetzt eine neue Generation aufgeklärter Führungskräfte in die Lage, mehr zu erreichen, und das schneller, billiger und besser als jede Generation vor ihr. Das ist das wahre Ziel der neuen Führungsdisziplin und die Philosophie des Sourcings.

Der Zulieferer der Zukunft ...

Dieser Veränderungsprozess findet nicht nur auf der Käuferseite der Vereinbarung statt. Es gibt bereits Spezialisten, mit denen Unternehmen Verträge schließen können, um deren bisherige und laufende Investitionen und Ressourcen - Mitarbeiter, geistiges Eigentum, physisches Anlagevermögen, geografische Reichweite, finanzielle Flexibilität und die Fähigkeit, Fertigungsstraßen von einem Teil der Welt in einen anderen zu verlagern - auszuschöpfen.

Wer sind diese Zulieferer der Zukunft? Nehmen Sie zum Beispiel Celestica, ein an der kanadischen Börse notiertes Unternehmen, das 1998 aus einem Ableger von IBM hervorgegangen ist und das sich inzwischen zu einem der Weltmarktführer in Dienstleistungen für die Elektronikfertigung entwickelt hat. Celesticas globales Fertigungsnetzwerk erstreckt sich auf

Asien, Europa sowie Nord- und Südamerika und übernimmt die hoch entwickelte ausgelagerte Fertigung für OEMs aus ganz unterschiedlichen Branchen, von Mobiltelefonen bis zu PCs und von Druckern bis zur Telekommunikationsausrüstung. Infolgedessen ist Celestica inzwischen weltweit das drittgrößte Fertigungsunternehmen für elektronische Artikel. Und dennoch hat kaum jemand von den Millionen von Verbrauchern und Unternehmen, die diese Produkte täglich nutzen, je von Celestica gehört.

Celestica hat sich selbst zu einem exakten Abbild der Bedürfnisse seiner Kunden in einer Welt gemacht, in der ein schnelles, flexibles Sourcing der Schlüssel zu einem nachhaltigen Wettbewerbsvorteil ist. Das Unternehmen kombiniert traditionelles Fertigungsvolumen – gigantische Hallen, angefüllt mit Fertigungsstraßen, von denen manche eine Länge von bis zu 60 Metern erreichen und aus fünf komplexen Montageanlagen bestehen – mit der Flexibilität, jede Fertigungsstraße innerhalb von nur sechs Stunden, inklusive Werkzeugwechsel und Neukalibrierung, von der Produktion von Mobiltelefonen auf die von PC-Servern umzurüsten.

Stellen Sie sich folgendes Szenario vor. Mobilfunkanbieter mit Sitz in England beginnen mit der kostenlosen Verteilung von 3G-Geräten als Einführungsangebot, damit die Kunden süchtig danach werden, sich auf ihren Handys die Highlights eines Fußballspiels anzusehen. Die Nachfrage steigt sprunghaft an und jedes Mobiltelefonunternehmen, das diesen Boom verpasst, wird Jahre brauchen, um den verlorenen Marktanteil zurückzugewinnen. Die Handys sind jedoch nicht nur knapp, sie werden auch noch in Asien gefertigt und müssten unter großem Kostenaufwand nach England verschifft werden. Was macht der Mobiltelefon„hersteller" also? Er schaltet den outgesourcten Hersteller ein. Noch am selben Abend fertigt Celestica bereits Mobiltelefone in Italien und macht sie fertig für den kurzen Transportweg nach England.

... und das Sourcing-Netz

Das Ergebnis: Die Produkte werden dorthin geliefert, wo der Mobilfunkanbieter sie gerade braucht, und zwar schneller, als er selbst sie dorthin hätte liefern können. Und das Unternehmen hat Ressourcen freigesetzt, um sich auf seine zentralen wettbewerbsdifferenzierenden Kompetenzen (innovatives Design, Marketing, Markenführung und Beziehungsmanagement) zu konzentrieren. Sicher, es wird für diesen Premium-Fertigungsservice einen Premium-Preis bezahlen müssen. Aber dafür musste es nicht die massive Anfangsinvestition tätigen, die zum Aufbau und zum Management einer eigenen Fertigungskette nötig gewesen wären – eine Investition in Form von festem Anlagevermögen, dessen fortschreitender Wertverlust das Unternehmen schwer belastet hätte. Auf diese Weise aber hat das Unternehmen das Risiko reduziert, dass der erwartete Nachfrageschub nie eintritt oder über Nacht einbricht. Der ROI-Business-Case lässt sich leicht rechtfertigen, aus welchem Blickwinkel man die Entscheidung auch immer betrachtet.

Diese Sourcing-Story beginnt und endet jedoch nicht mit der Beziehung zwischen den OEMs und Celestica. Wie seine Kunden will auch Celestica sich auf sein Kerngeschäft konzentrieren. Die Sourcing-Kette ist also eigentlich vielmehr ein Sourcing-Netzwerk, in dem Celestica nur eine Verknüpfung darstellt. Als Celestica seinerseits beschloss, einen Teil seiner Produktionstechnologie auszulagern, stieß es auf ein Problem.

Warum? Weil es bei einer Flexibilität dieser Größenordnung fast unmöglich ist, den aggregierten Risikolevel genau zu bestimmen. Ein Technologieausfall in irgendeiner Produktionsphase wird zu einer Zerstörung einer gewaltigen Menge hoch entwickelter Komponenten führen. An einem Morgen könnten das Druckerkomponenten im Wert von mehreren zehntausend US-Dollar sein. Am Nachmittag könnten es Kfz-Katalysatorteile im Wert von 2 Millionen US-Dollar sein. Einen IT-Outsourcing-Anbieter zu finden, der die Verantwortung für einen Risikofaktor übernimmt, der sich innerhalb kürzester Zeit derart verändern kann, ist bestimmt nicht leicht.

Wie man anhand von Celestica sehen kann, lassen sich nicht nur Daten- und Servicekapazitäten, sondern auch Fertigungskapazitäten als Reaktion auf Veränderungen in zentralen Zielmärkten, auf Naturkatastrophen, die Produktionswerke zerstören, oder auf sonstige folgenschwere Ereignisse täglich weltweit verschieben. Der Hauptvorteil, der sich wie ein roter Faden durch diese Sourcing-Auswahlmöglichkeiten zieht, liegt darin, dass ein Unternehmen bei geringen Risiken ein Höchstmaß an Flexibilität und Entscheidungsspielraum gewinnt, und zwar ohne die gewaltigen Kapitalinvestitionen, die in der alten Welt nötig gewesen wären.

Die Gewinnung größerer Flexibilität ...

Wie soll der Vorstand das alles managen? Als wesentlicher Bestandteil dieser Philosophie des Business Enablements müssen Sie als Vorstandsmitglied und alle, die Ihnen direkt berichten, akzeptieren, dass Ihre eigenen Interessen und die Ihrer Outsourcing-Anbieter eng miteinander verknüpft sein werden, was wiederum bedeutet, dass die Motivierung der Zulieferer eine der Kernkompetenzen Ihres Unternehmen sein muss. Diese Motivierung muss an der Spitze beginnen, weil jede Veränderung Ihrer Strategie die zu beschaffenden Kompetenzen, die Art und Weise der Leistungserbringung und die damit verbundenen Kosten beeinflusst.

Outsourcing-Verträge müssen in dem vollen Bewusstsein aufgesetzt werden, dass das Kundenunternehmen einen Geschäftseinbruch erleiden oder mit seinen Ergebnissen hinter den Erwartungen zurückbleiben kann. Genauso gut kann das Geschäft aber auch gewaltig anziehen. Innerhalb dieser zwei Extreme ist eine gewisse Zu- oder Abnahme des Volumens unvermeidlich. Von Zulieferern wird daher generell erwartet, dass sie bis zu 30 Prozent Schwankungen in der Arbeitsbelastung auffangen können, ohne die Preis- oder Qualitätszusagen zu verändern. Der Outsourcing-Anbieter sollte einen Anstieg des Pensums um 30 Prozent nicht als Ausrede für eine gestiegene Ausschussquote benutzen.

Für Outsourcing-Anbieter ist es daher höchst sinnvoll, Geschäftsbeziehungen zu vielen Unternehmen aus vielen verschiedenen Branchen zu pflegen, um sich in einem gewissen Umfang gegen dieses Risiko abzusichern. Während die Luftfahrtindustrie schwächelt, prosperiert vielleicht der Einzelhandel für Motoren. Wenn die Einzelhandelsbranche am Boden ist, machen vielleicht die Banken glänzende Geschäfte. Diese Unterschiede zwischen den Konjunkturphasen verschiedener Branchen tragen außerdem dazu bei, den Outsourcing-Anbietern mehr Flexibilität bei der Umverteilung und Einstellung der Mitarbeiter zu verschaffen, um Kundenunternehmen in leistungsstarken Sektoren entsprechend unterstützen zu können. Auch diese Flexibilität hat ihren Preis. Allerdings wird dieser Preis durch die Tatsache wieder wettgemacht, dass das Kundenunternehmen dieselbe Beweglichkeit nicht hätte erreichen können, wenn der ausgelagerte Bereich im Unternehmen verblieben wäre. Die Redundanzen in einer Konjunkturflaute wären viel zu teuer und die Kampagnen zur Anwerbung von neuen Mitarbeitern könnten in einer Aufschwungphase nicht schnell genug verstärkt werden.

... mithilfe der neuen Generation von Zulieferern

Wenn Sie im gesamten Unternehmen eine derartige Flexibilität schaffen, heißt das, dass Sie die Nutzen des Outsourcings verstanden haben und Outsourcing als Instrument zur Umsetzung Ihrer Strategie sowie zur Erreichung sowohl der unmittelbaren Performance-Ziele als auch der übergeordneten strategischen Ziele begriffen haben. Je mehr Sie externes Sourcing zur Unterstützung der Entwicklung Ihres Unternehmens nutzen, desto einheitlicher wird die strategische Ausrichtung zwischen Ihnen und Ihren Zulieferern sein.

Das wirft Licht auf eine der größten Hürden für die Entwicklung erfolgreicher langfristiger Beziehungen. Wir haben bereits darauf hingewiesen, dass der CEO des Kundenunternehmens das Potenzial des Outsourcings zur Erzielung von Nutzen, die über eine reine Kostensenkung hinausreichen, erkennen muss - was viel zu selten geschieht. Dasselbe gilt auch für die Unternehmensführung des Zulieferunternehmens. Meistens erkennen die CEOs der Outsourcing-Anbieter umgekehrt ihre Verantwortung für eine neue Form der Unternehmensführung nicht, die darin besteht, den Einfluss der Anpassungsfähigkeit des Kunden aufzufangen, was eine profunde und genaue Kenntnis der Branche des Kunden voraussetzt und was die Gewährung einer gewissen Entscheidungsautonomie an das mittlere Management und an das Senior-Management beinhaltet, damit die Prozesse nicht durch ständige Rückleitungen an die Konzernebene verschleppt werden.

Die nächste Generation von Outsourcing-Anbietern, die derzeit in der Entstehung begriffen ist, wird erkennen, wo die Grenzen der Unternehmensführung auf Basis überkommener Philosophien liegen. Das mag ironisch klingen, da Outsourcing weitgehend als eine Innovation gesehen wird, die Kunden den Anschluss an die Zukunft bietet. Dazu bedarf es heute aber einer neuen Generation von Führungskräften bei den Anbietern, die verstehen, dass es Teil ihrer Aufgabe und Verantwortung ist, die Ziele und Bedürfnisse ihrer Kunden als integralen Bestandteil ihres eigenen strategischen Denkens, ihrer Planung und ihrer Investitionen in bestehende und neue Dienstleistungen oder in geografische Märkte zu sehen.

Passen die Strategien zusammen?

Was bedeutet das in der Praxis? Nun, jeder Outsourcing-Anbieter wird Sie, den CEO des Kundenunternehmens, zu Ihrer Geschäftsstrategie befragen. Dazu gehören Fragen wie: „Wohin steuert Ihr Unternehmen? Welches sind Ihre Ziele und Absichten? Welche neuen Märkte streben Sie an? Wie aktiv sind Ihre Wettbewerber? Was können wir dazu beitragen, dass Sie Ihre strategischen Ziele erreichen?"

Aber nur wenige CEOs von Kundenunternehmen stellen dieselben Fragen an ihre Zulieferer und erwarten detaillierte Antworten: „Wie sieht Ihre Strategie als Serviceanbieter aus? Welche Branchen sind Ihre Schwerpunkte? Wie wichtig sind unsere Branche und unser Unternehmen für Ihre strategische Ausrichtung? In welche neuen Funktionen, Branchen, Kompetenzen oder Standorte überlegen Sie zu investieren? Wie ausgeprägt ist Ihre Fähigkeit zur Innovation in meinem speziellen vertikalen Geschäft? Wie passen *wir* zu Ihrem Kundenportfolio und zu Ihrer Sicht der Zukunft Ihres Unternehmens?"

Selbst heute noch stellen Outsourcing-Kunden auf Senior-Management-Ebene diese Frage nicht. Aber sie haben das absolute Recht dazu – und die Shareholder werden sagen, auch die Verantwortung –, das zu tun. Wenn die nächste Generation von sachkundigen institutionellen Investoren fragt, warum ein bestimmter Zulieferer ausgewählt wurde und ob ein anderer Anbieter nicht ein größeres Engagement, ein besseres Risikomanagement oder mehr Innovation geboten hätte, werden der CEO und alle anderen Führungskräfte froh sein, diese Fragen nicht nur zur rechten Zeit gestellt zu haben, sondern auch zu jedem Zeitpunkt der gesamten Vertragslaufzeit über aktuelle Informationen zu verfügen.

Anstelle eines Bastards eine hybride Kultur

Ein weiteres Thema für die Unternehmensführung der outsourcenden Unternehmen sind die tief greifenden kulturellen Auswirkungen eines weitreichenden Outsourcings. Mutige Vorstände erkennen, fördern und überwachen die Verschmelzung ihrer verehrten Unternehmenskultur mit der Kultur ihres Outsourcing-Partners – die manche auch als „Bastardisierung“ bezeichnen würden – zu einer hybriden Kultur.

Wenn das gesamte Nutzenpotenzial der Beziehung ausgeschöpft werden soll, muss genau das geschehen. Andernfalls wird es zu einer kulturellen Polarisierung zwischen dem Kundenunternehmen und der ausgelagerten Funktion kommen, unabhängig davon, ob diese Funktion eine unternehmensweite Technologie liefert oder einen speziellen Geschäftsvorgang übernimmt. Die kulturelle Verschmelzung ist die mit Abstand erfolgskritischste Determinante für langfristigen Erfolg. Aus diesem Grund müssen die Führungsteams beider Vertragspartner auf konstante und konsistente Weise voll hinter der Outsourcing-Beziehung stehen und einen Führungsstil der gegenseitigen Motivation pflegen.

Barbara Cassani, die in Großbritannien eine Billigfluggesellschaft gründete, fasste ihre Haltung zu einer Verschmelzung der Kulturen wie folgt zusammen:

*„Ich glaube, Sie müssen der ausgelagerten Belegschaft das Gefühl geben, Teil Ihres Teams zu sein. Wir haben zum Beispiel die Auszeichnung MAD-(*Make A *Difference-)Award verliehen. Das heißt, Mitarbeiter schlugen Kollegen für die Auszeichnung vor, von denen sie den Eindruck hatten, dass sie eine herausragende Leistung erbracht hätten. Viele der nominierten Kandidaten arbeiteten für Zulieferer und wir haben ihnen dieselbe Auszeichnung verliehen und die gleiche Anerkennung ausgesprochen wie unseren eigenen Leuten. Es ist wichtig, sich stets in Erinnerung zu rufen, dass die Menschen einfach nur gute Arbeit leisten wollen. Wir verfolgen einen Ansatz der leidenschaftlichen Umarmung, das heißt, wir bringen allen Mitarbeitern, die für uns Leistungen erbringen, die gleiche Wertschätzung entgegen. Aber auch wenn sich das für die ausgelagerte Belegschaft bewährt, kann das für deren eigenes Management wesentlich heikler sein. Diese Art der leidenschaftlichen Umarmung ist womöglich nicht Teil ihrer Unternehmenskul-*

*tur! Hier kommt es wirklich auf die richtige Auswahl des Outsourcing-Partners an. Sie müssen ein Unternehmen auswählen, das eine ähnliche Mentalität hat wie Ihr eigenes Unternehmen."**

Wie Cassanis Kommentar zeigt, müssen dieses Engagement und diese Eklatanz im täglichen Verhalten beider Seiten auf allen Ebenen zum Ausdruck kommen – und zwar von der Involvierung der Vorstände in den Entscheidungsprozess bis hin zu gemeinsamen Weihnachtsfeiern für die Belegschaft. Dieses Verhalten ist von entscheidender Bedeutung, um jegliche Art von „Fremdeln", die eine Outsourcing-Beziehung schwer beeinträchtigen könnte, zu verhindern. Das Führungsteam muss, um zu veranschaulichen, dass eine zunehmend hybride Kultur nötig und gewünscht ist, sichtbar mit gutem Beispiel vorangehen.

Von den Kosten über die Qualität ...

Die Wahrung des Fokus auf die anvisierten spezifischen Nutzen und Ziele ist genauso wichtig. Für das Kundenunternehmen geht es beim Outsourcing um Geschwindigkeit und Business Enablement. Wie bereits besprochen, ist für die Bereitschaft zum richtigen Verhalten ganz entscheidend, wie ernsthaft die Situation ist, die überhaupt zu Erwägungen bezüglich Outsourcing geführt hat. Die zwingende Notwendigkeit, sich mit dieser Situation auseinanderzusetzen, wird das Unternehmen durch die im Allgemeinen recht einfachen Kostenvergleiche führen, aus denen der ursprüngliche Business Case besteht.

Über den anfänglichen Kostenfokus hinaus wird das Kundenunternehmen dann beginnen, zu untersuchen, was es sonst noch für seine Investition erhält. Dazu gehört, dass es sich selbst einige grundlegende Fragen stellt. Ist Qualitätssteigerung die Priorität? Oder ist es die Effektivität und Effizienz der laufenden Vorgänge? Die Entscheidungen in diesem Stadium spiegeln möglicherweise den allgemeinen Druck und die Sorgen aus dem Tagesgeschäft wider, die den CEO nachts wach halten.

---

*) Outsourcing in the FTSE 100: The Definitive Study, Morgan Chambers und CW360, 2001 (http//.www.morgan-chambers.com/studyftse.htm).

Aber welches auch immer der unmittelbare Druck sein mag, CEO und Vorstand werden kurz nach dem Beginn eines Outsourcing-Projekts erkennen, dass – aus dem Blickwinkel der Technologie betrachtet – die Qualität der größte Pluspunkt ist. Das Unternehmen verfügt nun über zuverlässige, robuste Systeme und Kostenkontrolle. Bei einer Outsourcing-Vereinbarung, die aus Kostengründen entstanden ist, stellt der Wunsch nach Qualitätsverbesserung fast schon unbewusst den nächsten Schritt dar.

… zur Innovation

Der Wandel von einem Kosten- zu einem Qualitätsfokus bedeutet eine signifikante Veränderung der Einstellung und der Ziele des Kundenunternehmens und es ist wichtig, dass es seinen Outsourcing-Partner auf diesen Weg mitnimmt. In der Praxis beinhaltet dieser Wandel eine erneute Betrachtung der Kostenagenda und eine Definition der richtigen Balance zwischen Kosten und Qualität, da es sehr unrealistisch wäre, wenn das Kundenunternehmen die höchstmögliche Qualität zu den geringstmöglichen Kosten erwarten würde.

Viele Kunden, vor allem diejenigen, die zum ersten Mal outsourcen, verlagern ihren Fokus im Alleingang von Kosten auf Qualität, ohne ihre Zulieferer zu involvieren. Das stellt für die Beziehung eine große Belastung dar, da das Kundenunternehmen beginnen wird, den Zulieferer wegen seines Mangels an qualitätssteigernden Innovationen in der Leistungserbringung zu kritisieren.

Ein weitaus produktiverer Ansatz ist das Eingeständnis seitens der Unternehmensführung des outsourcenden Unternehmens, dass sie die Beziehung aus rein taktischen, kostenfokussierten Gründen eingegangen ist – ein vollkommen nachvollziehbarer Grund, solange er sich innerhalb eines strategischen Kontextes bewegt. Nachdem die Kosten jedoch gesenkt wurden und es dem Unternehmen gelungen ist, sich aus der Situation zu befreien, die ursprünglich zu der Outsourcing-Entscheidung geführt hat, muss der CEO erkennen, wann der richtige Zeitpunkt gekommen ist, um den Fokus verstärkt auf die Qualität zu richten. Und der Weg zur Qualität führt über Innovationen, und zwar solche, die weitreichender sind als die Innovationen zur Erfüllung der ursprünglich anvisierten Kostenziele.

Eine Struktur zur Verbesserung der Qualität

Wenn Innovationen nicht von Anfang an vertraglich vereinbart waren, dann wird in einer erfolgreichen Beziehung unweigerlich der Zeitpunkt kommen, um das nachzuholen. Die fruchtbarste Basis für eine langfristige Innovation auf beiden Seiten besteht in regelmäßigen, geplanten und strukturierten Zusammenkünften zur Erörterung möglicher Innovationsinitiativen. Das Ergebnis dieser Zusammenkünfte muss dem Senior-Management mitgeteilt werden und - wenn es sich um weitreichende Veränderungen handelt - möglicherweise sogar dem Vorstand. Sogenannte Power User, wie zum Beispiel Rohstoffhändler oder Underwriter, fordern Respekt, Vorrang bei Supportsystemen und Spezialtechnologien. Power User haben oft eine tiefe Abneigung gegenüber Veränderungen; aber dadurch, dass sie „Sonderfälle" sind, verursachen sie überproportional hohe Kosten. Die Veränderung oder Innovation der Arbeitsmethoden in diesem von Egos geprägten „Ökosystem" zur Einsparung unnötiger Kosten ist ein unternehmenspolitischer Albtraum, sofern diese Initiative nicht unter der offenkundigen Ägide der Unternehmensführung steht. Zulieferer und Kunden müssen sich darauf verständigen, dass kein Aspekt vor Innovationen „sicher" sein darf, und daher erfordert die Erkenntnis, welche Innovationen abgelehnt wurden, genauso viel Aufmerksamkeit wie die Innovationen, die vom Vertragsmanagementteam befürwortet werden.

Unsere Erfahrungswerte aus Jahren des Auditings und der Mediation in konfliktreichen Outsourcing-Beziehungen unterstreichen die Bedeutung dieses formalen Innovationsprozesses. Sehr häufig stellen wir während solcher Audits fest, dass der Kunde Aussagen wie die folgende trifft: „Wir haben diese Vereinbarung aus Innovationsgründen getroffen", während sie in Wirklichkeit in erster Linie aus Kostengründen und erst in zweiter Linie aus Qualitätsgründen getroffen wurde. Nach der erfolgreichen Auslagerung einer internen Abteilung, die hohe Kosten verursachte und eine geringe Qualität lieferte, leiden Kundenunternehmen oft unter einer „falschen Erinnerung" und behaupten, ihr Fokus sei schon immer Innovation gewesen (trotz der fehlenden expliziten Erwähnung von Innovation im Vertrag). Und diese irrige Meinung wird wiederum die Grundlage für schwerste Kritik am Outsourcing-Partner.

Wenn wir uns dann im Rahmen eines formalen Audits mit beiden Seiten zusammensetzen, stellen wir meist fest, dass der Schnittstelle zwischen Kundenunternehmen und Zulieferer - dem Vertragsmanagementteam - niemand mehr angehört, der an den Vertragsverhandlungen beteiligt war. Man kann durchaus sagen, dass bei 95 Prozent der Verträge, die scheitern, alle Mitarbeiter, die aktiv am Zustandekommen des Vertrages beteiligt waren, innerhalb von 9 bis 14 Monaten nicht mehr im Unternehmen sind. Das heißt, die Mitarbeiter, die nun an der kritischen Schnittstelle zwischen beiden Parteien beziehungsweise an der Schnittstelle der Leistungserbringung sitzen, können sich nur an den konkreten Wortlaut des Vertrags halten. Und allzu oft ist in diesem von Innovation nicht die Rede.

Infolgedessen sind die Ziele zu einer Art Unternehmensfolklore geworden, die von der vorhergehenden Managergeneration weitergegeben wird. Und wie es bei Folklore meistens der Fall ist, hat sie sich im Laufe der mündlichen Überlieferung verändert. Zu oft glaubt das mittlere Management im Vertragsteam des Kundenunternehmens, es sei eingesetzt worden, um die Kosten niedrig zu halten - und daran hält es sich auch. Bei näherer Betrachtung der Zulieferseite stellen wir üblicherweise fest, dass es eine deutlich nachvollziehbare Reihe von Innovationsvorschlägen gegeben hat, die auch zur Sprache kamen, aber von den selbst ernannten Kostenwächtern beim Kunden abgelehnt wurden.

Wie Sie die Blockade aufbrechen

Unter diesen Umständen besteht eine absolute Notwendigkeit, die Blockade aufzubrechen. Der erste Schritt besteht darin, dem CEO und dem Vorstand der Kundenseite klarzumachen, dass wiederholt Innovationen vorgeschlagen, aber abgelehnt wurden. Die Blockade ist umso schlimmer, wenn das Vertragsmanagementteam auf der Seite des Zulieferers versäumt hat, von Anfang an ein automatisches „Recht auf Antwort“ und eine Eskalierung der Vorschläge bis zum Vorstand des Kundenunternehmens auszuhandeln.

Nachdem man diese Probleme dingfest gemacht hat, kann man bewährte Methoden zu ihrer Lösung anwenden. Es müssen Governance-, Berichts- und Eskalierungsverfahren geschaffen werden, die zwingend eine Weiterleitung aller Innovationsvorschläge, mit denen sich ein bestimmtes Maß an potenziellen Einsparungen erzielen lässt, an das Senior-Management oder sogar den Vorstand vorsehen.

Zusammenfassungen der Innovationsvorschläge, ob sie nun akzeptiert oder abgelehnt wurden, sollten ein regelmäßiger Bestandteil der alle sechs Monate stattfindenden Zusammenkünfte zwischen den Führungskräften des Kundenunternehmens und denen seines Zulieferers sein. Gemeinsame kontinuierliche Verbesserungsprogramme können ebenfalls dazu beitragen, den Innovationsstau aufzulösen. Sie stellen jedoch üblicherweise nicht die Hauptroute da, weil CIPs eher auf Effektivität und Effizienz fokussiert sind, also auf die Bewältigung größerer Arbeitsvolumen zum gleichen Preis, und weniger darauf, eine ständige Qualitätsverbesserung in Gang zu setzen.

Gemeinsame Nutzen aus der Innovation

Innovation ist jedoch nicht gleich kontinuierliche Verbesserung. Innovation ist unorthodoxes Denken, das aus dem Dialog mit dem Kunden und dem Verständnis seiner Probleme entsteht, und bedeutet die Entwicklung von neuen Ideen und Ansätzen, mit denen man ganze Abläufe beschleunigen kann, die Zahl der benötigten Mitarbeiter reduzieren kann etc. Ein Schlüsselmerkmal der Innovation ist, dass sowohl das Kundenunternehmen als auch sein Outsourcing-Partner davon profitieren.

Ein Beispiel dafür (im nachfolgenden Kasten beschrieben) findet sich bei einem großen Ölkonzern. Der Schlüssel zu derartigen Win-win-Vereinbarungen ist die Tatsache, dass beide Seiten die strategische Agenda ihres jeweiligen Partners kennen und berücksichtigen und dafür sorgen, dass sich die Nutzen aus der Vereinbarung ergänzen, anstatt miteinander zu kollidieren.

Innovation: geteilte Risiken – geteilte Nutzen

Ein führender globaler Ölkonzern hatte in den 1990er-Jahren Probleme mit seinem Tankstellennetz. Die meisten Tankstellen waren Franchise-Betriebe, von denen zahlreiche neben der Tankstelle auch Tankstellenshops betrieben. Das Problem bestand darin, dass die Franchise-Vereinbarung eine Klausel beinhaltete, die es den Franchise-Nehmern erlaubte, die Zahlung der gesamten Rechnung für eine Rechnungsperiode zurückzuhalten, falls die Rechnung irgendeinen Fehler enthielt, und zwar unabhängig davon, ob sich der Fehler auf das Treibstoffgeschäft oder auf die Tankstellenshops bezog. Eine weitere Komplikation bestand darin, dass die Franchise-Nehmer oft Anspruch auf einen rückwirkenden Preisnachlass auf den gelieferten Treibstoff hatten, weil sich der Ölkonzern dazu verpflichtet hatte, seine Preise denen anderer lokaler Wettbewerber anzugleichen.

Die Finanzabteilung des Ölkonzerns war so über die verspätete Rechnungsbegleichung durch die Franchise-Nehmer besorgt, dass sie manuelle stichprobenhafte Rechnungsprüfungen vornahm, um mögliche Fehler gleich zu korrigieren. Das wiederum bremste den gesamten Buchhaltungsprozess mit den entsprechenden negativen Konsequenzen für den Cashflow des Konzerns.

Motiviert durch die Möglichkeit, Vorteile für beide Seiten zu erzielen, präsentierte einer der Outsourcing-Partner dem Konzern eine Lösung. Er schlug die Entwicklung eines Softwareprogramms mit einer interaktiven Rückfrageroutine vor, mit dem die Sachbearbeiter aus der Finanzabteilung die Rechnungen an die Franchise-Nehmer am Bildschirm prüfen und validieren konnten, sodass sich eine manuelle Bearbeitung und Korrektur erübrigte. Zwar begrüßte der Konzern die Idee, wollte aber die Kosten der Programmentwicklung nicht tragen. Stattdessen schlug er eine Vereinbarung mit geteiltem Risiko vor, nach deren Wortlaut der Outsourcing-Anbieter bei einem Misserfolg der Initiative kein Geld erhalten und zudem die Kosten des Projekts tragen musste. Im Erfolgsfall sollte er dagegen im ersten Jahr 60 Prozent der Nettoverbesserungen erhalten – ohne Folgezahlungen in den nachfolgenden Jahren – und die Rechte am geistigen Eigentum der Programme sollten in den Besitz des Konzerns übergehen.

Das Ergebnis war eine hundertprozentige Win-win-Situation. Das neue Rechnungsstellungsverfahren ließ den Cashflow des Ölkonzerns kräftig ansteigen, bescherte dem Outsourcing-Anbieter im ersten Jahr eine umfangreiche Einmalzahlung und ermöglichte dem Kundenunternehmen eine dauerhafte Ausschöpfung dieser Verbesserungen. Der Zulieferer war nach der einmaligen Gewinnbeteiligung zudem motiviert, in der Zukunft weitere Innovationen zu entwickeln. Für beide Seiten stellte diese Innovation ein Musterbeispiel eines klaren, effektiven ausgelagerten Innovationsmanagements dar.

Diese Art der gemeinsamen Nutzenerzielung hat für beide Seiten Auswirkungen auf den Outsourcing-Ansatz als Ganzes. Wenn man davon ausgeht, dass die nächste Generation von Führungskräften auf Kunden- und Zulieferseite die Erreichung der gegenseitigen Unternehmensziele mit derselben Ernsthaftigkeit und demselben Engagement verfolgt wie bei einer M&A-Transaktion, dann folgt daraus, dass Integration beim Outsourcing nicht bedeutet, dass eine Seite die Kontrolle abgibt.

Die wahre Crux mit der Integration zwischen Kunde und Zulieferer besteht vielmehr in der Gewinnung neuer Erkenntnisse, neuer Kompetenzen und neuer potenzieller Ausrichtungen für beide Seiten und in deren gewinnbringender Nutzung durch beide Partner. Das bedeutet, dass sich beide von der Fehlannahme verabschieden müssen, in jeder Outsourcing-Vereinbarung gebe es einen Gewinner und einen Verlierer. Vielmehr müssen sie erkennen, dass ein – um es in M&A-Worten auszudrücken – „Merger of Equals“ möglich ist und dass eine solche flexible, aber nachhaltige Vereinbarung nachweislich dauerhafte Nutzen für beide Seiten erzielen kann.

Die Erweiterung des Blickfelds

Damit kommen wir zum Kern unserer These, nämlich dass Outsourcing die schärfste Waffe im Waffenarsenal des Vorstands ist. Bei korrekter Anwendung versetzt sie CEO und Vorstand in die Lage, Aspekte der Zukunft ihres Unternehmens auf eine Weise zu betrachten, die sie nie zuvor für möglich gehalten hätten. Dies wird ihnen durch einen offenen und vorausschauenden partnerschaftlichen Ansatz ermöglicht, der das Kompetenzspektrum beider Seiten sowie die Fähigkeit, sich zu bestimmten Ergebnissen zu verpflichten, umfasst.

Diese zukunftsorientierte Einstellung beinhaltet auch, dass beide Seiten akzeptieren, dass sich die Notwendigkeiten und Bedingungen für beide Seiten verändern werden. Der CEO des Kundenunternehmens muss akzeptieren, dass – wie bei einer M&A-Transaktion – mit zunehmender Nutzenrealisierung auch Geschäfts- oder Serviceaspekte deutlich werden, die nicht länger in das Gesamtbild passen. Der Vorstand muss also dazu bereit sein, im Anschluss weitere Outsourcing-Vereinbarungen einzugehen – vergleichbar den Verkäufen weiterer Unternehmensteile nach einer ersten M&A-Transaktion.

Stellen Sie sich zum Beispiel ein Versorgungsunternehmen vor, das seine eigene Fahrzeugflotte unterhält und ein Team aus fest angestellten Fahrern und Wartungsmitarbeitern beschäftigt. Wenn sich erst einmal die Idee eines Outsourcings durchsetzt, tun sich nach und nach immer mehr Möglichkeiten auf. Warum sollte das Unternehmen die Wartung der Fahrzeuge nicht outsourcen? Und anschließend die Fahrzeugflotte und die Fahrer? Was ist mit den Garagen? Schließlich wird das Unternehmen umfangreiche Vermögenswerte freigesetzt, einen signifikanten Teil der Personalausgaben abgegeben, eine Reihe an Risiken ausgelagert und die Servicelevels gemeinsam mit seinem Outsourcing-Anbieter auf die vereinbarte Stufe angehoben und rigoros durchgesetzt haben.

Sobald sich die Nutzen des Outsourcings bemerkbar machen, wird der Vorstand unweigerlich die Eigentümerschaft an Unternehmensaspekten infrage stellen, die einst als Unternehmenskern wahrgenommen wurden oder von denen man annahm, sie würden sich im Rahmen der Unternehmenstransformation ebenfalls transformieren. Die befreiende Wirkung einer Perspektive der geteilten Risiken veranlasst den CEO, bisher unvorstellbare Fragen über die Bereiche zu stellen, die tatsächlich im Unternehmen verbleiben müssen. Unserer Erfahrung nach geschieht diese „Erweiterung des Blickfelds" üblicherweise zwei Jahre nach der Nutzenrealisierung aus einer ersten erfolgreichen Outsourcing-Transaktion.

Von der Einzeltransaktion zum Lebenszyklus

Die Flexibilität, das Outsourcing zu erweitern, betont den Hauptunterschied zwischen Outsourcing und M&A, wenn sie als Instrument zur Unternehmensrestrukturierung verwendet werden. Während eine M&A-Transaktion als eine Einzeltransaktion wahrgenommen wird, die einen deutlich markierten Anfang, eine Mittelphase und ein Ende hat und „abgeschlossen" wird, ist Outsourcing eine Philosophie, die den Weg zu einer logischen und progressiven kontinuierlichen Veränderung ebnet. Aus diesem Grund entspricht Outsourcing stärker der Idee des „Lebenszyklus". Zwar sind für beide Initiativen dieselben Kompetenzen notwendig, ein Unternehmen, das laufend Outsourcing betreibt, wird jedoch feststellen, dass es seine gesamten Kompetenzen in mehrere Initiativen gleichzeitig – allerdings in unterschiedliche Phasen des jeweiligen Lebenszyklus – einbringen muss, anstatt wie bei einer M&A-Transaktion der Reihe nach.

Die Wahrscheinlichkeit einer kontinuierlichen progressiven Veränderung hat Auswirkungen auf den Outsourcing-Vertrag. Dieser muss so gestaltet sein, dass es einen Spielraum für Offenbarungen gibt, welche die beiden Vertragsparteien zu einem späteren Zeitpunkt haben könnten. Das ist nicht so einfach. Die Kunst der Vertragsformulierung besteht in der Erarbeitung eines Entwurfs, der Richtlinien enthält, die Veränderungen erlauben, deren Finanzierung ermöglichen und dem Outsourcing-Anbieter die Sicherheit bieten, dass er an der Veränderung beteiligt wird, ohne seine Preise auf das niedrigste Preisniveau drücken zu müssen, das ein aggressiver Drittanbieter womöglich bietet.

Diese Anforderungen machen die Einbeziehung spezialisierter externer Rechtsberater erforderlich, welche die Outsourcing-Verträge für beide Seiten aushandeln (siehe Spezialthema über juristische Fragestellungen auf Seite 246 ff.). Diese Rechtsberater, die oft eng mit Sourcing-Beratern zusammenarbeiten, sind versiert in der Erzielung der erforderlichen Balance und sorgen dafür, dass die in der Vereinbarung enthaltenen Prinzipien die für eine Ausdehnung der Reichweite der Vereinbarung sowie für Innovationen nötige Flexibilität erlauben, und zwar bis hin zur Inkludierung von Richtpreisen.

Wie Sie die Verantwortung übernehmen

Aber auch der am besten formulierte Outsourcing-Vertrag entbindet CEO und Vorstand nicht von der Pflicht, sich konstant in der und für die Beziehung zu engagieren. Sicher, Sie können vertraglich eine Haftung für bestimmte Ergebnisse und die Übernahme bestimmter Risiken vereinbaren. Aber weil sich die heutige Geschäftswelt so schnell verändert, und das in Verbindung mit den potenziell möglichen Konflikten und Blockaden auf beiden Seiten, muss die Vereinbarung kontinuierlich und sorgfältig überwacht werden. Das ist die Grundlage für langfristigen Erfolg – nicht nur für die Erfüllung, sondern auch für eine Übererfüllung der ursprünglichen Ziele, welche die kühnsten Vorstellungen des Kundenunternehmens übertrifft.

Unserer Erfahrung nach sind zwei Best-Practice-Verfahren hervorzuheben, mit denen Outsourcing-Anbieter ihre breiteren Ressourcen nutzen können, um ihre Kunden bei der Übererfüllung ihrer Erwartungen zu unterstützen:

1) *Fortlaufendes Verbürgen für die Strategie:* Eine wachsende Erfolgsbilanz des Outsourcings versetzt den Vorstand in die Lage, risikofreudiger zu agieren. Wenn diese Veränderung der Perspektive in einer stabilen, wertgenerierenden Outsourcing-Beziehung auf höchster Ebene unterstützt wird, erlaubt sie beiden Partnern, immer ausgefeiltere und anspruchsvollere Beiträge des Serviceanbieters sowohl zur Gestaltung als auch zur Erfüllung der Unternehmensstrategie ausfindig zu machen. Die stabile Beziehung befähigt beide Partner, in der Öffentlichkeit Schulter an Schulter die gemeinsame Verantwortung für die Strategie und die angestrebten Ergebnisse zu übernehmen.

2) *Schwung durch ein Projekt:* Hinter verschlossenen Türen kann der Outsourcing-Anbieter sich mit seinem Know-how dafür einsetzen, die Durchführbarkeit der Strategie im Sinne eines Projekts voranzutreiben. Stellen Sie sich einen Outsourcing-Anbieter vor, der sagt: „Das mag zwar eine Einzel-Initiative sein, die vom Vertrag nicht abgedeckt ist, aber wir wissen, dass Sie im großen Stil in den chinesischen Markt einsteigen wollen. Wir werden unsere hellsten Köpfe in der Region Greater China einsetzen, um Sie bei der Formulierung Ihrer Gedanken und der Planung für die Umsetzung zu unterstützen." Angenommen, dass diese Leistungen nicht Bestandteil der bestehenden Vereinbarung sind, würde der Serviceanbieter anschließend ein Angebot für alle oder nur für die wesentlichen Aspekte des Implementierungsverfahrens vorlegen.

Dieses zweite Best-Practice-Verfahren kann potenziell zu einem Joint Venture zwischen dem Kundenunternehmen und seinem Zulieferer führen. In der Vergangenheit scheiterten Joint Ventures oft, weil die gemeinsamen Ziele, welche die beiden Partner ursprünglich zusammengebracht hatten, meist nur kurzlebig waren und sich im Laufe der Zeit zerstreuten. Eine robuste Outsourcing-Strategie ist dagegen auf Dauer angelegt; sie kann also eine solidere Grundlage für ein nachhaltiges Joint Venture sein, da beide Seiten bereits ein großes Eigeninteresse an der Beziehung haben. Zweitens sind beide Partner bereits daran gewöhnt, im Rahmen einer Vereinbarung zusammenzuarbeiten, bei der eine Seite den Fokus auf Kostensenkung und die andere Seite auf Wertmaximierung legt. Und drittens muss, weil eine einheitliche strategische Ausrichtung und ein gemeinsames Bewusstsein beider Partner bereits bestehen, eine weitaus geringere Lernkurve bewältigt werden, als das bei einem neuen Joint-Venture-Partner der Fall wäre. Aufgrund all dieser Faktoren hat ein Joint Venture mit dem Partner aus einem bereits bestehenden Outsourcing eine größere Aussicht auf Erfolg als ein traditionelles Joint Venture mit einem ganz neuen externen Partner.

Ein Joint Venture, das von einer eng abgestimmten Ausrichtung auf Basis einer bestehenden Outsourcing-Vereinbarung profitiert hat, ist der internationale B2B-Finanzdienstleister für grenzüberschreitende Zahlungsverkehrstransaktionen Fin-Force, der von der belgischen Bank KBC in Partnerschaft mit EDS gegründet wurde (siehe Fallstudie auf Seite 272 ff. und vor allem den Kommentar des CEO von Fin-Force, Pascal Deman). Die beiden Organisationen, die seit Anfang der 1990er-Jahre zusammenarbeiten, gründeten im Jahr 2000 eine Zahlungs„fabrik“ mit einer für Banken unüblichen Kultur. Das fachspezifische Know-how, das EDS – das Anteile an Fin-Force hält – beisteuerte, war für die Forcierung der notwendigen Industrialisierung und den Erhalt der Dynamik von Fin-Force in den ersten Jahren lebenswichtig, da es zunächst nicht gelang, externe Kunden zu gewinnen. Andere Banken haben sich inzwischen von dem Konzept von Fin-Force als B2B-Finanzdienstleister überzeugen lassen – vergleichbar den verschiedenen Formel-1-Teams, die alle Ferrari-Motoren verwenden – und nehmen zunehmend dessen Serviceleistungen in Anspruch. Die deutsche DZ Bank hat sogar Anteile an Fin-Force erworben. Die beiderseitigen Nutzen für KBC und EDS lassen sich als direktes Ergebnis ihrer von Vertrauen geprägten Beziehung auch weiterhin dauerhaft realisieren.

Ein Blick in die Zukunft: Strategie, Sourcing und Shareholder-Aktivismus

Was geschieht beim Outsourcing als Nächstes? Um den Kontext festzulegen, werfen Sie einen Blick auf Abbildung 7.2, in der die Instrumente eines strategischen Outsourcing-Programms abgebildet sind. Und denken Sie daran, dass die meisten der in dieser Abbildung dargestellten Handlungen vom CEO oder vom CFO persönlich ausgeführt werden müssen.

Wir sprachen bereits darüber, dass die Kombination von Strategie und Kontext durch Outsourcing einen hoch wirksamen Hebel für die Unternehmensumwandlung darstellt. Wir haben dem CEO, anderen Vorstandsmitgliedern und zentralen Stakeholdern gezeigt, wie sie *das Outsourcing durch die Anwendung ihrer M&A-Kompetenzen und -Techniken, die ihnen aufgrund ihres Wissens und ihrer Erfahrung bereits zur Verfügung stehen, angehen können.* Und wir haben erläutert, wie die Anwendung dieses bereits vorhandenen Wissens im Outsourcing-Kontext die Erfolgswahrscheinlichkeit steigern kann, wobei der entscheidende Faktor *das persönliche Bekenntnis des CEO zum Management dieses Prozesses* ist.

Trotz der höheren Ausgereiftheit von M&A weisen Studien darauf hin, dass die Misserfolgsquote auf diesem Gebiet nach wie vor bei 65 Prozent liegt. Damit ist sie ungefähr genauso hoch wie die Misserfolgsquote von

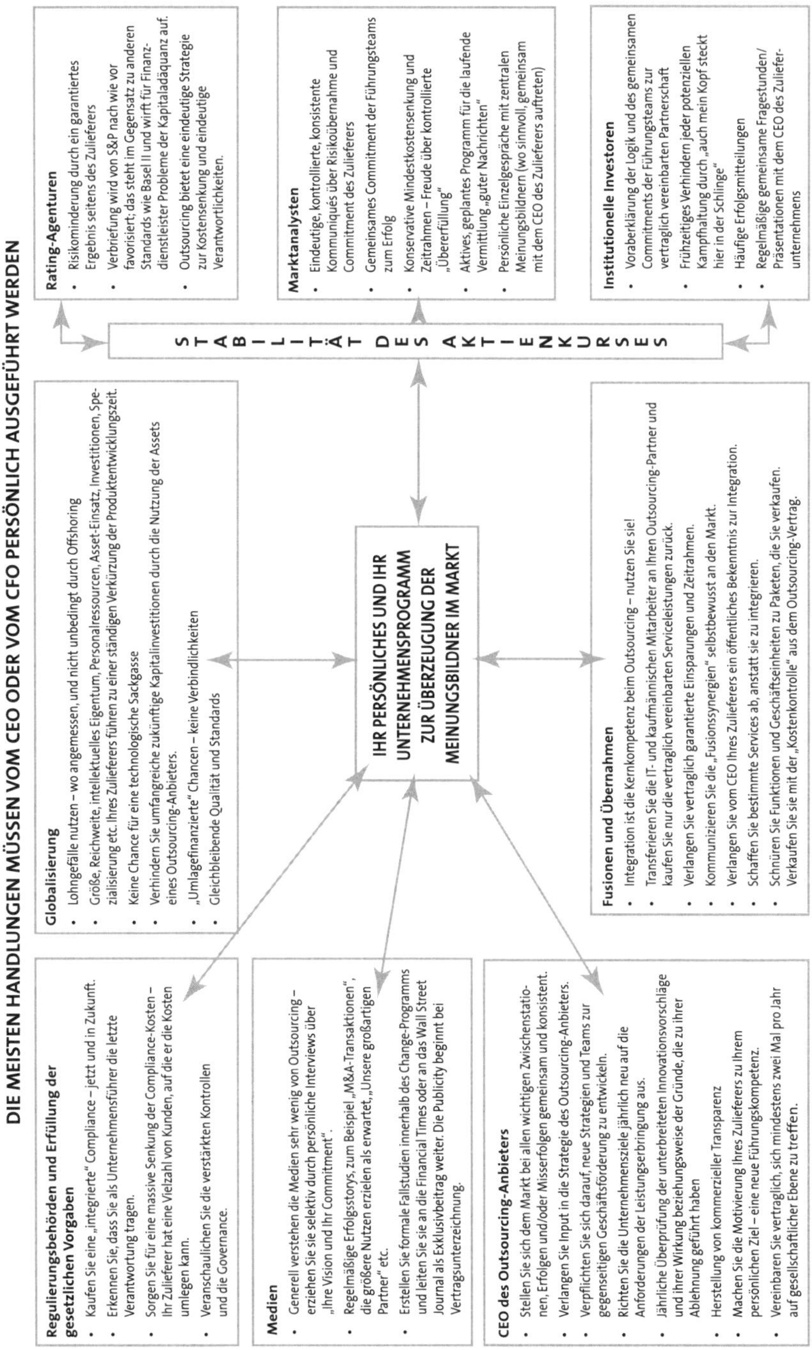

Quelle: (c)Morgan Chambers plc, 2006.

Abbildung 7.2: Die Instrumente eines strategischen Outsourcing-Programms

Outsourcing-Initiativen. Woran liegt das? Die Gründe für das Scheitern von M&A wurden von anderen schon ausführlich dargestellt. Aber wenn das Outsourcing, was den Erfolg angeht, schon jetzt mit M&A mithalten kann, dann bietet aus unserer Sicht Outsourcing durch die Kombination seiner inhärenten Vorteile hinsichtlich Fokus und Flexibilität bei einem disziplinierten und rigorosen Ansatz das Potenzial zu einer weitaus höheren Erfolgsquote als M&A.

Wir behaupten außerdem, dass es sich heute kein CEO mehr leisten kann, völlig auf Überlegungen über strategisches oder wirtschaftliches Outsourcing zu verzichten. Es gibt aber noch einen weiteren nicht aufzuhaltenden Druck, der dazu beiträgt, dass der Outsourcing-Markt immer ausgereifter wird: der Aktivismus und in zunehmendem Maße auch die Militanz der Shareholder in ihrem ständigen Bestreben, Gewinne aus ihren Investitionen zu realisieren. Der deutliche Zusammenhang zwischen dem Investorenaktivismus und dem damit verbundenen fortgeschrittenen Entwicklungsstand der Outsourcing-Anbieter mag auf den ersten Blick nicht offensichtlich sein, aber es gibt ihn und er verstärkt sich.

Denken Sie zunächst an die weltweit zunehmende Flut von Beispielen, in denen Investoren als Reaktion auf ihrer Meinung nach schlechte strategische Entscheidungen oder wertvernichtende Fusionen die CEOs ins Visier genommen haben. Das ist allerdings kein wirklich neuer Trend. Bereits im Jahr 1919 verklagte eine Gruppe von US-Investoren Henry Ford, weil sie ihn zwingen wollten, höhere Dividenden zu zahlen und weniger in sein Unternehmen zu investieren - was sicher nicht die weitsichtigste Perspektive, aber zumindest ein verständliches Anliegen war. Sie bekamen eine verständnisvolle Anhörung durch das Oberste Bundesgericht von Michigan.

Tatsächlich neu sind die Häufigkeit und Heftigkeit solcher Konfrontationen, wobei es nicht überrascht, dass die USA hier an der Spitze stehen. Michael Eisner verließ infolge ständiger Kleinkriege mit den Shareholdern Disney und Carly Fiorina wurde ihres Amtes als CEO von Hewlett-Packard enthoben, weil die Investoren in zunehmendem Maße von der Akquisition von Compaq und der breiteren Konzernstrategie ernüchtert waren. In jüngerer Zeit musste Phil Purcell - ein weiterer CEO, der wegen umstrittener Fusionen bestens bekannt war - als Folge des Drucks vonseiten der Shareholder seinen Stuhl bei Morgan Stanley räumen. Alle diese Ereignisse sind deutliche Zeichen für das Engagement und die Aggressivität, mit der Aktionäre versuchen, personelle und strategische Veränderungen in den Topetagen globaler Konzerne durchzusetzen. Es kann kaum ein Zufall sein, dass die US-Börsenaufsichtsbehörde SEC ein größeres Mitspracherecht für die Shareholder bei der Ernennung von Aufsichtsräten und die Durchsetzung ihrer Vorschläge in den Unternehmensvorständen fordert.

Der Einfluss der Aktionäre nimmt weltweit zu

Dieser Trend reicht weit über die USA hinaus. Zwar geht ein großer Teil der Militanz der Shareholder auf Hedgefonds zurück, aber es lässt sich nicht leugnen, dass auch die traditionellen institutionellen Investoren inzwischen eine größere Bereitschaft zeigen, immer öfter ihre Muskeln spielen zu lassen. In Großbritannien erzwangen die Shareholder im Jahr 2004 die Entlassung von Sir Peter Davis als Chairman des Einzelhandelskonzerns J. Sainsbury aufgrund eines subjektiv empfundenen Scheiterns der Unternehmensstrategie – einschließlich der Probleme mit einem umfangreichen Outsourcing-Programm – und wegen der Vergütung des Vorstands (siehe Fallstudie auf Seite 284 ff.). Diese Ereignisse fielen mit einem „Friedensgipfel" zusammen, der von der Confederation of British Industry and Investment Association abgehalten wurde, um die aufgeheizte Stimmung zwischen Vorständen und Shareholdern zu beruhigen.

Die angelsächsischen Volkswirtschaften sind zwar die Pioniere in Aktionärsaktivismus gewesen, aber sie stehen dabei nicht mehr allein da. In Deutschland mussten der Vorstandschef der Deutschen Börse, Werner Seifert, und der Aufsichtsrat Rolf. E. Breuer nach einem gescheiterten Übernahmeversuch der Londoner Börse, der auf breiten Widerstand gestoßen war, ihren Hut nehmen. Diese Episode führte dazu, dass ausländische Hedgefonds von deutschen Politikern als „Heuschrecken" tituliert wurden. Weniger Presseecho im Ausland fand eine Klage von rund 15.000 Anlegern gegen die Deutsche Telekom am Frankfurter Landgericht, über die inzwischen in nächster Instanz am Oberlandesgericht verhandelt wird, sowie die Ende 2005 verabschiedete „Lex Telekom" – das Kapitalanleger-Musterverfahrensgesetz (KapMuG), das Massenklagen von Aktionären erleichtern soll.

Selbst Japan, wo ausländische Aktionäre inzwischen fast ein Viertel der Aktien der Börse von Tokio halten und die indirekten ausländischen Investitionen per Aktienbesitz in einigen Sektoren mehr als 40 Prozent betragen, ist gegen den Druck von Aktionären nicht immun. Ausländische und lokale Investoren verstehen es zunehmend, sich Gehör zu verschaffen, und üben Druck auf Unternehmen aus, damit diese mehr Wert generieren. Ein Beispiel hierfür war der Zusammenschluss von Nippon Broadcasting mit Fuji Television, der im Wesentlichen aufgrund des Drucks von Aktionären zustande kam.

Die Wachsamkeit der Investoren verlagert sich von M&A auf Outsourcing

Bis heute tendiert der Shareholder-Aktivismus im Westen eher dazu, sich auf vermeintlich verfehlte M&A-Transaktionen zu konzentrieren. Aber es ist nur eine Frage der Zeit, bis Investoren ihre Aufmerksamkeit auf die heutigen - und zukünftigen - groß angelegten Outsourcing-Vereinbarungen richten, die weitaus mehr mit strategischem M&A gemeinsam haben als mit traditionellen Beziehungen zwischen Kunden und Auftragnehmern.

Für CEOs und Vorstände ist die Botschaft eindeutig. In dem Maße, wie Outsourcing das gleiche Reifestadium erlangt wie M&A, wird die aufmerksame Beobachtung dieser Vereinbarungen durch die Öffentlichkeit und die Aktionäre entsprechend steigen. Wenn Sie das strategische Outsourcing richtig angehen, werden Sie in der Lage sein, Ihr Unternehmen zu transformieren und den Applaus der Aktionäre einzuheimsen. Machen Sie es falsch, dann werden Sie abgeurteilt und genauso unsanft vor die Tür gesetzt wie Carly Fiorina im Anschluss an die Übernahme von Compaq durch HP.

Wie bei M&A sind die Meinungen der verschiedenen Investoren und öffentlichen Kommentatoren inkonsistent bis widersprüchlich. Die Forderung der Investoren nach einer maximalen Rendite rückt zum Beispiel das Offshoring - inklusive Offshoring-Outsourcing - in den Vordergrund. Gleichzeitig geraten Unternehmen, die auf der Suche nach einem Wettbewerbsvorteil - der letztlich das Überleben eines Unternehmens (und seiner Arbeitsplätze) sichert – zum Offshoring greifen, wegen der großen öffentlichen Ablehnung des „Exports“ von Arbeitsplätzen und wegen der sozialethischen Standpunkte einiger Investoren ins Kreuzfeuer der Kritik.

Schulter an Schulter

Der verstärkte Fokus auf Outsourcing-Vereinbarungen wird nicht nur für outsourcende Kundenunternehmen große Auswirkungen haben, sondern auch für Outsourcing-Anbieter. Wie die Beteiligten an einer M&A-Transaktion werden sie öffentlich zu ihren Kunden stehen und ein vergleichbares Maß an Transparenz und Commitment für die Beziehung zeigen müssen. Sie werden sich das Rampenlicht teilen und gemeinsam im Hagel der Kritik stehen, wenn die Dinge schieflaufen. Und sie werden ihre Kunden – wie es einige bereits tun – als enge Partner anstatt als Geschäftskunden behandeln müssen.

Kurzum, sie werden eine neue Reifestufe erreichen müssen. In Kapitel 6 haben wir bereits darüber gesprochen, dass nach unserer Meinung viele Senior-Manager von Outsourcing-Anbietern ihr Verhalten werden ändern müssen, um die Bedürfnisse ihrer Kundenunternehmen und ihre eigenen Bedürfnisse besser zur berücksichtigen. Wir glauben, dass es letztlich die institutionellen Investoren und Shareholder sind, die mit ihrer aufmerksamen Beobachtung der Outsourcing-Vereinbarungen von Unternehmen, in die sie investiert haben, den Reifeprozess des globalen strategischen Outsourcing-Marktes vorantreiben.

Outsourcing und Shareholder sind zwei unabänderliche Gegebenheiten im Leben der CEO von heute. Aber nur wenige haben erkannt, wie eng diese inzwischen miteinander verknüpft sind und wie stark diese Verknüpfung in der Zukunft zunehmen wird. Das ist keine Theorie. Wie unsere Fallstudie über BP auf Seite 293 ff. zeigt, lässt sich Outsourcing als Hebel nutzen, mit dem man gleichzeitig die Performance verändern, eine globale Strategie umsetzen und den Aktienkurs steuern kann. Wir glauben, dass die meisten erfolgreichen Unternehmen der Welt eines Tages auf diese Weise geführt werden.

Schlüsselfragen an den CEO und an den CFO, die sich aus Kapitel 7 ergeben

CEO

- Glauben Sie, dass Ihr strategischer Sourcing-Ansatz für das langfristige Enablement und den langfristigen Nutzen Ihres Unternehmens von grundlegender Bedeutung ist? Handelt es sich um eine Taktik und eine Philosophie, die der komplette Vorstand geschlossen vertreten wird, sowohl intern, um im Unternehmen eine breite Zustimmung zu gewährleisten, als auch extern als flexibleres und beherrschbares Geschäftsmodell?

- Ob diese Taktik nun aus einer Reaktion auf die Herausforderungen des Marktes und andere Widrigkeiten oder aus Ihrem Weitblick und Ihrem Gestaltungswillen hervorgegangen ist - betrachten Sie Outsourcing als ein Instrument zur Erzielung einer neuen Unternehmensmentalität, zur Vereinfachung und zur Erreichung eines engeren Geschäftsfokus und eines schneller reagierenden Sortiments an zu testenden Lösungen, Services und/oder Produkten für den Kunden? Kurz gesagt, sehen Sie im Outsourcing einen Katalysator für Veränderungen auf Branchenebene?

- Ob Sie Ihren Serviceanbieter nun als Partner betrachten oder nicht, vertrauen Sie ihm, zumindest was die Erfüllung der vertraglich vereinbarten Leistungen angeht? Wissen Sie, welche Rolle Sie in seiner Strategie spielen, und können Sie ihn auf Vorstandsebene beeinflussen? Wie offen sind Sie und Ihre Führungskräfte für die Herstellung persönlicher Beziehungen auf Vorstandsebene?

- Haben Sie und Ihr Senior-Management verstanden, dass sich nur durch die Entwicklung einer beiderseitigen hybriden Kultur das Maß an Flexibilität und Beweglichkeit erreichen lässt, das für die vollständige Ausschöpfung der Vorteile und zum Erreichen des Enablements notwendig ist? Wie werden Sie mittel- bis langfristig zur Gewährleistung beitragen, dass dieser kulturelle Wandel optimal gefördert wird?

- Die Bindung der Manager, welche die Outsourcing-Vereinbarung entworfen und verhandelt haben und die nun die direkte Schnittstelle zu dem/den Zulieferunternehmen darstellen, ist von entscheidender Bedeutung. Wie werden Sie persönlich zu dieser Kontinuität beitragen und dabei die Motivation, die Ausrichtung, die Verantwortlichkeit und zumindest die Realisierung der anvisierten Mindestnutzen gewährleisten?

- Ist Ihnen und Ihrem Vorstand bewusst, dass Sie mit zunehmender Zuversicht und wachsendem Erfolg Ihrer Outsourcing-Strategie immer kritischer auf Unternehmensbereiche reagieren werden, die eine Minderleistung erbringen? Und sind Sie bereit, risikofreudiger zu sein, was den Umfang und die Reichweite einer zukünftigen Ausweitung Ihrer Sourcing-Strategie sowie die verfügbaren strukturellen/wirtschaftlichen Alternativen betrifft?

- Verstehen Sie, wie die Vorteile einer kohäsiven und weitreichenden Outsourcing-Strategie auf Analysten, institutionelle Investoren, Rating-Agenturen und Regulierungsbehörden wirken? Können Sie die risikomindernden Aspekte, die wirtschaftliche Flexibilität, die Verantwortlichkeit und die Bereitschaft zur Risikoübernahme, den Zugriff auf den Umfang, die Ressourcen, das geistige Eigentum, die Hebelwirkung und die Erfahrungswerte Ihrer Outsourcing-Vereinbarung und Ihres Outsourcing-Partners klar und konsistent kommunizieren? Können Sie das Bekenntnis Ihres Outsourcing-Partners zu Ihren Zielen belegen?

CFO

- Können und werden Sie über den aktuellen Vertragsumfang hinaus in der Lage sein, konsistent die Vorteile der kostengünstigeren Lohnstruktur Ihrer Zulieferer sowie deren Größe und Flexibilität zu nutzen, um Ihre besonderen Konjunkturzyklen/saisonalen Schwankungen und CAPEX-Anforderungen auszugleichen? Können Sie erkennen, wie die Outsourcing-Vereinbarung durch die neu hinzugekommene zusätzliche Flexibilität und ein besseres

Business Enablement bestimmte Aspekte des Aktienkurses stabilisiert?

- Erkennen Sie, dass sich das Thema Risiken und ihre Reduzierung mithilfe von Drittunternehmen infolge der zunehmenden Ausgereiftheit und Komplexität der Serviceleistungen mehr und mehr zu einem normalen Bestandteil der wechselseitigen Abhängigkeiten in Outsourcing-Verträgen entwickelt? Sind Sie und der/die von Ihnen ausgewählten Zulieferer darauf vorbereitet? Sind Sie ein Pionier oder folgen Sie Trends? Inwieweit ist das in der Vereinbarung und Ihren eigenen funktionalen Verantwortlichkeiten berücksichtigt?

- Wie sehen Sie Ihre Rolle in der Beeinflussung einer Vielzahl von Stakeholdern, was die mittel- bis langfristigen Nutzen einer innovativen Outsourcing-Strategie betrifft? Ist das für Sie wirklich ein neuer Schritt oder lediglich die Ausübung einer strengeren Disziplin? Die gemeinsame Entwicklung einer hybriden Kultur der Leistungserbringung mit Ihrem Zulieferer ist eine Sache, aber wie würden Sie diesen Ansatz innerhalb Ihrer eigenen Abteilung umsetzen? Ist das überhaupt möglich und für die Aspekte Ihrer Rolle wirklich relevant oder handelt es sich bei der „hybriden Kultur" lediglich um Schlagworte, mit denen der Einfluss von Dritten (Third-Party-Leverage) einer breiten Unternehmensgemeinde verkauft werden soll?

- Erkennen Sie, dass die Kompetenzen zur „Beeinflussung" von Meinungsbildnern angesichts des zunehmenden und anhaltenden Shareholder-Aktivismus sehr nützlich sein werden?

- Welche zukünftigen Risiken könnten von den Zulieferern übernommen werden und wie lässt sich das in die Strategie und die Denkweise des CEO integrieren? Würden Sie sich stärker in Richtung Akquisitionen orientieren, wenn die sehr realen Probleme der physischen Integration und der Kostensynergien ausgelagert wären? Schwindet mit zunehmender Realisierung der Nutzen des

Outsourcings Ihre Toleranz gegenüber leistungsschwachen Geschäftseinheiten und werden Sie schneller zu einer Trennung oder einem radikalen chirurgischen Schnitt unter Einsatz Ihrer Zulieferer als Change Agents schreiten, um dadurch Risiken zu reduzieren?

- Beginnen Sie zu verstehen, wie Ihre Erfahrung und Ihr Expertenwissen in M&A-Transaktionen Ihre Fähigkeit zu strategischem Denken und zur Umsetzung einer umfassenden Sourcing-Strategie unmittelbar unterstützen?

Kapitel 8

Sind Sie bereit zum Outsourcing?

Outsourcing kann einen großen Beitrag dazu leisten, sowohl der chemischen als auch der pharmazeutischen Industrie aus den eingefahrenen Gleisen zu helfen, in denen wir feststecken ... Ein gelungenes Outsourcing erlaubt es Unternehmen, ihre Ressourcen für Innovationen zu verwenden statt für die Entwicklung oder für eine Fertigungsinfrastruktur, die woanders bereits vorhanden ist ... Die wichtigere Frage ist ... Wird Outsourcing seine Versprechen auch in der Zukunft einlösen? Meine Antwort lautet ... auch hier: ja.

– Andrew Liveris, Business Group President von Performance Chemicals

Wir hoffen, dass wir Sie mit genug Insiderwissen versorgt habe für die Entscheidung, ob Outsourcing das Richtige für Ihr Unternehmen oder eine bestimmte Funktion desselben ist, für die Klärung Ihrer Ziele, für die Erstellung des Business Case, für die Gewinnung interner und externer Unterstützung sowie für den Aufbau einer geeigneten, dauerhaften Zulieferbeziehung unter den richtigen Vertragsbedingungen.

Bevor Sie jedoch mit diesem Prozess beginnen, stellt sich die ultimative Frage, die nur von Ihnen persönlich beantwortet werden kann, da es sich dabei um eine Führungsentscheidung handelt, nämlich: Sind Sie *wirklich* für ein Outsourcing bereit? Es folgt ein Selbsttest über zwölf Bereiche, um herauszufinden, ob Sie einfach nur mit der Idee des Outsourcings kokettieren oder ob Sie wirklich dazu bereit sind, loszulegen.

1. Kennen Sie Ihr eigenes Geschäft?

Verfügen Sie über ein ausreichendes Detailwissen über Ihre vollständigen Kosten, um die operativen Performance-Daten zu zerlegen und mit verschiedenen Alternativen zu vergleichen, egal ob diese auf Ihre eigenen Bedürfnissen oder auf verschiedene von den Serviceanbietern beworbene Konstrukte ausgerichtet sind? Ist Ihre Unternehmenskultur für das Konzept des Outsourcings geeignet? Wie sieht es mit Ihren Vorstandskollegen aus?

2. Die strategische Zielrichtung

Herrscht Klarheit darüber, wie ein Outsourcing zu Ihrer längerfristigen Strategie- und Wettbewerbsplanung passt – vor allem angesichts anderer umfangreicher Umgestaltungsprogramme, die möglicherweise in Vorbereitung sind, wie zum Beispiel ein M&A, eine Restrukturierung, eine geografische Expansion, die Erfüllung gesetzlicher Vorschriften, die Vorgabe eines Technologie-Updates? Wie viel und welche Art von Flexibilität im Unternehmen brauchen Sie oder würden Sie gern sehen? Welche Alternativen haben Sie zum Outsourcing?

3. Die Nutzen für das Unternehmen

Können Sie in einem einzigen Satz zusammenfassen, was Outsourcing Ihrem Unternehmen bringt? Welche der Fähigkeiten des Outsourcings (Erzielung von Flexibilität, Kostensenkung, Risikomanagement) sind für Sie vorrangig? Haben Sie die Nachteile erkannt? Wie soll der Erfolg aussehen und sind Sie sich wirklich sicher, dass er realisierbar ist? Wie wollen Sie normale oder unerwartete Veränderungen am Markt berücksichtigen, die Ihnen die von Ihnen definierten Nutzen entreißen könnten? Würde ein Zulieferer alle von Ihnen erwarteten Nutzen garantieren, oder nur einige davon?

4. Legen Sie den Umfang des Outsourcings fest

Welche Kompetenzen wollen Sie auslagern? Werden es das Backoffice und die Technologie sein, der Arbeitsablauf und die Geschäftsmethode oder das für die Dienstleistung einzigartige geistige Eigentum – die Wettbewerbsdifferenzierung des Unternehmens? Was ist mit dem Wissen und der Erfahrung der Belegschaft und des Managements? Sollte der erste Schritt ein Pilotprojekt sein oder wollen Sie die gesamte Geschäftsfunktion vom ersten Tag an komplett auslagern? Wie sieht es mit dem festen Anlagevermögen aus? Wollen Sie es behalten oder verkaufen? Wie wollen Sie es bewerten? Ist es möglicherweise mehr wert, als Sie denken?

5. Die Vertragsgestaltung

Wird die Veräußerung der Geschäftsfunktion, gefolgt von einer Vereinbarung über die externe Leistungserbringung, Ihrer Bilanz zugutekommen und eine positive Botschaft an den Markt senden? Wie wollen Sie eine gerechte Aufteilung der Gewinne beziehungsweise Nutzen in Ihr endgültiges Modell integrieren, um sicherzustellen, dass Sie zum Beispiel von einer Prozessinnovation und neuen Technologien profitieren? Haben Sie eine Partnerschaft im Rahmen einer Joint-Venture-Struktur erwogen? Soll Financial Reengineering zur Lösung bestimmter kurzfristiger Probleme im Zentrum Ihrer Vereinbarung stehen oder nur eine minimale Rolle spielen? Wie wollen Sie mit der Belegschaft verfahren – für einen bestimmten Zeitraum einen Entlassungsstopp garantieren und dem Zulieferer mehr bezahlen oder einige Mitarbeiter der auszulagernden Funktion vor dem Vertrag in eine andere Funktion versetzen oder die betreffende Funktion vor der Vereinbarung verschlanken?

6. Die Leistungsfähigkeit des Beschaffungsmarktes

Haben Sie ein echtes Verständnis der Leistungsfähigkeit dieses Marktes, was die Erfüllung des Umfangs, der Kriterien und der Ziele Ihres Geschäftsplans angeht, entwickelt? Gibt es echte Global Player? Kann/Können der/die ausgewählte(n) Zulieferer sowohl die technologischen Dienstleistungen als auch die notwendigen Unternehmensfunktionen übernehmen? Welche Erfolgsmaßstäbe werden sie akzeptieren? Welche Risikofaktoren – bis hin zur regulatorischen und zur Compliance-Verantwortung – werden sie akzeptieren und zu welchem Preis? Wie sieht der bisherige Personalschwund des Zulieferers im Vergleich zu Ihrem Unternehmen aus? Hat der Zulieferer wirklich Ahnung von ihrer Branche? Für wie viele Ihrer Wettbewerber arbeitet er bereits – und ist das ein Vor- oder Nachteil?

7. Das Angebotsverfahren und Alternativen für die Leistungserbringung

Wollen Sie mit einem einzigen Zulieferer zusammenarbeiten? Kennen Sie die Probleme, den zusätzlichen Managementaufwand und die zusätzlichen Kosten bei einer Zusammenarbeit mit mehreren Zulieferern? Welche Rolle wird Offshoring spielen? Welches sind die Risiken und ist es Ihnen wichtig, an welchem Offshoring-Standort Ihre ausgelagerten Leistungen erbracht werden? Sollten Sie von Onshore-Zulieferern die Wirtschaftlichkeit eines Offshorings verlangen, um einen direkten Offshoring-Vertrag zu vermeiden? Ist ein Ausschreibungsverfahren nötig, damit Sie den besten Wert und die besten Innovationen erhalten? Und wenn Sie nur mit einem einzigen Zulieferer zusammenarbeiten – ein nicht kompetitives Modell: Wie wollen Sie dem Vorstand und/oder einflussreichen Stakeholdern überzeugend darlegen, dass der ausgehandelte Preis fair und marktgerecht ist? Wie wollen Sie Innovation und wirtschaftliche oder servicebezogene Flexibilität vertraglich festlegen? Wie schnell können Sie den Prozess abschließen?

8. Die Planung einer ganzheitlichen Kommunikation

Mit wem müssen Sie kommunizieren und haben Sie dafür bereits eine Strategie entworfen? Wie wollen Sie sicherstellen, dass alle Stakeholder eine einheitliche und konsistente Botschaft erhalten? Wie lauten die gesetzlichen Anforderungen für die Kommunikation mit Gewerkschaften, Betriebsräten, Mitarbeitern, Investoren, Börsen und Regulierungsbehörden? Wie wollen Sie bis zur endgültigen Entscheidung für Stillschweigen sorgen und gleichzeitig die notwendigen Daten und Fakten vorbereiten, um Gespräche über Angebote und Entscheidungen mit potenziellen Zulieferern zu führen? Wie lauten die Kernbotschaften zur Wahrung der Arbeitsmoral? Wie gehen Sie mit „undichten" Stellen um?

9. Die Mitarbeiterkompetenzen

Welche Kompetenzen werden Sie in jeder Phase des Verhandlungsprozesses benötigen, inklusive Vertragsmanagement? Spielen die Rechtsabteilung und das Procurement eine Rolle, wenn sie noch nie an einem derart erfolgskritischen Vertrag von dieser Größenordnung, Komplexität, Dauer und Bedrohlichkeit mitgewirkt haben? Wie wollen Sie die Spezialkompetenzen für den Support erwerben – in welchen Bereichen und in welchem Stadium des Prozesses? Werden Sie von spezialisierten Beratern erwarten, dass sie für die Ergebnisse haften oder sich zumindest an ihrer Performance messen lassen? Wie wollen Sie für die Teammotivation und eine längerfristige Bindung der Mitglieder des Vertragsmanagementteams Ihres Unternehmens sorgen? Werden Ihre Zulieferer die gleiche Zusicherung über die Kontinuität ihres Projektteams abgeben? Sind Ihr Controlling und Ihre Buchhaltung sachkundig genug, um die Auswirkungen der derzeitigen und der zukünftigen Strukturen zu analysieren, oder wissen Sie, wo Sie sich Hilfe und Rat holen können?

10. Die Governance, die Berichterstattung und die Erfüllung gesetzlicher Vorgaben

Die treuhänderische Verantwortung können Sie nicht outsourcen. Auf welche Compliance-Informationen werden Sie sich also nach dem Outsourcing stützen? Wie beurteilen die Regulierungsbehörden Outsourcing und müssen sie vor dem Vertragsabschluss involviert und informiert werden? Ab welchem Punkt wird die Governance so lästig, dass sie negative Auswirkungen auf die Erbringung der Serviceleistung hat? In welchem Rhythmus sollte die Berichterstattung erfolgen? Welche Daten werden wesentlich für die Steuerung, Kurskorrektur, Ergebnismessung und Nutzenerzielung sein?

11. Die Gewährleistung der Nutzenerzielung

Statistisch erzielt nur die Hälfte aller Outsourcing-Vereinbarungen die angestrebten Nutzen. Wie wollen Sie sicherstellen, dass Sie zu diesen 50 Prozent gehören? Was geschieht, wenn das Geschäft eine Veränderung der Serviceprioritäten, des Investitionsprofils oder -volumens verlangt? Wie wollen Sie die Veränderungen aufzeichnen, messen und ausgleichen? Können Sie die Messlatte im Rahmen des geltenden Vertrags höher setzen – und nach welchen Kriterien? Wird Ihr Zulieferer damit einverstanden sein, Beziehungen auf Vorstandsebene herzustellen? Und werden diese Beziehungen die Erzielung der angestrebten Nutzen unterstützen, indem sie Ihnen den öffentlichen Schulterschluss ermöglichen und gewährleisten, dass auf beiden Seiten „A-Teams“ eingesetzt werden, dass laufend Innovationen entwickelt und vorgestellt werden und dass der Schwerpunkt Ihres Zulieferers vorteilhaft für Sie ist?

12. Bekenntnis zum Beziehungsmanagement – für immer!

Ein dauerhaftes Beziehungsmanagement ist von entscheidender Bedeutung – sind Sie persönlich bereit, genügend Zeit und Energie darauf zu verwenden? Ist das wirklich eine Führungsverantwortung? Mit welchen Kosten für die im Unternehmen verbliebene Organisation des Vertragsmanagements sollten Sie rechnen? Stellen diese Ausgaben die Wirtschaftlichkeit des Business Case infrage? Wie wollen Sie das verbleibende Team motivieren und davon abhalten, in seiner Aufgabe eine berufliche Sackgasse zu sehen? Welche Informationen werden Sie brauchen, um neben dem Engagement und der Leistung Ihres Zulieferers auch Ihr eigenes Engagement und Ihre Leistung zu überwachen?

Wenn Sie in der Lage sind, diese Fragen zu beantworten, dann haben Sie sich mit den entscheidenden Fragen und Entscheidungen auseinandergesetzt, die mit der Vorbereitung eines Outsourcings verbunden sind. Um es im Sinne von M&A auszudrücken: Sie stehen kurz vor dem Deal. Im Sinne des Outsourcings würden wir sagen: Sie sind bereit – auf geht's!

Kapitel 9

Fünf Schlüsselbereiche, auf die Sie ihren Fokus richten müssen

„Viele Unternehmen erkennen nicht, dass für das Management einer Outsourcing-Vereinbarung ganz andere Kompetenzen erforderlich sind als für das Management einer internen IT-Abteilung", so Andy Chesnutt von Compass, einer Managementberatungsfirma, die im Rahmen einer Befragung von 8000 Unternehmen herausfand, dass 58 Prozent der IT- und BPO-Outsourcing-Projekte nicht die Erwartungen erfüllten.

– „Cost-Cutting Drives Outsourcing", IT Week, 1. September 2005

Spezialthema 1: **Financial Engineering**

Sudhakar Balachandran von der Columbia University merkt an, wie sich Kostenrechnungsdisziplinen von der Fertigung in Richtung Dienstleistungsökonomie verschoben haben ... Neben der Messung der Cash Costs für die Bereitstellung eines Produkts oder einer Dienstleistung betrachten clevere Unternehmen auch die Vermögenswerte, die in diesem Prozess gebunden sind. Diese Zahlenspiele fokussieren die Aufmerksamkeit auf die Bilanzeffizienz. Wenn man es richtig macht, eröffnet es einem auch eine differenzierte Darstellung, welche Geschäftszweige wirklich profitabel sind.

– Simon Londen, *The Yin and yang of management*, Financial Times, 1. August 2005

Überblick

Nach unserer Auffassung ist die beste Methode, eine Outsourcing-Transaktion unter dem Gesichtspunkt der Finanzen zu betrachten, sich ein Finanzderivat vorzustellen, das aus zwei Teilen besteht: Serviceströme und Finanzströme. Die Finanzdaten werden eine Excel-Tabelle nach der anderen füllen, um alle Serviceleistungen zu verschiedenen Zeiten und in verschiedenen Volumina zu berücksichtigen und um Kostenkurven (die im Lauf der Zeit im Allgemeinen abfallen) und verschiedenen steuerlichen Ereignissen Rechnung zu tragen. Mit dem Ergebnis, dass beide Parteien mit einem Gewirr von Zahlen konfrontiert sind.

Wie Sie aus den Finanzdaten schlau werden

Nehmen Sie als einfaches Beispiel ein Projekt über das Outsourcing von Desktop-PCs mit einer Laufzeit von sieben Jahren. Sie müssen den Wert der derzeitigen Geräte und der Software bewerten, die Zeit bis zur ersten Aufrüstung einschätzen (die dem Kundenunternehmen eine Verbesserung des Services und eine Kostensenkung über das gesamte Unternehmen ermöglicht), Sie müssen dafür einen Preis bestimmen (Hardware, Softwarepakete, aktualisierte Anwendungen und Arbeitsstunden) und dann die Supportkosten (auf verschiedenen Ebenen) bis zur nächsten Aufrüstung schätzen. All diese Berechnungen müssen den gesamten Zeitraum bis zur Fälligkeit des Vertrages abdecken und möglicherweise in verschiedene Währungen umgerechnet werden, falls ein Teil der Leistung im Ausland erbracht wird.

Alles zusammen summiert sich auf 84 Monate an Cashflow und nicht weniger als 250 Leitungen pro Monat. Jede noch so geringe Abweichung bei Punkten wie der Zahl der Workspaces, der Einschätzung, was ein PC mittlerer Ausstattung in drei Jahren an Funktionen enthält, oder den geschätzten Kosten für Microsoft Office in fünf Jahren wird Auswirkungen auf den Cashflow haben und lässt sich entsprechend anpassen, um bestimmte Unternehmensziele des Käufers oder Verkäufers zu erfüllen. Es ist erwähnenswert, dass dieser Prozess wahrscheinlich viele Schritte zwischen Zulieferer und Kundenunternehmen beinhaltet. Alles in allem handelt es sich dabei um einen extrem komplexen und zeitaufwendigen Prozess, der für jede Lösung durchgeführt werden muss.

Eine empfindliche Gleichung

Daher werden relativ geringe Veränderungen bei den Annahmen zu signifikant abweichenden Ergebnissen führen – wie bei jedem anderen Finanzderivat auch. Wir haben hier ein einfaches Beispiel gewählt, aber stellen Sie sich dieselbe Grundstruktur in einer umfangreichen BPO-Outsourcing-Initiative vor. Die abschließende Analyse wird Hunderte von miteinander verknüpften Excel-Tabellen ausfüllen.

Nichtsdestotrotz muss diese Analyse erfolgen. Wenn man über die zugrunde liegenden Fakten verfügt und in der Lage ist, die Zahlen zu manipulieren, eröffnen sich signifikante Möglichkeiten zur Wertgenerierung und zur Umschichtung von Vermögenswerten, Verbindlichkeiten und Cashflows. Und nicht zuletzt ermöglicht das Outsourcing beiden Seiten, sich innerhalb der General Accepted Accounting Principles (GAAP) zu bewegen, aber dabei Finanzkontrakte in operative und kommerzielle Kontrakte zu verwandeln. Wie ist das möglich?

Der erste und größte „Swing-Faktor“ ist das Eigentumsrecht an der Hardware. Zu Beginn einer Transaktion werden zwei Faktoren bestimmen, ob der Eigentumstransfer attraktiv ist: die genaue Kenntnis aller potenziell zu übertragenden Vermögenswerte sowie der Unterschied zwischen dem Buch- und dem Marktwert. Der Transfer muss zu einem fairen Marktwert erfolgen. Aber während viele Unternehmen eine Outsourcing-Vereinbarung zwar gern zur Freisetzung von Kapital (und zur Reduzierung der Gesamtvermögenswerte) nutzen würden, sind sie wenig auf Abschreibungen erpicht, die bei Technologieinvestitionen ganz normal sind. Die Kurve des Moore'schen Gesetzes steigt steiler als jede beschleunigte Abschreibung!

Unabhängig vom Ergebnis zum Zeitpunkt der Vertragsunterzeichnung werden die Computer jedoch ein zentrales Finanzproblem bleiben, wenn eine technologische Aufrüstung ansteht. Sollten sie von dem Kundenunternehmen oder dem Outsourcing-Anbieter finanziert oder geleast werden? Während sich die Gesamtkosten möglicherweise nicht wesentlich verändern, bietet der Outsourcing-Vertrag jeden Monat zahlreiche Chancen zur Feinjustierung der Cashflows. Aus den zuvor getroffenen Anmerkungen könnten Sie zudem herauslesen, dass sich dieselben Entscheidungen auf eine Personalrestrukturierung anwenden lassen. Die Entscheidung gleich zu Beginn der Vereinbarung, welche der beiden Parteien für die Trennung zahlen wird, kann erhebliche Auswirkungen auf verschiedene Finanzkennzahlen haben, ohne dass sich die wirtschaftlichen oder menschlichen Auswirkungen auch nur um ein Jota verändern.

Ein profitabler Wert

Ein Aspekt des Outsourcings, der bisher selten diskutiert wurde, ist die Fähigkeit eines Outsourcing-Anbieters, Ergebnisse zu garantieren und somit einen profitablen Wert zu generieren. Die beste Situation dafür bietet sich bei einer Fusion oder Übernahme, in deren Rahmen der Outsourcing-Anbieter die Risiken der angekündigten Synergien drastisch reduzieren kann, für die viele Finanzanalysten andernfalls massive Abschläge kalkulieren. Abhängig von seiner Struktur kann der Outsourcing-Anbieter quasi einen Scheck über die gesamte Fusion beziehungsweise Übernahme ausstellen.

In der Tat würde es die Verwendung von Zweckgesellschaften oder anderen ausgefeilten Finanzstrukturen ermöglichen, einen derartigen Scheck auszustellen und sich an der Finanzierung der Akquisition selbst zu beteiligen. Unseres Wissens wurde das bisher jedoch noch nicht gemacht; der Hauptgrund dafür liegt in dem Umstand, dass Investmentbanken bisher nicht bereit sind, Outsourcing-Partnern dies zu ermöglichen.

Bisher wurde diese Struktur für eine effiziente Finanzierung von Outsourcing-Initiativen und eine Umwandlung der Finanzströme (monatliche Zahlungen des Kundenunternehmens an den Outsourcing-Partner) in eine Struktur mit eingeschränktem Rückgriffsrecht verwendet, die im Allgemeinen von einer Bank finanziert werden. Letztlich wird die Kreditbasis (über die zugrunde liegenden Vermögenswerte hinaus) von der Kreditwürdigkeit des Kunden sowie der Fähigkeit des Outsourcing-Anbieters zur Erbringung bestimmter Serviceleistungen bestimmt.

Fazit: eine Ära immer ausgefeilterer Modelle

Nach unserer Auffassung haben die Ereignisse der letzten Jahre (Basel II, Sarbanes-Oxley etc.) ein derartiges Financial Reengineering erschwert. Aber sie haben auch zu Situationen geführt, in denen Financial Reengineering aufgrund der schwachen Finanzsituation vieler Unternehmen im Outsourcing-Markt eine Pflicht ist. Es steht außer Frage, dass sich die Wahrnehmung der wirtschaftlichen Risiken stark von der Wahrnehmung der finanziellen Risiken unterscheidet und dass sich die auch Risikowahrnehmung verändert, wenn sich die Inhalte des Outsourcings von „generischen" Dienstleistungen (zum Beispiel Desktop-Outsourcing) auf fortschrittlichere BPO-Dienstleistungen, zum Beispiel Wertpapierabwicklung und Payment Processing, verändern.

Eine Schlüsselkomponente des Financial Engineerings ist das Risikomanagement – und bei einem Vergleich des ausgefeilten Risikomanagements einer Bank mit demselben Verfahren beim Outsourcing wird der Leser wahrscheinlich überrascht sein zu hören, dass Service-Outsourcing wesentlich ausgefeilter ist. Nur komplexe Multi-Tranchen-Strukturen mit eingeschränktem Rückgriffsrecht erreichen annähernd den Grad an Raffinesse, den ein typischer umfangreicher Outsourcing-Vertrag mit mehrjähriger Laufzeit bietet.

Spezialthema 2: **Juristische Fragestellungen**

> ***Wir neigen dazu, das Thema Outsourcing im Sinne einer Käufer-Anbieter-Vereinbarung und im Sinne des Vertragsmanagements zu betrachten. Jetzt und in Zukunft werden wir Outsourcing-Vereinbarungen jedoch stärker als Verträge und Beziehungen im Sinne von strategischen Partnerschaften betrachten müssen – und weniger als Ergebnis eines strategischen Sourcings.***
>
> – Sue Vardon, *Future of Public Administration in Australia and Outsourcing,* 2003

Überblick

Es gibt fünf Schlüsselbereiche von gesetzlichen Risiken, die in Outsourcing-Verträgen üblicherweise auftauchen. Wenngleich die relative Bedeutung und Relevanz dieser Risiken je nach Art der Vereinbarung, Standort (Onshore/Offshore) und Branche variieren, wird jedes von ihnen zu einem gewissen Grad zutreffen. Auf jeden Fall sollte jeder Bereich sorgfältig überprüft werden, um sicherzustellen, dass die entsprechenden gesetzlichen Risiken nicht nur adäquat, sondern proaktiv gemanagt werden. Diese fünf Bereiche lauten wie folgt: Rechtsform, regulatorische Risiken, Datenschutz, Arbeitsrecht und Informationssicherheit.

1. Rechtsform

Für die Realisierung der angestrebten Nutzen aus jeder Outsourcing-Vereinbarung ist die richtige Rechtsform maßgeblich. Häufig gehen Kundenunternehmen in Verhandlungsgespräche und sprechen leichthin über eine Partnerschaft mit den Serviceanbietern und sogar über die Gründung eines formalen Joint Venture. Vom rechtlichen Standpunkt aus sind Joint Ventures allerdings üblicherweise nicht wünschenswert, es sei denn, es gibt wirtschaftliche oder andere Überlegungen, welche die Risiken, die mit der Gründung eines Joint Venture – und einem Ausstieg – unweigerlich verbunden sind, wettmachen. Zu diesen Überlegungen können steuerliche Vorteile oder die Notwendigkeit gehören, bestimmte Vermögenswerte oder die Belegschaft der ausgelagerten Funktion aus regulatorischen Gründen an einen bestimmten Einsatzzweck zu binden (im Energieversorgungssektor häufig zu beobachten).

Die Wahl der Rechtsform kann beim Offshoring von entscheidender Bedeutung sein. Die deutlichste Unterscheidung lässt sich zwischen folgenden Strukturen treffen: einer sogenannten „Captive Operation" - also einer unternehmenseigenen Niederlassung, die - da sie sich im Unternehmensbesitz befindet - eigentlich nicht ausgelagert ist; einer relativ unkomplizierten Outsourcing-Vereinbarung, die eine Bezahlung für eine extern erbrachte Serviceleistung beinhaltet; und einem hybriden Build-Operate-Transfer-Modell. Die Wahl der Rechtsform ist eine von steuerlichen, operativen oder wirtschaftlichen Überlegungen bestimmte Entscheidung und sie wird den Großteil des Vertragsinhalts bestimmen.

2. Regulatorische Risiken

Wie auch immer die gewählte Rechtsform beschaffen sein mag, müssen die regulatorischen Risiken bewertet, angesprochen und gemanagt werden. Diese Überlegung gilt zwar für alle Outsourcing-Vereinbarungen, aber in hoch regulierten Branchen wie Finanzdienstleistungen spielt sie eine besonders entscheidende Rolle.

Die gesetzlichen Regulierungen haben tief greifende Auswirkungen. Die britische Finanzaufsichtsbehörde verlangt, dass das Senior-Management des Kundenunternehmens die Verantwortung für die ausgelagerte Funktion behält. Die Regulierungsbehörden anderer Staaten, darunter die USA, gehen in dieselbe Richtung, und zwar nach dem Prinzip, dass Aktivitäten zwar ausgelagert und sogar ins Ausland verlagert werden können, nicht aber die regulatorische Verantwortung für das Ergebnis.

Die „Principles for Business" der britischen Finanzdienstleistungsbehörde legen fest, dass ein Unternehmen ein entsprechendes Maß an Vorsorge treffen muss, um seine Geschäfte mit adäquaten Risikomanagementsystemen verantwortlich und effektiv zu kontrollieren. Im Einklang mit diesen Prin-

zipien sind die Direktoren und Senior-Manager eines Unternehmens für die Bewertung und das Management der Risiken verantwortlich, darunter auch solche, die mit Outsourcing und Offshoring verbunden sind.

– UK Financial Services Authority: *Offshore Operations: Industry Feedback,* April 2005

Viele Outsourcing-Verträge lassen die klaren Management- und Governance-Strukturen und Berichtslinien, die zur Erfüllung dieser Anforderungen notwendig sind, vermissen. Oder sie verpflichten den Outsourcing-Anbieter nicht, dem Senior-Management des outsourcenden Unternehmens die notwendigen regulatorischen Informationen zu liefern. Derartige Bestimmungen müssen zwingend in den Vertrag aufgenommen werden. Gleichzeitig haben eine ganze Reihe von Risiken, die sich einst außerhalb der regulatorischen Sphäre zu befinden schienen, inzwischen zunehmend regulatorische Auswirkungen. Finanzregulierer auf der ganzen Welt achten zum Beispiel zunehmend darauf, ob Unternehmen, die innerhalb ihres Regulierungsrahmens operieren, geopolitische Risiken in ihre Offshoring-Entscheidungen einkalkuliert haben.

3. Datenschutz

Die Themen regulatorische, geopolitische und grenzüberschreitende Risiken konvergieren auch in einem weiteren Schlüsselbereich der mit Outsourcing verbundenen gesetzlichen Risiken: dem Datenschutz. Auf diesem Gebiet geraten Unternehmen unter Umständen in Konflikt mit unterschiedlichen nationalen Vorschriften. Das indische Gesetz Indian Foreign Exchange Management Act zum Beispiel verleiht den indischen Behörden gewisse Befugnisse, die das Bankgeheimnis von in Indien ansässigen Banken potenziell gefährden könnten. In diesem Bewusstsein muss jeder Offshoring-Vertrag solche Konflikte so weit wie möglich berücksichtigen und demonstrieren, dass sich der Zulieferer uneingeschränkt verpflichtet, das Kundenunternehmen bei der Erfüllung der Onshore-Datenschutzgesetze zu unterstützen.

Zu diesen Onshore-Verpflichtungen gehören die Verfahren der Datenverarbeitung, inklusive Restriktionen über die Bewegung persönlicher Daten zwischen verschiedenen Rechtsräumen. Zur Gewährleistung der Erfüllung dieser Gesetze müssen in Outsourcing-Verträgen detaillierte Vorkehrungen und Mechanismen über die Behandlung, den Transfer und die Speicherstelle persönlicher Daten getroffen werden.

4. Arbeitsrecht

Das Thema Human Resources im Outsourcing ist so etwas wie ein rechtliches Minenfeld. Besonders problematisch ist es im Kontext der Anwendung der Acquired Rights Directive* der Europäischen Union, die – entgegen weit verbreiteten Annahmen – immer dann zur Anwendung kommt, wenn Unternehmensbereiche ins Ausland ver- oder ausgelagert werden.

Bei allen Outsourcing-Initiativen ist der Zwangstransfer von Mitarbeitern eines der juristisch und kommerziell heikelsten Themen. Wenn Probleme auftreten, dann im Allgemeinen deswegen, weil der Outsourcing-Anbieter und – möglicherweise überraschend – das Kundenunternehmen sich als unwillig erweisen, in eine angemessene Due Diligence zur Bestimmung ihrer gesetzlichen Haftung und ihrer Verpflichtungen gegenüber den bestehenden Arbeitsverträgen und gegenüber dem Gesetz zu investieren. Dieses Versäumnis bedeutet Sparen an der falschen Stelle und das resultiert oft in hohen versteckten Kosten und potenziell massiven Verbindlichkeiten für beide Seiten.

Die einzige Lösung ist eine sorgfältige und ausgiebige Due Diligence über die genauen Standpunkte jeder betroffenen Rechtsprechung, um eine klare Zuweisung der Verantwortung für die sich daraus ergebende Haftung zu gewährleisten. Das ist unter Umständen gar nicht so leicht – zum Beispiel in Situationen, in denen der Outsourcing-Vertrag zwischen zwei Zulieferern wechselt, insbesondere wenn diese in verschiedenen Ländern ansässig sind.

5. Informationssicherheit

Das Thema der Informationssicherheit im Outsourcing ist besonders dringlich in einem Offshore-Kontext. Die Risiken auf diesem Gebiet wur-

*) Richtlinie 2001/23/EG des Rates vom 12. März 2001 zur Angleichung der Rechtsvorschriften der Mitgliedstaaten über die Wahrung von Ansprüchen der Arbeitnehmer beim Übergang von Unternehmen, Betrieben oder Unternehmens- oder Betriebsteilen. (A.d.Ü.)

den im April 2005 auf dramatische Weise deutlich, als drei ehemalige Mitarbeiter eines Callcenters im indischen Pune zusammen mit neun weiteren Kollegen wegen des Missbrauchs von Finanzdaten und Unterschlagung von Geldern in Höhe von beinahe 350.000 US-Dollar von Kundenkonten einer in New York ansässigen Bank verhaftet und angeklagt wurden. Natürlich können solche Delikte jederzeit und überall auf der Welt geschehen und sie können sich genauso gut unternehmensintern wie in ausgelagerten Funktionen ereignen. Aber es bleibt die Tatsache, dass Stakeholder diese Risiken bei geografisch breiter gestreuten Outsourcing-Vereinbarungen als größer wahrnehmen.

Um diese Risiken zu managen, integrieren einige Outsourcing-Kunden äußerst präzise Auflagen in den Vertrag und binden ihren Serviceanbieter an strikte physische und logische Sicherheitslevels sowie an die Lieferung detaillierter Informationen und Audit-Einrichtungen, um sicherzustellen, dass das erforderliche Maß an Überwachung und Kontrolle gewahrt bleibt. Eine derartige Vertragsklausel beinhaltet üblicherweise das Recht des Kunden, den Vertrag im Falle eines Verstoßes fristlos zu kündigen.

Schlussfolgerung: Die Landschaft verschiebt sich

Mit der Entstehung neuer Outsourcing-Strukturen und -Techniken und neuer Offshoring-Zentren auf der ganzen Welt entstehen unweigerlich auch die angesprochenen rechtlichen Probleme. Ebenso werden auch weiterhin neue Regulierungen entstehen, die das Outsourcing beeinflussen. In der nahen bis mittleren Zukunft bilden die hier beschriebenen Kernbereiche der rechtlichen Risiken wahrscheinlich weiterhin die Grundlage für einen umfassenden Ansatz zum Management der rechtlichen Risiken beim Outsourcing. Das Ziel von Rechtsberatern besteht darin, wirtschaftliche Aktivitäten im Rahmen der herrschenden Gesetzgebung zu fördern – und wenn sich die wirtschaftlichen und rechtlichen Strukturen ändern, müssen sich die juristischen Antworten ebenfalls verändern.

Unser Dank geht an Mark Lewis, Partner und Verantwortlicher der IT and Outsourcing Group von Lawrence Graham LLP, London, und Director von Morgan Chambers plc.

Spezialthema 3: **Fragen der Kommunikation**

> ***Zwar hat Sprint seinen Personalbestand im vergangenen Jahr um rund 5000 Arbeitsplätze auf 65.000 gesenkt, aber viele der ausgelagerten Mitarbeiter sind nach wie vor bei anderen Unternehmen beschäftigt.***
>
> – Gary Foresee, ehemaliger CEO und Chairman, Sprint Nextel

Überblick

Bei Outsourcing- wie auch bei M&A-Transaktionen zeigen die Erfahrungen, dass Probleme, die im Rahmen einer solchen Transaktion beziehungsweise der Erzielung der angestrebten Nutzen entstehen, üblicherweise Probleme mit den Mitarbeitern sind. Und stets ist die Ursache eine Störung in der effektiven Kommunikation. Als groß angelegtes Programm zur Veränderung der Organisationsstruktur und der Unternehmenskultur wird Outsourcing mit an Sicherheit grenzender Wahrscheinlichkeit scheitern, wenn die interessierten und betroffenen Stakeholder weder am Prozess beteiligt noch über seine Entwicklung auf dem Laufenden gehalten werden. Wenn die Kommunikation rund um die Outsourcing-Initiative nicht geschickt gemanagt wird, können die Auswirkungen auf die Stakeholder, angefangen bei den Mitarbeitern bis hin zu den Investoren, dramatisch sein und sowohl die Umsetzung der Vereinbarung als auch den Aktienkurs der beteiligten Unternehmen beeinträchtigen.

Bei der Kommunikation das richtige Ausmaß und die richtige Qualität zu erreichen ist mit zwei großen Herausforderungen für den CEO des outsourcenden Unternehmens verbunden. Eine dieser Herausforderungen – vor allem im Kontext eines börsennotierten Unternehmens – besteht in den strengen Restriktionen, denen das, was ein CEO verlautbaren darf, aufgrund des Drucks aus drei Richtungen (Investor Relations, genaue Überprüfung durch die Regulierungsbehörden und Arbeitsrecht) unterworfen ist. Die andere Herausforderung ist die große Zahl und die Verschiedenheit der Stakeholder, die klare, konsistente und kontinuierliche

Botschaften erhalten müssen. Das typische Kommunikationsprogramm für die Zielgruppe der Meinungsbildner, das in Abbildung 9.1 dargestellt ist, vermittelt eine Vorstellung von der Größenordnung und dem Spektrum der erforderlichen Anstrengungen. Inhalt und Vermittlung all dieser Botschaften müssen eng koordiniert werden, und zwar nicht nur mit allen Kanälen und allen Stakeholdern, sondern auch zwischen dem Unternehmen und seinem Outsourcing-Partner.

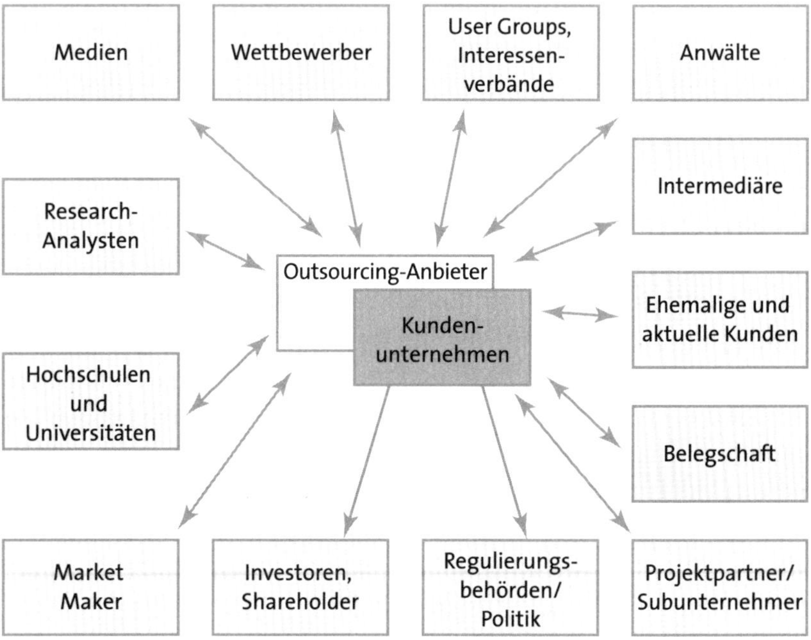

Quelle: © Morgan Chambers plc, 2006.

Abbildung 9.1: Typisches an die Meinungsbildner gerichtetes Kommunikationsprogramm

Der größte Druck auf das Kommunikationsprogramm geht aber möglicherweise von seinen potenziellen Auswirkungen auf das Verhalten der Mitarbeiter aus, und zwar sowohl der Mitarbeiter, die an den Outsourcing-Anbieter transferiert werden, als auch der im Unternehmen verbleibenden Organisation. Sie alle brauchen während des gesamten Prozesses Informationen, Rückversicherung und Orientierung. Und ihr Wohlwollen muss aufrechterhalten werden, damit das Unternehmen während des Umbruchs weiter sein Tagesgeschäft betreiben und die Umstellung auf das neue Betriebsmodell so reibungslos wie möglich vollziehen kann.

Vergleiche mit M&A

Dieser Druck erinnert an die Kommunikationsprobleme, die bei M&A-Transaktionen auftreten. Der Notwendigkeit eines ganzheitlichen Ansatzes, der alle Stakeholder einbezieht, sowie einer Koordination und Konsistenz der Botschaften nicht nur an diese Stakeholder-Gruppen, sondern auch an beide Vertragspartner, ist ein Abbild der Voraussetzungen für eine erfolgreiche Kommunikation bei einer Fusion oder bei einer Veräußerung. Sowohl M&A als auch Outsourcing haben Auswirkungen auf den Aktienkurs und setzen eine unmissverständliche Kommunikation mit den Medien, Investoren und Analysten voraus. Und in beiden Fällen sind politische und regulatorische Fragestellungen gleichermaßen bedeutend, vor allem wenn es sich um grenzüberschreitende Transaktionen handelt und damit der Abbau oder die Verlagerung von Arbeitsplätzen ins Ausland verbunden ist.

Demzufolge lässt sich beinahe alles, was wir hier über den Ansatz, die Prozesse und Disziplinen schreiben, die mit der Kommunikation bei einer Outsourcing-Vereinbarung verbunden sind, gleichermaßen auf M&A anwenden. In der Praxis gibt es bei M&A und bei einer Outsourcing-Initiative hinsichtlich der Botschaften und der Zielgruppen jedoch unterschiedliche Schwerpunkte bei der Kommunikation. Bei einer M&A-Transaktion liegt der Hauptfokus eher auf der Investorengemeinde und in etwas geringerem Maße auf Personalfragen, zumindest bis zum Zeitpunkt der Vertragsunterzeichnung. Beim Outsourcing besteht die Tendenz zu einem früheren und stärkeren Fokus auf die interne Kommunikation und auf Gespräche mit Mitarbeitergruppen, da die Gewinnung der Mitarbeiter sowohl für eine erfolgreiche Umsetzung der Vereinbarung als auch für die nachfolgende Erzielung der angestrebten Nutzen von zentraler Bedeutung ist.

Ein weiterer Unterschied liegt in dem Fokus der Interessen von Analysten und Investoren. Bei M&A-Transaktionen wollen die Märkte etwas über die geplanten Kosteneinsparungen hören, aber sie sind auch sehr erpicht darauf, die strategische Begründung, die Synergien und die Wachstumsstory zu erfahren. Bei einer Outsourcing-Vereinbarung sind Analysten und Investoren nach wie vor hauptsächlich daran interessiert, wie viel sich einsparen lässt und bis wann. Und ihre zweite Sorge – vor allem was Offshoring betrifft – ist die Betrachtung der Auswirkungen auf das Risikomanagement.

Wie bereits erwähnt, sind wir der Überzeugung, dass ein gemeinsamer Schulterschluss, eine öffentliche Bestätigung der beiderseitigen Nutzen der Beziehung und die effektive, gewinnbringende Nutzung der Marke des anderen beiden Unternehmensführern viel Spielraum für die Stärkung ihrer korrelativen Aktienkurse bieten. Bisher sind die Märkte daran noch nicht gewöhnt. Zum großen Teil sehen sie im Outsourcing immer noch eine reine Kostensenkungsmethode, so wie die Unternehmen früher auch. Infolge der zunehmend strategischeren Ausrichtung des Outsourcings könnte sich diese Einstellung des Marktes wandeln. Und wir glauben, dass es zum großen Teil an den Unternehmen und ihren Outsourcing-Partnern liegt, dafür zu sorgen, dass sich dieser Wandel vollzieht, damit beide Vertragspartner von steigenden Aktienkursen profitieren können.

Bestimmung der Risiken als Grundlage für Investitionen

Wie auch immer die Parallelen zu M&A aussehen, es ist klar, dass die Entwicklung und Umsetzung einer koordinierten und gut geplanten Kommunikationsstrategie für den CEO, der eine Outsourcing-Vereinbarung eingeht, eine Priorität darstellt. Da Outsourcing sein Kerngeschäft ist, ist sich der Outsourcing-Anbieter hoffentlich gleichermaßen der Notwendigkeit einer systematischen Kommunikation bewusst – und zeigt das gleiche Engagement. Für den Vorstand des outsourcenden Unternehmens handelt es sich dabei aber möglicherweise um eine einmalige Transaktion, mit der er wenig Erfahrung hat. Infolgedessen sind andere Vorstandsmitglieder möglicherweise nicht so von der Notwendigkeit der Investition in Kommunikation überzeugt – die gemeinhin als eine weiche und verschwommene Aktivität eingestuft wird – wie der CEO, vor allem zu einem Zeitpunkt, zu dem es so viele andere konkurrierende Prioritäten mit einer eindeutigeren Rendite gibt. Oft ist eine regelrechte Erziehung nötig, um diese Zweifel zu überwinden und die engagierte Unterstützung des gesamten Vorstands für die Bestrebungen hinsichtlich der Kommunikation als Daueraktivität zu gewinnen, die auch nach der Umstellung auf das neue Betriebsmodell fortgeführt wird.

Eine gute Methode, um Unterstützung zu gewinnen, besteht darin, die Kommunikation aus dem Blickwinkel der Notwendigkeit einer Reduzierung der sogenannten Personalrisiken anzugehen, die den Outsourcing-Prozess behindern oder sogar aus der Bahn werfen könnten. Einerseits muss die Vereinbarung an den Markt und die Regulierer verkauft werden. Andererseits gerät Sand ins Geschäftsgetriebe, wenn das notwendige Humankapital nicht zur Verfügung steht oder die Mitarbeiter nicht hinter dem Unternehmen stehen. Diese einstellungs- und verhaltensbezogenen Risiken lassen sich nur durch eine zielgerichtete Übermittlung der richtigen Informationen und Botschaften an die richtigen Stakeholder zur richtigen Zeit reduzieren. Sobald der Vorstand erkannt hat, dass diese Risiken real sind, wird die Investition in eine Strategie zu ihrer Eliminierung geradezu zwingend. Ein CEO ist gut beraten, sich hier direkt berichten zu lassen, um zu gewährleisten, dass die Kommunikation vorangetrieben wird und im Verlauf des gesamten Prozesses eine hohe Priorität genießt.

Das Fünf-Stufen-Programm

Nachdem im Kundenunternehmen und beim Zulieferer Unterstützung für die Kommunikationsbestrebungen erreicht wurde, wird ein fünfstufiges Kommunikationsprogramm entwickelt und umgesetzt (siehe Abbildung 9.2). Der erste Schritt besteht in der Entwicklung einer gemeinsamen Kommunikationsstrategie. Der zweite Schritt ist die Erarbeitung eines Rahmens für das Programm, in dem die zentralen Botschaften sowie standardisierte Q&As und Informationsquellen definiert werden, die den Kern des Kommunikationsprogramms bilden.

Der dritte Schritt besteht darin, diese koordinierten und konsistenten Botschaften planmäßig und koordiniert über die verschiedenen Kommunikationskanäle zu verbreiten, oft begleitet von Anwälten und Beratern für HR und für regulatorische Fragen. Die Mitteilungen müssen zudem häufig über etablierte Kanäle wie Internet, Investor-Relations-/Public-Relations-Abteilungen (IR/PR), externe Investor-Relations-/PR-Berater, Corporate-Affairs-Profis und öffentliche Websites versendet werden. Gleichzeitig muss für die interne Kommunikation ein Programm spezifischer Workshops und Meetings entwickelt werden, um die Botschaften auch innerhalb des Unternehmens zu verbreiten. Diese Aktivitäten sind vor allem in globalen Unternehmen nicht einfach, bei denen kulturelle Unterschiede berücksichtigt werden müssen.

Die vierte Phase ist eine sorgfältig geplante und strukturierte Feedbackschleife, die gewährleistet, dass die Reaktion von Stakeholdern eingeholt

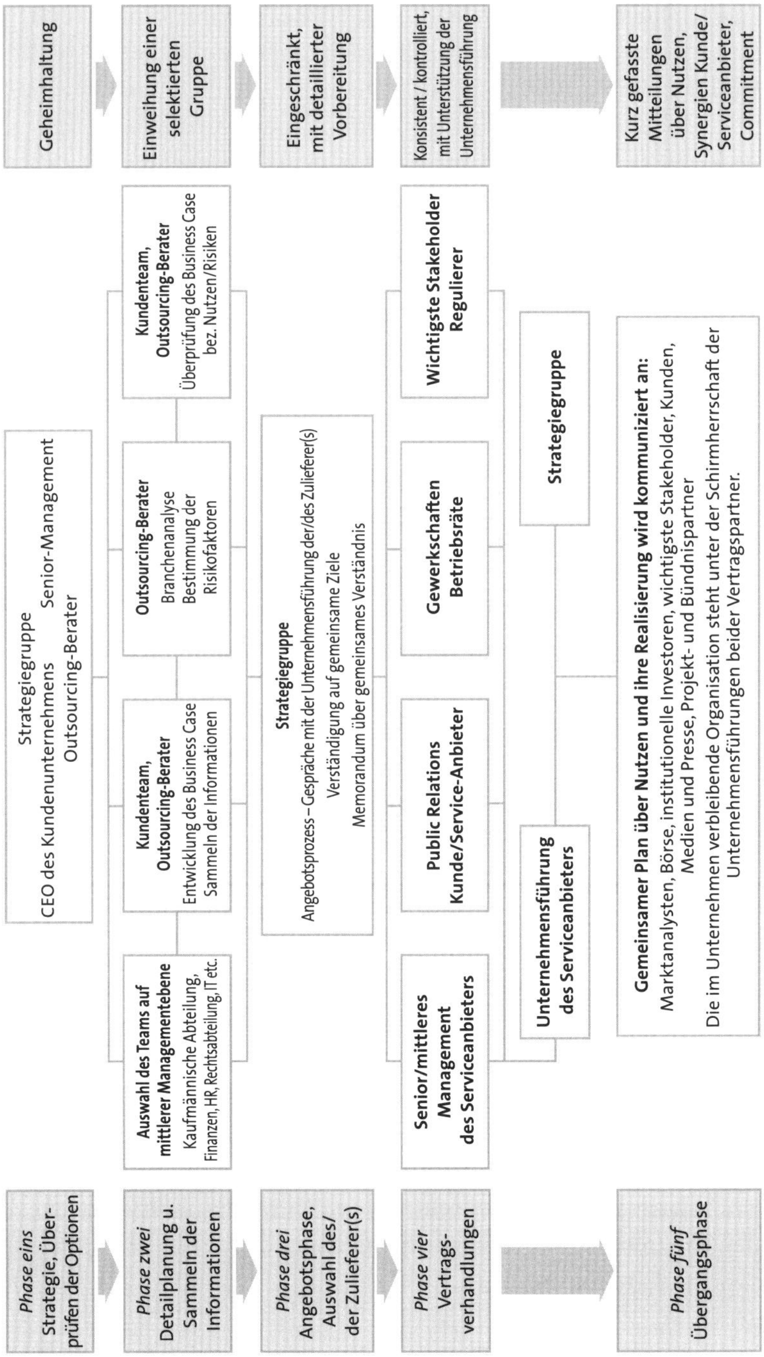

Abbildung 9.2: Das fünfstufige Kommunikationsprogramm

wird und dementsprechend weiter verfahren wird. Die fünfte Phase, die nach der Vertragsunterzeichnung beginnt, ist gekennzeichnet durch eine regelmäßige Kommunikation auf der Grundlage der Anfangsinvestitionen in die Vereinbarung und des ursprünglichen Kommunikationsansatzes.

Zeitplanung und einheitliche Ausrichtung

Zwei Kräfte werden im Verlauf dieses fünfstufigen Prozesses einen besonders starken und anhaltenden Druck ausüben. Die eine ist die Zeit, da die Kommunikationsstrategie idealerweise möglichst bald nach der Endauswahl des zukünftigen Outsourcing-Partners einsetzen sollte. An diesem Punkt werden Angst, Ungewissheit und Zweifel in der Belegschaft am ausgeprägtesten sein. Wenn über die grundlegenden Prinzipien der Kommunikationsstrategie innerhalb von drei bis vier Wochen nach der endgültigen Auswahl eines Outsourcing-Anbieters noch keine Einigung erzielt wurde, dann sollte sich der CEO fragen, woran das liegt.

Der zweite Druck entsteht durch den Bedarf an einer einheitlichen Ausrichtung und Konsistenz durch alle Kanäle, geografische Regionen und beide Partnerorganisationen. Egal wer eine Frage stellt – sei es die Unternehmensniederlassung in Frankfurt oder die Unternehmenszentrale des Zulieferers in den USA –, die Antwort muss immer gleich lauten. Andererseits sollten die IR/PR-Teams und die Berater beider Partnerorganisationen zusammenarbeiten und sich absprechen – woran sie kulturell bedingt nicht gewöhnt sind. Diese einheitliche Ausrichtung muss von der Unternehmensführung gesteuert werden, idealerweise indem jeweils einem Mitglied der Vorstände der beiden Partnerunternehmen die ausdrückliche Verantwortung für den Erfolg der Kommunikationsstrategie übertragen wird und dieser Verantwortliche an allen täglichen Zusammenkünften des Kommunikationsteams teilnimmt, das aus Mitgliedern beider Partnerorganisationen gebildet wurde.

Wenn Blockaden entstehen – zum Beispiel weil sich die IR-Teams weigern, miteinander zu sprechen, oder der Verantwortliche für die Asien-Pazifik-Region des Kundenunternehmens beschließt, dass die Kommunikation nicht so wichtig ist –, sind unter Umständen Sanktionen notwendig. Darüber hinaus muss das Team ein wachsames Auge auf die Presse haben, in dem Wissen, dass schon ein kleiner Ausrutscher oder eine einzige negative Story in einem Wirtschaftsmagazin eine ganze Welle an Befürchtungen und Fragen in der Belegschaft auslösen kann.

Technologien können wertvolle Unterstützung für die notwendige einheitliche Ausrichtung leisten. Gemeinsame Websites, zentrale Q&A-Listen, sichere Intranets, zielgruppenorientierte, akkurate Verteilerlisten und regelmäßige Mitteilungen per E-Mail tragen allesamt dazu bei, dass alle über die aktuellen Entwicklungen im Bilde sind und sich an Inhalt und Wortlaut der Botschaften halten. Die zu beantwortenden Fragen reichen weit über die Themen hinaus, mit denen man üblicherweise rechnen würde. Bei einer vor Kurzem erfolgten globalen Outsourcing-Initiative bezogen sich nur 30 Prozent der Fragen der Mitarbeiter auf Personalthemen wie Gehälter und Sozialleistungen. Zwei Drittel hatten dagegen mit Outsourcing allgemein zu tun und nicht selten wurden die Kompetenzen des Outsourcing-Anbieters infrage gestellt.

Kommunikationskanäle für die Stakeholder

Wenn der Kern des Programms feststeht, müssen die Botschaften zielgruppengerecht aufbereitet und über die verschiedenen Kanäle gesendet werden. Ein schneller Start der internen Kommunikation ist ganz eindeutig eine Priorität, da sich die Auswirkungen von Ungewissheit und Unzufriedenheit mit der Zeit potenzieren und die Gerüchteküche überzukochen droht, und das kann dem Projekt massiven Schaden zufügen. Wenn die Mitarbeiter der ausgelagerten Funktion an den Outsourcing-Anbieter transferiert werden, hat es sich bewährt, mit Betriebsversammlungen für je 100 Mitarbeiter zu beginnen und diese Veranstaltungen anschließend sukzessive auf 50 oder 25 Teilnehmer zu verkleinern, bis hin zu Vier-Augen-Gesprächen mit dem jeweiligen neuen Vorgesetzten. Es ist jedoch wichtig, sich darüber bewusst zu sein, dass die großen Unterschiede in den Arbeitnehmergesetzen – denken Sie nur an die „Hire and fire"-Kultur in den USA und in Asien im Vergleich zu der europäischen Betriebsratskultur – das Spektrum der möglichen Aussagen des Managements in verschiedenen geografischen Regionen enger oder breiter gestalten kann.

Nichtsdestotrotz gelten einige Prinzipien überall. Es ist zwingend notwendig, dass Mitglieder *beider* Vertragspartner an den Workshops teilnehmen und dass sich der Repräsentant des Outsourcing-Anbieters kulturell auf der richtigen Wellenlänge befindet und über ausreichende Kenntnisse der Landessprache verfügt, um mit den unvermeidlich aggressiven Fragen der Mitarbeiter richtig umgehen zu können. Es ist außerdem zwingend notwendig, nichts zu beschönigen. Menschen können akzeptieren, dass man ihnen sagt, ihnen stünde ein hartes Jahr bevor, dass sich ihre langfristigen Karriereaussichten dafür aber verbessern. Was sie nicht akzeptieren können, ist das Gefühl, belogen zu werden. Und wenn über Themen wie betriebliche Altersversorgung und Sozialleistungen noch nichts entschieden wurde, dann ist es nicht sinnvoll, so zu tun, als seien diese Fragen schon beantwortet.

Die IR- und PR-Mitteilungen werden über die etablierten Kanäle der beiden Unternehmen und in enger Abstimmung mit dem zentralen Kommunikationsteam und den IR-/PR-Kollegen des Partnerunternehmens an die entsprechenden Zielgruppen versendet. Gleichermaßen werden die Spezialisten für Corporate Affairs oder regulatorische Fragen die Botschaft, falls nötig, an die entsprechenden Regierungs- und Regulierungsbehörden weiterleiten. Das kann unter Umständen eine zeitliche Koordination von aktienkurssensiblen Mitteilungen zwischen der Unternehmenszentrale des Zulieferers (zum Beispiel USA) und der Zentrale des Kundenunternehmens in Asien oder Europa erfordern. Zudem können sich günstige Gelegenheiten zur Koordination und gegenseitigen Befruchtung der Botschaften zwischen den verschiedenen Kanälen und Stakeholdern ergeben. Zum Beispiel könnten beide Unternehmen zur Stützung ihrer Aktienkurse institutionelle Investoren mit einer Botschaft ansprechen wollen, aber beide Partner scheuen möglicherweise davor zurück, sich direkt an diese Zielgruppe zu wenden. Die Lösung könnte darin liegen, einen Forschungsbericht einer Universität zu finanzieren, der die gewünschte Botschaft enthält, diesen Bericht anschließend an die Presse weiterzuleiten und die Botschaft auf diese Weise den Investoren nahezubringen.

Am ersten Tag und danach

Wie beim täglichen Management der Outsourcing-Vereinbarung und der Beziehung ist der „Tag eins“ der ausgelagerten Funktion nicht das Ende der Kommunikationsstrategie, sondern vielmehr der Beginn eines neuen, ständigen Kommunikationsprozesses. Wichtig für den ersten Tag und die Zeit danach ist die Gewährleistung einer regelmäßigen Kommunikation –

eine Anforderung, die zunächst hoch erscheinen mag, da das Management hauptsächlich mit der Überwindung der Anlaufschwierigkeiten und der Umsetzung der Vereinbarung im Unternehmen beschäftigt ist. Eine dauerhafte, kontinuierliche Kommunikation ist aber besonders bei Outsourcing-Initiativen mit Transformationscharakter wichtig, bei denen es besonders auf die Berichterstattung über die Verbesserung der Performance und auf interne HR-Botschaften ankommt.

Zusammenfassend lässt sich sagen, dass die Schlagworte für die Kommunikation rund um eine Outsourcing-Initiative nicht kompliziert sind. Dazu gehören:

- auf den Führungsebenen beider Seiten: unterstützender Rückhalt, Bemühung um Unterstützung und Commitment
- die Akzeptanz, dass die Risiken real und Investitionen zu ihrer Reduzierung nötig sind
- eine Einigung auf konsistente Botschaften und eine Strategie zu ihrer Vermittlung
- die Identifizierung der zentralen internen und externen Meinungsbildner sowie die Verbreitung der entsprechenden Informationen über die entsprechenden Kanäle
- die Erwartung und Behandlung breiterer Befürchtungen, die zwangsläufig auftreten und oft eine direkte Involvierung der Unternehmensführung erfordern
- eine Synchronisierung und Kooperation über beide Unternehmen und auf allen Ebenen
- eine auf den Outsourcing-Vertrag zentrierte Kommunikation, die als Fundament für zukünftige laufende Informationen über den aktuellen Stand der Dinge dient

Diese Bedingungen lassen sich ziemlich einfach kommunizieren. Wie so oft liegt die Herausforderung in der Entwicklung der richtigen Botschaft, ihrer Feinabstimmung und ihrer Übermittlung.

Unser Dank geht an Stephen Francis von EDS und Rachel Hirst von Hogarth PR.

Spezialthema 4: **Human Resources und die damit verbundenen Probleme**

Wenn uns ein Unternehmen oder eine Organisation einen klar konturierten Business Case vorlegen kann, der nicht nur die finanziellen Gewinne, sondern auch alle Risiken des Offshorings und ihre echten Kosten berücksichtigt (Remote-Management, Auswirkungen auf die Arbeitsmoral und auf alle Stakeholder, nicht nur auf die Shareholder), dann haben die Gewerkschaften grundsätzlich nichts dagegen. Wenn aber die einzige Begründung die Kostensenkung ist, dann werden Unternehmen ständig von einem Entwicklungsland ins nächste hetzen, immer auf der Suche nach dem neuesten Billigstandort.

– Dai Davies, Director of Communications, UNIFI

Überblick

Wenn Sie das Konzept und die Prinzipien eines M&A-ähnlichen Ansatzes auf eine Outsourcing-Vereinbarung anlegen, wird klar, dass die Implikationen der Human Resources zu den wichtigsten überhaupt gehören. Der richtige Umgang mit diesem Thema ist auf jeden Fall eine gute Grundlage für das Gelingen der Outsourcing-Vereinbarung. Durch die entscheidende Bedeutung des Themas HR wird schon die Wahl des richtigen Ansatzes zu einer Herausforderung. Das liegt daran, dass CEO und Vorstand bei diesem Thema allzu schnell auf die offenkundigen Bereiche wie Redundanzen, Schwierigkeiten mit den Gewerkschaften, Reallokation der Mitarbeiter, Sozialleistungen (inklusive der betrieblichen Altersversorgung) und den zukünftigen Personalbestand der ausgelagerten Funktion fixiert sind.

Ganz eindeutig sind das wichtige Fragen. Der Lösung besteht jedoch darin, sie im Kontext der Outsourcing-Vereinbarung als Ganzes, nicht isoliert davon, zu betrachten. Ein wirklich erfolgreiches Management der HR-Aspekte hängt von der Fähigkeit des Vorstands ab, die Auswirkungen des Outsourcings auf HR-Fragen aus einer „Weitwinkel-Perspektive" zu betrachten, um dadurch zu gewährleisten, dass die vielfältigen Faktoren der

Bereiche Systeme, Prozesse und Mitarbeiter alle vollständig aufeinander abgestimmt sind, von beiden Seiten steuerbar sind und sich im Gleichgewicht befinden. Damit die gesamten Nutzen erzielt werden können, sollte jeder Faktor in einer integrierten Lösung eine angemessene Rolle spielen. Zum Beispiel wird ein einseitiger Fokus in einer bestimmten Phase auf eine drastische Senkung der Personalkosten unter Vernachlässigung der Auswirkungen einer solchen Maßnahme auf die Servicelevels wahrscheinlich zu einem Scheitern der Outsourcing-Initiative führen.

Stellen Sie HR in den richtigen Kontext, und zwar auf Vorstandsebene

Warum ist HR von so entscheidender Bedeutung und dennoch mit so vielen anderen Aspekten verknüpft? Die finanziellen und synergetischen Nutzen für Ihr Unternehmen haben ganz eindeutig eine zentrale Bedeutung für den Erfolg eines jeden geplanten Outsourcing-Projekts. Aber wie auch bei M&A sind es die HR-Aspekte, die in letzter Instanz bestimmen, bis zu welchem Grad sich diese Nutzen erzielen lassen und die letztendlich über Erfolg oder Misserfolg entscheiden.

In diesem Sinne ist es unverzichtbar, dass sich der Vorstand während der Planungsphase eine geraume Weile mit den HR-Fragestellungen beschäftigt. Angenommen, es gibt eine überzeugende Begründung für Outsourcing im strategischen Wert der Vereinbarung, dann gibt es einen ebenso eindeutigen Bedarf an Quantifizierung und Verständnis der Rollen und Verantwortlichkeiten – während der Übergangsphase und der Zeit danach – in Bezug auf das Humankapital, von dem sich das Unternehmen trennt, sowie die Beschaffenheit der Kosten und Nutzen, die infolgedessen an den Outsourcing-Anbieter transferiert werden.

Bewahren Sie die Dienstleistungsorientierung!

Dieses Verständnis ist aus Sicht des Zulieferers von ebenso entscheidender Bedeutung. Allzu oft sehen Unternehmen, die Outsourcing in Erwägung ziehen, in einer solchen Initiative – bewusst oder unbewusst – eine Gelegenheit, sich einiger leistungsschwacher Mitarbeiter zu entledigen, indem sie diese an ihren Outsourcing-Partner weiterreichen.

Das ist eine extrem kurzsichtige Sichtweise und ein grundlegender Fehler, der folgenden – inzwischen verpönten – „My mess for less"-Ansatz beim Outsourcing widerspiegelt: „Ich bekomme zwar weiterhin dasselbe Chaos, aber zahle dafür weniger." Die Mitarbeiter, die an den Serviceanbieter ausgelagert werden, mögen zwar von der Gehaltsliste des Kundenunternehmens verschwinden, aber sie sind nach wie vor Teil dessen Ökosystems. Sie sitzen unter Umständen sogar weiterhin am selben Schreibtisch, nur dass sie ihre Gehaltsabrechnung nun nicht mehr von ihrem bisherigen Arbeitgeber, sondern von dessen Outsourcing-Partner erhalten. Wenn sich diese Mitarbeiter von der Art und Weise, wie der Übergang vollzogen wird, übergangen und entrechtet fühlen und sie ihre Loyalität sowie den Wunsch, dem Kundenunternehmen zu dienen, verlieren, ist das ein Problem für alle, nicht nur für den Outsourcing-Anbieter.

Wie Sie hochrangige Personalmanager involvieren

Die Herausforderung besteht folglich darin, die Mitarbeiter so zu transferieren und zu integrieren, dass ihr Engagement für das und ihre Identifikation mit dem Kundenunternehmen neu belebt und gestärkt werden. Ein zentraler Aspekt ist eine Kommunikationsstrategie, mit der die betroffenen Mitarbeiter frühzeitig offen angesprochen und eingebunden werden. Die Mechaniken einer solchen Kommunikationsstrategie werden in dem Spezialthema „Fragen der Kommunikation" näher beleuchtet.

Gleichermaßen wichtig ist die Involvierung hochrangiger Personalmanager, die Einbindung ihrer Erkenntnisse und Erfahrungswerte bezüglich der spezifischen Sorgen der Mitarbeiter – Arbeitsplatzsicherheit, Sozialleistungen, Altersversorgung etc. – und die anschließende Diskussion dieser Erkenntnisse mit dem Outsourcing-Anbieter, damit ein gemeinsamer Ansatz zur Bewältigung der Übergangsphase, zur Akklimatisierung und zur Übertragung von Gehältern und Sozialleistungen entwickelt werden kann. Auf diese Weise ist das Kundenunternehmen in der Lage, Probleme noch vor ihrer Entstehung vorwegzunehmen, den betroffenen Mitarbeitern zu demonstrieren, dass sie nach wie vor wichtig für das Unternehmen sind, und es hilft beiden Partnern dabei, die richtigen Mitarbeiter auf die richtige Weise anzusprechen. Der Vergütungsausschuss oder das Budgetaufsichtsgremium werden höchstwahrscheinlich zentral in die Untersuchung der langfristigen personalrelevanten und finanziellen Implikationen aller Entscheidungen involviert sein, die in Bezug auf Gehälter, Altersversorgung und andere Sozialleistungen getroffen werden.

Eine weitere wichtige – aber schwierige – Herausforderung besteht darin, den Mitarbeitern während des Prozesses Wahlmöglichkeiten zu bieten. Diejenigen, die bleiben – sowohl in der verbleibenden Organisation des Kundenunternehmens als auch in der ausgelagerten Funktion –, sollten diejenigen sein, die auch wirklich bleiben wollen und sich bewusst dafür entschieden haben. Zu gewährleisten, dass die richtigen Mitarbeiter bleiben, ist in gewisser Hinsicht eine Kunst, die ein hoch entwickeltes Urteilsvermögen und einschlägige Erfahrung erfordert. Mit einer klaren Planung und der Entwicklung und Vermittlung der richtigen Botschaften vom ersten Tag an lassen sich die Erfolgsaussichten jedoch erheblich verbessern.

Personalabbau: Wann die Alarmglocke schrillen muss

Wir haben bereits die Notwendigkeit betont, dass die Fragestellungen bezüglich HR im Gesamtkontext all der miteinander in Wechselbeziehung stehenden Elemente der Outsourcing-Initiative betrachtet werden müssen. Das gilt besonders für Outsourcing-Projekte, bei denen der Personalabbau als einer der Hauptnutzen präsentiert wird.

Die treibende Kraft hinter diesem Fokus ist meist das Kundenunternehmen und das spiegelt im Allgemeinen einen Mangel an gemeinsamer Überlegung auf Vorstandsebene wider. Das Unternehmen könnte seinen Outsourcing-Partner zum Beispiel auffordern, alle relevanten Mitarbeiter zu übernehmen und beispielsweise über einen Zeitraum von acht Jahren einen besseren Service zu einem niedrigeren Preis zu erbringen. Nun glaubt der Vorstand, einen Weg gefunden zu haben, um seine Nutzen noch weiter zu erhöhen, und verlangt von seinem Outsourcing-Partner, die Zahl der Mitarbeiter in den ersten fünf Jahren um die Hälfte zu reduzieren und diese Kostensenkung an das Kundenunternehmen weiterzureichen.

Jetzt sollten auf beiden Seiten die Alarmglocken schrillen. Ein CEO, CFO oder jedes andere Vorstandsmitglied, das einen Outsourcing-Plan sieht, der auf einem kontinuierlichen Personalabbau bei gleichzeitiger Verbesserung der Servicelevels fußt, sollte unverzüglich Aufschluss über weitere

Details verlangen. Wie soll dieser Zaubertrick funktionieren? Indem mehr Wert durch Software erzielt wird? Serverkonsolidierung? Eine bessere Nutzung der vorhandenen Mitarbeiter? Offshoring? Oder dadurch, dass man die Daumen drückt und hofft, es werde sich schon eine Lösung finden?

Planen – nicht hoffen

Es überrascht nicht, dass Daumendrücken keine Basis für eine Outsourcing-Vereinbarung ist. Bei der Darstellung, wie die angestrebten Nutzen erzielt werden sollen, sollte die ganze Palette an Faktoren – Technologie, Prozesse, Management Standort – beim Humankapitalmanagement berücksichtigt werden. Wenn die Zahlen nicht zum gewünschten Ergebnis führen, dann wird das auch die Outsourcing-Vereinbarung nicht tun.

Die beste – und unserer Überzeugung nach einzige – Methode, um zu gewährleisten, dass solche Fallstricke vermieden werden, besteht darin, dass die Vorstände beider Unternehmen sich frühzeitig und ganzheitlich auf HR-Fragestellungen konzentrieren. Zwar ist es wichtig, die juristischen Details hinsichtlich des Ausscheidens von Mitarbeitern, ihrer Versetzung oder ihres Transfers an das Partnerunternehmen richtig aufzusetzen, aber das sind Mittel zum Zweck. Sie ermöglichen einen ausgewogenen Ansatz zur Verankerung der Nutzen, indem das HR-Management mit finanziellen und systembezogenen Erwägungen in Einklang gebracht wird.

Unser Dank geht an Dan Brennan von EDS

Spezialthema 5: **Steuerliche Fragen**

Ich denke, Unternehmen müssen so effizient wie möglich agieren. Wir treffen also aus Effizienzgründen die Entscheidung, unser Rechenzentrum nach Texas zu verlegen. Wir stellen Mitarbeiter in Indien an. Wenn wir richtig gute Entscheidungen treffen, werden wir viel Geld verdienen. Die Regierung nimmt uns anschließend wieder viel Geld weg. Sie nimmt es in Form von Steuern. Es ist die Aufgabe der Regierung, dieses Geld zu nehmen. Je mehr Geld wir einnehmen, desto mehr Geld nimmt die Regierung ein. Die Regierung sollte daher nicht verärgert darüber sein, dass wir Geld verdienen. Sie macht dabei auch ihren Schnitt.

– Larry Ellison, CEO, Oracle Corporation

Überblick

Beim IT-Outsourcing nimmt die Bedeutung des Themas Steuern ständig zu. In vielen Ländern favorisieren Regierungen Unternehmen, die sich als gute Steuerzahler erweisen und die ihrer Meinung nach auf angemessene Weise zum gesellschaftlichen Gefüge des Landes beitragen, in dem sie agieren. Unternehmen, die outsourcen wollen, konzentrieren sich heutzutage nicht nur auf die „realen" Kosten des Outsourcings nach Steuern – gemessen am Gewinn pro Aktie und am Cashflow –, sondern auch auf die sich daraus ergebenden Möglichkeiten zur Steuerersparnis.

In diesem Kapitel wollen wir aus britischer Sicht die zwingenden Notwendigkeiten und Möglichkeiten der Steuerumgebung untersuchen, die mit IT-Outsourcing in jeder Phase des Outsourcing-Prozesses verbunden sind. Wenngleich dieser Beitrag aus einem britischen Blickwinkel geschrieben ist, sind die Prinzipien und Schwerpunkte global relevant. Selbstverständlich würde jeder anständige IT-Outsourcing-Anbieter diese Untersuchungen als Bestandteil der normalen Due Diligence zur Erörterung solcher Steuerfragen betrachten.

„Greenfield"-Outsourcing

Ein Greenfield-Outsourcing beginnt üblicherweise mit einem Benchmarking der internen IT-Abteilung gegenüber externen Anbietern, um so eine Einschätzung der relativen Kosten und Nutzen zu erhalten. Die damit verbundenen steuerlichen Kosten und Nutzen werden dabei oft übersehen. Für Finanzdienstleister kann dies besonders schwierig sein, weil ihre derzeitigen Managementinformations- und Berichtssysteme die nicht abziehbaren Umsatzsteuerkosten oftmals nicht mit ausreichender Präzision zuordnen können, sodass sich keine echten Vergleiche anstellen lassen.

Die Entscheidung für ein Outsourcing wird oft während des Verkaufs verschiedener Vermögenswerte aus der internen IT-Abteilung getroffen, bei gleichzeitigem Transfer der betroffenen Mitarbeiter an den neuen Serviceanbieter. Je nach Steuerprofil des Verkäuferunternehmens lassen sich an diesem Punkt erhebliche Steuervorteile in Form steuerfreier Gewinne aus dem Verkauf von Vermögenswerten wie IT-Ausrüstung, Grund und Boden und Gebäuden erzielen. Selbstverständlich sollten Transaktionssteuern – in Großbritannien zum Beispiel Grunderwerbsteuern und Grundsteuern – bei solchen Maßnahmen einkalkuliert werden.

Outsourcing-Projekte, die sich über mehrere Länder erstrecken

Outsourcing-Projekte, die sich über mehrere Länder erstrecken, bergen ihre ganz eigenen Chancen und Risiken. Da die Steuerbehörden auf der ganzen Welt ihre Steuergesetzgebung so gestalten, dass ihre Steuereinnahmen geschützt werden, sollten Outsourcing-Anbieter sicherstellen, dass jede grenzüberschreitende Outsourcing-Vereinbarung den jeweiligen örtlichen Gesetzen und Regulierungen voll und ganz entspricht. Preis- und Rechnungsstellungsverfahren sind für die Gewährleistung einer zufriedenstellenden und nachweisbaren Erfüllung der lokalen Gesetze absolut kritisch. Bestehende Vereinbarungen zwischen Unternehmen sind inzwischen einer Vielzahl von Compliance- und Berichtsverpflichtungen unterworfen, deren Kosten gern übersehen werden. Mit richtig strukturierten Outsourcing-Verträgen lassen sich diese versteckten Gemeinkosten eliminieren.

In diesem Kontext kann ein weiterer Vorteil der Zusammenarbeit mit einem globalen Serviceanbieter sein, dass die Kosten für die Verrechnung von Steuern innerhalb der Gruppe entfallen, die durch die gesetzliche Vorgabe entstehen, dass die Rechnungsstellung durch eine zentrale interne IT-Abteilung erfolgen muss. Ein Outsourcing-Anbieter mit einer wirklich globalen Reichweite kann diesen Service auf lokaler Ebene bieten und diese internen Steuerverluste somit potenziell eliminieren.

Die langfristige Perspektive

Viele Unternehmen, die ein Outsourcing-Projekt in Angriff nehmen, setzen für die Zeit der Vertragsverhandlungen Berater ein. Das tun sie in dem Glauben, dass sie damit nicht nur für eine zufriedenstellende Erfüllung ihrer steuerlichen Pflichten über die gesamte Vertragslaufzeit sorgen, sondern auch ihre Chancen maximieren.

Angesichts der Tatsache, dass viele Outsourcing-Vereinbarungen aber oft über fünf Jahre oder länger abgeschlossen werden, ist die ausschließliche Fokussierung auf den Vertragsbeginn oft ein zu optimistischer Ansatz. Das liegt erstens daran, dass sich der Umfang und die geografische Reichweite des Unternehmens, das externe IT-Unterstützung in Anspruch nimmt, während der Vertragslaufzeit verändern werden, da Unternehmen sich entweder von überflüssigen oder strategisch unwichtigen Bereichen trennen und/oder neue Wachstumsmotoren dazukaufen. Und zweitens leben wir in einem dynamischen regulatorischen und steuerlichen Umfeld, das als Reaktion auf politische und budgetäre Zwänge ständig nachjustiert wird.

Was eigentlich nötig ist, ist ein kontinuierlicher Dialog über die gesamte Vertragslaufzeit. Aus diesem Grund sind renommierte Outsourcing-Anbieter nicht nur bestrebt, das Thema Steuern in ihre Haftungsklauseln für Unternehmensumwandlungen aufzunehmen, sondern in ihren Handelsverträgen auch separate Klauseln über eine steuerliche Kooperation zu empfehlen. Die weniger entwickelten beziehungsweise steuerlich weniger stabilen Länder bieten hier besondere Risiken – man betrachte nur den Beitritt der neuen Mitgliedstaaten zur EU und die Reformierung ihrer Steuersysteme als Voraussetzung für die EU-Mitgliedschaft.

Mehrwertsteuer: ein heikles Thema

Ein interessantes Thema ist diesbezüglich das Verfahren vor dem Europäischen Gerichtshof, das Accenture im März 2005 verloren hat. Dabei ging es im Rahmen der *Richtlinie über die Harmonisierung der Rechtsvorschriften der Mitgliedstaaten über die Umsatzsteuern* um die Auslegung der einheitlichen steuerpflichtigen Bemessungsgrundlage für ausgelagerte Backoffice-Tätigkeiten einer Versicherungsgesellschaft. Zwar herrschte in Großbritannien allgemeiner Konsens darüber, dass extern erbrachte Serviceleistungen dieser Art als zu Versicherungsumsätzen gehörende Dienstleistungen von der Mehrwertsteuer befreit seien, die niederländischen Steuerbehörden teilten diese Sichtweise jedoch nicht. Das Verfahren wurde nach langwierigen Verhandlungen schließlich zugunsten der niederländischen Steuerbehörden entschieden.

Zur Zeit der Entstehung dieses Buches werden zahlreiche Versicherungsgesellschaften Outsourcing-Verträge auf der Grundlage, dass die unter diesem Vertrag ausgelagerten Serviceleistungen nicht der Umsatzsteuerpflicht unterliegen, geschlossen haben. Dieses jüngste Urteil, von dem viele erwarten, dass es in manchen Bereichen des Versicherungs-Outsourcings zu einer zukünftigen Umsatzsteuerpflicht führen wird, wird auf mindestens einen der beiden Vertragspartner dramatische Auswirkungen haben. Um zumindest die Verluste aus solchen Entwicklungen zu minimieren und im besten Fall eine Win-win-Situation herbeizuführen, ist ein Bekenntnis beider Partner zur steuerlichen Kooperation gleich zu Beginn der Vertragsbeziehung ein entscheidender Faktor. Die Erosion des Aktienkurses aufgrund mangelhafter Planung und Berücksichtigung der steuerlichen Auswirkungen eines sonst erfolgreichen Outsourcing-Projekts ist ganz eindeutig eine verpasste Chance.

Wenn es zu Ende geht ...

Wie es so schön heißt, sind im Leben nur zwei Dinge sicher – der Tod und Steuern. Dieses Sprichwort sollte nicht in Vergessenheit geraten, wenn der Vertrag seinem natürlichen Ende zugeht.

Der Serviceempfänger steht vor einer Reihe ganz unterschiedlicher Entscheidungen. Sollte der Vertrag mit dem derzeitigen Serviceanbieter verlängert werden? Sollte der ausgelagerte Bereich wieder in das Unternehmen integriert oder einem anderen Serviceanbieter übertragen werden? Die Kosten, die mit diesen Entscheidungen verbunden sind, haben steuerliche Auswirkungen auf alle Beteiligten.

Die Fragen multiplizieren sich, je nach den genauen Umständen der Vertragsbeendigung. Bleibt die bisher umsatzsteuerbefreite Erbringung der Serviceleistung weiterhin steuerbefreit, wenn der ausgelagerte Service schrittweise wieder ins Unternehmen zurückgeholt wird? Werden alle Zahlungen im Zusammenhang mit der Vertragsbeendigung für den Zahler Steuerermäßigungen bringen oder werden sie vielmehr zu einer Umsatzsteuerbelastung führen? Wird der Rücktransfer von an den Outsourcing-Partner geleasten Immobilien Grunderwerbs- und Grundsteuern auslösen? Was geschieht mit den Steuerermäßigungen auf das Immobilieninventar? Alle diese Faktoren erfordern eine sorgfältige Analyse, damit gewährleistet ist, dass die Gesetze eingehalten und die Chancen maximiert werden.

Bei dem Thema Besteuerung sollte eine Outsourcing-Vereinbarung genau wie bei den anderen Aspekten grundsätzlich als eine Partnerschaft zwischen dem Serviceanbieter und dem Kundenunternehmen betrachtet werden, deren beiderseitige Nutzen – steuerlich betrachtet – über den gesamten Lebenszyklus der Vereinbarung überwacht und maximiert werden.

Unser Dank geht an Judith Kent von EDS

Kapitel 10

Erfahrungswerte

Anmerkung: Die Fallstudien in diesem Kapitel geben den Stand der Dinge zu dem Zeitpunkt wieder, als die englischsprachige Originalausgabe dieses Buches geschrieben wurde. Auch wenn sich in einigen Fällen bei den beschriebenen Unternehmen einiges getan hat, wurde darauf verzichtet, die Fallstudien zu aktualisieren, da sie trotzdem lehrreich und beispielhaft bleiben für die Aspekte des Outsourcings, welche die Autoren anhand des jeweiligen Fallbeispiels illustrieren wollten.

Fallstudie 1: **Fin-Force**

Die Ausgangssituation

Im heutigen internationalen Bankenumfeld wird der Wettbewerbs-, Kunden-, Kosten- und Konvergenzdruck durch Währungsprobleme und neue grenzüberschreitende Regulierungen noch verstärkt und hat für den Zahlungsverkehr völlig neue Herausforderungen geschaffen. Der Zahlungsverkehr ist auf der ganzen Welt stark von den ständigen Weiterentwicklungen im Bankwesen betroffen. Der Wettbewerb und gesetzliche Vorschriften haben die Konsumenten auf der Kostenseite entlastet, aber den Banken eine zusätzliche Last aufgebürdet. Zwar stellt der Zahlungsverkehr eine Kernkompetenz dar, aber seine Abwicklung kann nur dann eine erstklassige Effizienz halten, wenn er von höchst leistungsfähigen Systemen unterstützt wird, die substanzielle und kontinuierliche Investitionen erfordern.

Um in einem solchen Umfeld die internationale Marktführerschaft zu erreichen oder zu wahren, müssen sich Banken entscheiden, was sie sein und auf welche Gebiete sie sich konzentrieren wollen – und sie müssen für eine zügige Umsetzung dieser Entscheidungen sorgen. Ende der 1990er-Jahre war die belgische Bankengruppe KBC mit diesem dringenden Problem konfrontiert. Die KBC-Gruppe ist in 30 verschiedenen Ländern vertreten und bietet Einzelkunden, Unternehmen und multinationalen Konzernen die gesamte Palette an Finanzdienstleistungen. Das wirtschaftliche Netzwerk umfasst allein in Belgien annähernd 4000 Bankniederlassungen, Versicherungsagenturen und Makler. Die Herausforderung, mit der KBC sich konfrontiert sah, bestand darin, dass es seine Geschäftsabläufe angesichts der sich verändernden finanziellen Realität komplett überdenken musste. In der dynamischen und komplexen Arena des internationalen Bankwesens war KBCs Ziel scheinbar ganz einfach: eine gründliche Analyse der neu entstehenden Bedrohungen, eine Reduzierung des Risikolevels und das Aufspüren und die Ausschöpfung neuer Möglichkeiten.

Es gab einige sehr konkrete strategische Gründe, die KBC zum Handeln veranlassten. Die Bank hatte eine starke Ausgangsposition in der Abwicklung von Transaktionen im internationalen Zahlungsverkehr, da sie im

Europäischen/ECU-Clearing bereits sehr aktiv war. Das bedeutete effektiv, dass sie auf diesem Gebiet oberhalb ihrer Gewichtsklasse boxte und einen beträchtlichen Marktanteil zu verteidigen hatte. Zu diesem Zweck musste sie als Erstes Masse gewinnen und als Zweites aufgrund veränderter Faktoren wie zum Beispiel einer veränderten Regulierung in absehbarer Zeit erhebliche Investitionen tätigen. Kurz gesagt, um ihre Position zu wahren beziehungsweise zu verbessern, musste KBC aktiv werden, und zwar schnell. Die KBC-Gruppe entschied sich zur Gründung des B2B-Dienstleisters Fin-Force, der für KBC und andere Banken Serviceleistungen im internationalen Zahlungsverkehr erbringt.

Die gewählte Lösung

Im Rahmen ihrer Zusammenarbeit im Jahr 2000, kurz nach der Einführung des Euro, erkannten EDS und KBC eine strategische Chance, die beide für umsetzungsreif hielten: die Schaffung einer Tochtergesellschaft zur internationalen Abwicklung von Zahlungsverkehr. Diese Neugründung war aus zwei Gründen dazu prädestiniert, schnell agieren und sich auf diesem Markt einen Pioniervorteil sichern zu können. Erstens verfügte KBC mit seinem International Banking System (IBS) bereits über ein komplettes System für die Abwicklung des internationalen Zahlungsverkehrs. IBS integriert all die Finanzsysteme einer internationalen Branche, von der Buchhaltung über Geldmärkte bis zu Finanzinstrumenten. Zweitens fügte es sich, dass EDS bereits mit der Vorbereitung zur Einführung eines Shared-Service-Modells auf dem Finanzmarkt beschäftigt war, das Kunden eine zentralisierte Backoffice-Unterstützung bieten sollte.

Die Struktur der Vereinbarung

Fin-Force wurde im Januar 2001 als Joint Venture zwischen der belgischen Bank BKC und dem Outsourcing-Anbieter EDS gegründet, wobei die KBC mit 90 Prozent und EDS mit 10 Prozent beteiligt war. Seitdem hat EDS seinen Anteil auf 5 Prozent reduziert. Fin-Force ist eine Einrichtung, die Finanzinstituten auf ihre Bedürfnisse zugeschnittene Backoffice-Serviceleistungen zur Abwicklung des internationalen Zahlungsverkehrs anbietet, und zwar auf White-Label- oder proprietärer Basis. Fin-Force ermöglicht Kundenbanken – darunter auch KBC – das Outsourcing der Abwicklung des internationalen Zahlungsverkehrs und eines weiten Spektrums damit verbundener Dienstleistungen sowie des Managements der dazugehörigen Datenbanken. Seit Beginn des Jahres 2006 erbringt Fin-Force Serviceleistungen für das Transaktionsinstitut für Zahlungsverkehrsdienstleistungen, eine Tochtergesellschaft der deutschen DZ Bank AG, die sich als Teil der Vereinbarung mit 10 Prozent an Fin-Force beteiligte.

Die Geschäftsergebnisse

Die KBC-Gruppe hat aus der Gründung von Fin-Force vielfältige Nutzen erzielt. Das Outsourcing des eigenen internationalen Zahlungsverkehrs an Fin-Force hilft der Bank dabei, die wachsenden Kunden- und gesetzlichen Anforderungen zu bewältigen und gleichzeitig die Auswirkungen der schrumpfenden Margen auf dem Gebiet des internationalen Zahlungsverkehrs auf sein Gesamtergebnis zu eliminieren. Die KBC-Gruppe geht davon aus, dass Fin-Force ihr dabei helfen wird, ihr Geschäft im Zahlungsverkehr in den nächsten Jahren zu vervierfachen.

Bis 2003 – zwei Jahre später – verarbeitete Fin-Force für KBC rund 7,5 Millionen internationale Zahlungstransaktionen pro Jahr. Der Anfangserfolg von Fin-Force überzeugte KBC davon, auch seinen inländischen Zahlungsverkehr an Fin-Force auszulagern, wodurch dessen Verarbeitungsvolumen um gut 300 Millionen Transaktionen jährlich zunahm. Als Teil der Vereinbarung wurden fast 100 Mitarbeiter von KBC an Fin-Force transferiert. Ende 2004 waren die Gesamtausgaben von Fin-Force gegenüber den Ausgaben seines ersten vollen Betriebsjahrs in 2001 um 50 Prozent gesunken.

Als KBC im Jahr 2003 die Abwicklung seines inländischen Zahlungsverkehrs auslagerte, war der KBC-Konzern der einzige Kunde von Fin-Force – ein Umstand, den die Bank dem Mangel an Bereitschaft des internationalen Bankenmarkts zuschrieb, die Abwicklung des Zahlungsverkehrs an einen spezialisierten Anbieter auszulagern. Dieser relativ schleppende Start, was die Gewinnung externer Kunden betrifft, spiegelte außerdem die Tatsache wider, dass der Markt den langfristigen Erfolg eines Outsourcings dieses Bereichs mit Skepsis betrachtete. Die Deutsche Bank zog sich zum Beispiel im Februar 2003 aus ihrem Backoffice-Joint-Venture mit Wall Street Systems – SOCX (Settlement & Operations Clearing eXchange) – zurück und verkaufte ihre Beteiligung in Höhe von 50 Prozent an den Gründungspartner Wall Street System.

Eine Zeit der Nervosität

Pascal Deman, CEO von Fin-Force, gesteht, dass diese Situation und die schleppende Marktreaktion dem Unternehmen eine Zeit der Nervosität bescherten – eine Zeit, die es mithilfe von EDS überwinden konnte. Während des Zeitraums 2002 bis 2003, als Fin-Force für KBC bereits große interne Nutzen erzielte, aber anscheinend nicht in der Lage war, das Vertrauen von Drittkunden zu gewinnen, wurden ernste Fragen laut. „Wir hatten in sehr kurzer Zeit dramatische Kostensenkungen realisiert, die KBC dabei halfen, seine internen Ziele zu erreichen", erinnert sich Deman. „Das versetzte KBC in die Lage, sich erfolgreich gegenüber einigen der großen Anbieter im Clearing-Geschäft zu behaupten. Aber nach rund 18 Monaten waren wir über die mangelnde externe Reaktion doch ein wenig frustriert. Die Kosten sanken, aber es kamen dennoch keine neuen Kunden hinzu."

Der Vorstand von KBC rückte jedoch nicht von seiner Überzeugung ab, dass Fin-Force über ein solides Geschäftsmodell verfügte und seine Effizienz auch weiterhin unter Beweis stellen und somit in der Zukunft ein breiteres Kundeninteresse wecken würde.

„Die Beziehung zu unserem Partner war für die Überwindung dieser Phase sehr wichtig", so Deman. „Das EDS-Team arbeitete eng mit dem KBC-Vorstand zusammen, um zu betonen, dass es sich bei der Neugründung um einen langfristigen strategischen Schritt handelte, dass sie wussten, wie er funktionieren könnte, und dass der Plan durch frühere Erfahrungen sowohl im britischen als auch im US-Markt unterstützt wurde. Sie sagten, der Zahlungsmarkt würde in Kontinentaleuropa unweigerlich dasselbe Reifestadium erreichen, und jetzt erweist sich ihre Überzeugung als richtig. Zwar vertrat die Unternehmensführung von KBC dieselbe Auffassung, aber die Überzeugungskraft von EDS lag in der Tatsache, dass es bereits über greifbare Erfahrung auf diesem Gebiet verfügte."

Die Strategie hat sich bestätigt

Dieses Vertrauen wurde im März 2005 mit der Ankündigung belohnt, dass KBC einen Vertrag über die Kombination seiner Zahlungsverkehrsaktivitäten mit denen der DZ Bank AG, Deutschlands fünftgrößter Bankengruppe, abgeschlossen hatte. Durch die Kombination der 328 Millionen

Transaktionen pro Jahr bei Fin-Force mit den mehr als 3 Milliarden (hauptsächlich inländischen) Transaktionen des Transaktionsinstituts für Zahlungsverkehrsdienstleistungen (TZD) der DZ Bank AG entstand in Europa eine neuer, leistungsfähiger Finanzdienstleister auf dem Gebiet des internationalen Zahlungsverkehrs – der erste seiner Art.

Im Rahmen ihrer Vereinbarung einigten sich die Unternehmen auf die Kombination ihrer Zahlungsverarbeitungseinheiten – KBCs Fin-Force und TZD – mit Beginn des Jahres 2006, wobei TZD alle europainternen Zahlungen für beide Unternehmen und Fin-Force alle anderen internationalen Zahlungen verarbeiten sollte. Die DZ Bank stimmte dem Erwerb einer Beteiligung von 10 Prozent an Fin-Force zu, während KBC 5 Prozent an TZD erwarb. Das kombinierte Unternehmen sollte sowohl Unternehmens- als auch Einzeltransaktionen verarbeiten, was Geldüberweisungen zwischen Bankkonten in verschiedenen Ländern und Währungsumrechnungen beinhaltete. Zu den anvisierten Nutzen gehörten eine Senkung der Abwicklungskosten aufgrund höherer Verarbeitungsvolumina und Marktanteilsgewinne für beide Unternehmen auf ihrem jeweiligen Transaktionsgebiet. Beide Institute verpflichteten sich zudem zur Untersuchung der Möglichkeit, in absehbarer Zukunft eine Lösung für die Abwicklung des innereuropäischen Zahlungsverkehrs auf den Markt zu bringen.

Diese Selbstverpflichtung spiegelte wider, dass es ihnen eindeutig um strategisches Wachstum ging. Die größte treibende Kraft hinter der Partnerschaft zwischen DZ und KBC war ihre gemeinsame Wahrnehmung über die Zukunft der Eurozone. Angesichts der Aussicht, dass die europäische Einheitswährung zu einer Abschaffung der nationalen Systeme führen würde, waren KBC und DZ überzeugt, dass sich der kombinierte Service in der Pole Position befände, um den Markt für integrierte, grenzüberschreitende Services anzuführen. Angesichts der Tatsache, dass dieser Prozess unweigerlich riesige Investitionen in IT-Hard- und Software erfordern würde, fügten die beiden Unternehmen bei der Ankündigung ihrer Vereinbarung hinzu, dass eine wachsende Zahl von Banken in Europa ihre Aktivitäten im internationalen Zahlungsverkehr wahrscheinlich an Spezialisten wie Fin-Force und das Transaktionsinstitut auslagern würde.

Lektionen aus der Outsourcing-Strategie

Pascal Deman, CEO von Fin-Force, führt einen Großteil des Erfolgs von Fin-Force auf die Beziehung zu seinem Outsourcing-Partner zurück, die er „zweifellos eine Partnerschaft - keine transaktionsgebundene Beziehung“ nennt. Und er fährt fort: „EDS hatte die ursprüngliche Vision - zusammen mit KBC. Auch während der schwierigen Zeit gab EDS den Glauben an Fin-Force nicht auf und leistete uns weiterhin Unterstützung. Auch aus einem rein technischen und praktischen Blickwinkel, was Dinge wie Ressourcen und Projektmanagementwissen betrifft, hat EDS während der gesamten Zeit große Unterstützung geleistet - und tut es noch immer. Wir erhalten auch weiterhin aktuelle Einblicke in die Entwicklungen auf dem ICT-Markt. Und Fin-Force ist zu mindestens 50 Prozent ein ICT-Unternehmen.“

Für Deman ist die Schlüssellektion aus dem Joint Venture eindeutig: „Was ich gelernt habe, ist, dass man gelegentlich geduldig sein muss“, so Deman. „Wir waren geduldig. Aber in bestimmten Phasen, so um die Jahre 2002 bis 2003, stellte sich selbst für mich die Frage, ob sich der Markt wirklich jemals bewegen würde. Ich wusste, dass das Unternehmen in die richtige Richtung steuerte und dass es für KBC eine wertvolle Einrichtung war. Aber die ursprüngliche Idee war es, Marktanteile und andere Kunden zu gewinnen. Eine Zeit lang ging ich abends nach Hause und dachte, ob es überhaupt sinnvoll war, weiterhin die Gewinnung externer Kunden zu verfolgen. Manchmal muss man einfach warten, bis der Markt reif ist - und das ist jetzt eingetreten. Wir haben Geduld gezeigt, der Markt hat sich weiterentwickelt - und jetzt bin ich äußerst optimistisch über die Zukunft von Fin-Force.“

Eine abschließende Beurteilung

Trotz der schleppenden Marktakzeptanz in den ersten Jahren nach der Gründung ist es Fin-Force gelungen, die Nutzen deutlich zu machen, die sich aus einer strategischen Outsourcing-Initiative ergeben können - insbesondere einer Initiative, die mit einem Zulieferer des Vertrauens auf Basis gemeinsamer und klar identifizierbarer strategischer Ziele umgesetzt wird. Im Jahr 2000 erkannten KBC und sein Outsourcing-Partner eine potenzielle Lücke am Zahlungsverkehrsmarkt und nahmen sie ins Visier - eine Lücke, von der sie glaubten, dass sie mit der Verbreitung aktueller

Trends im grenzüberschreitenden Zahlungsverkehr zunehmend offensichtlich werden würde. Im Kielwasser der Ankündigung der Vereinbarung mit DZ im Jahr 2005 ist Fin-Force für zukünftiges Wachstum gut positioniert und befindet sich bereits in Gesprächen mit mehreren anderen möglichen Partnern, wobei einige der Verhandlungen schon weit gediehen sind. Insgesamt machen die bisherigen Leistungen von Fin-Force die Rolle deutlich, die Outsourcing dabei spielen kann, wenn es darum geht, einem Unternehmen zur Neuausrichtung in einem sich ständig weiterentwickelnden Markt zu verhelfen, und zwar mit Unterstützung der IT-Stärke, der Ressourcen und des Engagements eines bewährten Zulieferers.

Fallstudie 2: GECIS/Genpact

Die Ausgangssituation

Der multinationale US-Konzern General Electric (GE) gilt auf zahlreichen globalen Geschäftsgebieten seit Langem als Pionier – und sein Einsatz von Offshoring macht da keine Ausnahme. GE war einer der ersten multinationalen Konzerne, der seine Backoffice-Abwicklung, seine Rechenzentren und seine Callcenter mit der Gründung von GE Capital International Services (GECIS) im Jahr 1997 nach Indien auslagerte, um seine gesamten Backoffice-Funktionen in einem Niedriglohnland zentralisieren zu können. Diese Einheit bot Serviceleistungen wie Finanzen und Buchhaltung, Customer Fulfillment, E-Learning und Business Analytics sowie IT-Outsourcing und Softwareentwicklung, wobei Letztere insgesamt annähernd 1000 Geschäftsprozesse aller elf Geschäftseinheiten von GE unterstützten. Im Jahr 2004 war GECIS mit 12.000 Mitarbeitern eine der größten Einheiten dieser Art, die jemals von einem westlichen Unternehmen in Indien aufgebaut worden war.

In den sieben Jahren, in denen GECIS eine hundertprozentige Tochter von GE war, veränderten sich jedoch die Prioritäten. Wenngleich GECIS‘ Serviceleistungen einwandfrei und ihre Erbringung effektiv war und akzeptable Kostenparameter erfüllte, glaubte GE, dass GECIS als unabhängiges Unternehmen mehr Wert generieren würde. Zudem wollte GE mit dem Verkauf von GECIS wertvolles Kapital für andere Vorhaben und Entwicklungen freisetzen, vor allem auf wachstumsstarken Gebieten wie der Sicherheitstechnologie. Das Unternehmen äußerte öffentlich, man gehe davon aus, dass GECIS in der Lage sei, sich als unabhängiges Unternehmen im Markt für ausgelagerte Backoffice-Funktionen zu behaupten – und so suchte GE nach einem Weg, GECIS den Weg in die Unabhängigkeit zu bahnen.

Die gewählte Lösung

Im Dezember 2004 verkündete GE, es habe die angestrebte Lösung erzielt und eine 60-prozentige Beteiligung an GECIS für rund 500 Millionen US-Dollar an ein Konsortium aus zwei Venture-Capital-Investoren verkauft. Laut Plan sollte GECIS aus dem Deal als rekapitalisiertes, unabhängiges

Unternehmen hervorgehen und für Kundenunternehmen auf der ganzen Welt Serviceleistungen bieten, darunter auch GE, das weiterhin Kunde und wichtiger Anteilseigner bleiben würde. GEs Geschichte im Bereich Offshore-Outsourcing macht den Verkauf seiner Mehrheitsbeteiligung an GECIS im Hinblick auf die Entwicklung der Offshore-Industrie besonders bemerkenswert. Anfang der 1990er-Jahre führte Jack Welch, damaliger CEO von GE, die „70:70:70"-Regel für GEs Offshore-Initiativen ein. Das bedeutete, 70 Prozent der Arbeit von GE würde ausgelagert, 70 Prozent davon würden von Offshore-Entwicklungszentren übernommen und 70 Prozent davon würden in Indien beschafft. Über den Daumen gepeilt entspricht das einem Outsourcing von 30 Prozent des Arbeitsvolumens von GE nach Indien.

Die Struktur der Vereinbarung

Im Rahmen des Kaufvertrags erklärten sich General Atlantic Partners, LLC und Oak Hill Capital Partners LP bereit, eine Mehrheitsbeteiligung in Höhe von 60 Prozent an GECIS zu erwerben. Die vereinbarte Struktur sah vor, dass GE weiterhin 40 Prozent halten würde und die beiden Private-Equity-Unternehmen jeweils 30 Prozent übernehmen würden. Nach dem Verkauf sollte GECIS im Rahmen eines mehrjährigen Vertrags auch weiterhin Serviceleistungen für GE erbringen, wobei GE nicht nur die bisherigen, sondern noch weitere Leistungen in Anspruch nahm. GECIS baute darüber hinaus weiterhin sein globales Portfolio an externen Kunden für BPO-Outsourcing aus.

Die Geschäftsergebnisse

Seit GE seine Mehrheitsbeteiligung an GECIS an zwei Venture-Capital-Gesellschaften verkauft hat, hat GECIS' Position ständig an Stärke gewonnen. Mit dem Verkauf ging auch eine Umbenennung des Unternehmens von GECIS in Genpact einher, um das Markenversprechen deutlicher zu machen. Mit Beginn des ersten Halbjahres 2005 wird eine Umsatzsteigerung um mehr als Doppelte auf rund 1 Milliarde US-Dollar bis 2007/2008 erwartet. Es besteht zudem die Erwartung, dass Genpact angesichts seines schnellen Wachstums auf seinem Heimatmarkt und in China innerhalb von drei Jahren an die Börse geht. Gleichzeitig plant Genpact im selben Zeitraum eine Verdoppelung seiner Belegschaft in Indien und China, womit sich die Zahl seiner Beschäftigten auf 32.000 Mitarbeiter bis zum Jahr 2008 erhöhen würde.

Diese anhaltende Expansion wird Genpact dabei helfen, die nach seinen Angaben steigende Nachfrage nach BPO-Outsourcing zu erfüllen. „Mit der Kombination der Marke und dem Wachstum von GE [in dieser Branche], vor allem in China, können wir losziehen und unseren Service an den Rest der Welt verkaufen. Schließlich war das der Grund für den Deal“, kommentierte Pramod Bhasin, CEO von Genpact im Februar 2005. Die Website des Unternehmens beschreibt das Geschäft weiterhin als „auf der DNA von GE aufgebaut“, was vor dem Hintergrund der Tatsache, dass GE der größte Einzelaktionär an Genpact ist, kaum überrascht. Die Tatsache, dass auch Genpact sagt, sein Fokus sei „höchste globale Qualität zu den niedrigsten lokalen Kosten“ – unter Verwendung von Six-Sigma und der Lean-Philosophie –, unterstreicht die gemeinsame Kultur von GE und Genpact.

Dennoch führt Genpact inzwischen ein unabhängiges Eigenleben. In seinem Kommentar vom Februar 2005 beschrieb Mr. Bhasin den Verkauf als „Energiespritze“ für Genpact, mit der Genpact seine Abhängigkeit von GE verringern konnte. Gleichzeitig kündigte er die Akquisition zweier neuer Kunden an, die nichts mit GE zu tun hatten, neben den sechs Kunden, die Genpact seit dem Verkauf bereits gewonnen hatte. Genpact fügte hinzu, es werde im Jahr 2005 eine zweite BPO-Einheit in China gründen und seinen Personalbestand in China bis zum Jahr 2006 auf 3000 Mitarbeiter steigern. In Indien plant Genpact, seine Belegschaft bis zum Jahr 2007 auf 24.000 Mitarbeiter zu verdoppeln und auch die Personalbestände in seinen anderen BPO-Zentren in Mexiko und Ungarn zu steigern, wenn auch langsamer. Gleichzeitig hält es aktiv nach Akquisitionskandidaten Ausschau.

Lektionen aus der Outsourcing-Strategie

GEs strategische Entscheidung über den Verkauf seiner Mehrheitsbeteiligung an GECIS/Genpact ist weder in Bezug auf GE noch in Bezug auf die Branche als Ganzes eine isolierte Entscheidung. Sie ist Ausdruck eines zunehmenden Trends, in dessen Rahmen multinationale Konzerne tendenziell immer stärker davon abrücken, unternehmenseigene Tochtergesellschaften zu besitzen, die ihre BPO-Services und Softwareentwicklung in Indien übernehmen, sondern stattdessen bestrebt sind, diese Funktionen an unabhängige Outsourcing-Anbieter – oft in Indien ansässige indische Unternehmen – auszulagern. In diesem Sinne war die Auffassung mancher Kreise, GE „ziehe sich aus dem Offshore-Outsourcing zurück“, ausgesprochen verfehlt. Vielmehr zeigt dieser Verkauf, dass GE seine Strategie durch eine Neuordnung seines Risikoportfolios weiterentwickelte und vorantrieb und gleichzeitig sich die Gewinne sicherte, die es bereits aus dem Besitz und Betrieb von GECIS als unternehmenseigene Einheit erzielt hatte.

Der Verkauf spiegelte zudem die breitere Branchenentwicklung wider. In den 1990er-Jahren gründeten viele multinationale Konzerne in Indien unternehmenseigene Tochtergesellschaften für BPO- und Softwareentwicklung – größtenteils als Reaktion auf die relative Knappheit an lokalen externen Outsourcing-Anbietern, die eine befriedigende Qualität liefern konnten. Angesichts des inzwischen florierenden Angebots an erstklassigen lokalen Anbietern, die über eine gut entwickelte Kompetenzbasis verfügen, stellen die multinationalen Konzerne fest, dass sie größere Einsparungen zu niedrigeren Risiken erzielen können, indem sie auf die Leistungen von Drittunternehmen zurückgreifen, statt unternehmenseigene Funktionen aufzubauen.

Skeptiker könnten dagegenhalten, dass hier auch noch andere – defensivere – Überlegungen zum Tragen kommen. Zwar bietet Indien wesentlich niedrigere Lohnkosten, aber dafür sind die politischen Risiken um einiges höher, vor allem auf Staatsebene, und sein Aktienmarkt ist äußerst volatil. Durch den Verkauf von Kapitalvermögen aus unternehmenseigenen Betreben im Land können Unternehmen einen Großteil ihrer Investitionen wieder hereinholen und das Management sowie die Risiken an Dritte weiterreichen, dabei aber weiterhin von den Serviceleistungen der Drittanbieter profitieren. Als langfristiger Anteilseigner beteiligt zu bleiben bietet dem ehemaligen Eigentümer auch die Chance, an zukünftigen Erfolgen der verkauften Einheit teilzuhaben und gleichzeitig Kapital für Investitionen in neue Offshoring-Märkte wie China und die Philippinen freizusetzen, die Indiens Lohninflation noch nicht gefolgt sind.

Eine abschließende Beurteilung

Die Gründung, das Management und schließlich die Mehrheitsveräußerung der Tochtergesellschaft GECIS durch GE spiegelt einen Lebenszyklus wider, den wir in Zukunft möglicherweise mit zunehmender Häufigkeit antreffen werden. GECIS beziehungsweise Genpact hat seiner Muttergesellschaft im Verlauf der Jahre signifikante kommerzielle und Wettbewerbsvorteile verschafft. Heute, da Indiens Vorteile allgemein geschätzt und vom Markt gut bewertet werden, hat GE festgestellt, dass es an der Zeit ist, zu verkaufen und sein Risikoprofil neu zu ordnen, ohne auf die Nutzen der Serviceleistungen von Genpact zu verzichten. Mit dem Verkauf entsteht zudem einer der größten Offshore-BPO-Anbieter in China, einem Land, in dem Genpact rund 1500 Mitarbeiter beschäftigt und das die Basis für die ausgelagerte Unterstützung der Aktivitäten von GE in Japan darstellt.

Bei dem Verkauf handelte es sich also keineswegs um einen Rückzug von GE aus dem Offshore-Outsourcing. Im Gegenteil, die fortgesetzte Zusammenarbeit, in deren Rahmen das inzwischen zum größten Teil unabhängige Genpact weiterhin Serviceleistungen für seine ehemalige Muttergesellschaft erbringt, ist vielmehr ein Vertrauensvotum für die Zukunft des Offshore-Outsourcings. In der Quintessenz hat GE eine kalkulierte kaufmännische Entscheidung auf Basis des ROI aus seinen Vermögenswerten und dem angestrebtem Risikolevel in Indien und anderen Märkten getroffen. Die Tatsache, dass Genpact in China weiterhin stark wächst, ist Ausdruck einer ähnlichen Neuausrichtung aus der eigenen Perspektive als unabhängiges Unternehmen.

Die Zukunftsaussichten für Genpact als unabhängiges Unternehmen machen einen ziemlich vielversprechenden Eindruck. Das Erbe von GE sowie die Investitionen, die GE über Jahre in die Tochtergesellschaft getätigt hat, haben dem nun unabhängigen Unternehmen die notwendige Größe und Mentalität verschafft, um mit den weltweit größten BPO-Outsourcing-Anbietern konkurrieren zu können. Durch den Verkauf hat sich GE Zugang zu größeren Skaleneffekten – und die Möglichkeit zu ihrer progressiven Ausschöpfung – sowie zusätzliche technologische und finanzielle Ressourcen verschafft. Wenn sich Indien langfristig wirklich als globaler Anbieter komplexer End-to-end-Geschäftsprozesse behauptet, dann durch Unternehmen wie Genpact. Und für GE liegt der große Vorteil darin, dass es seine Risiken erheblich reduzieren konnte.

Fallstudie 3: J. Sainsbury

Die Ausgangssituation

Im Jahr 1999 war die Supermarktkette J. Sainsbury mit einem zunehmend ungemütlichen Marktumfeld konfrontiert. Das Unternehmen, das an der Londoner Börse über zehn Jahre lang der Favorit unter den Massenmarkt-Nahrungsmitteleinzelhändlern war, geriet plötzlich unter erheblichen Wettbewerbsdruck, ausgelöst durch seinen Konkurrenten Tesco, der bis zu jenem Zeitpunkt eher als Discounter galt. Zu Sainsburys Entsetzen schien Tesco der scheinbar unmögliche Spagat zu gelingen, durch eine Erweiterung und Verbesserung seines Angebots seine Qualität, seine Marke und seine Kundenbasis anzuheben und gleichzeitig die Preise auf einem dauerhaft niedrigen Niveau zu halten. Sainsbury musste plötzlich feststellen, dass es nicht nur herausgefordert, sondern in seinem Kernmarkt überholt worden war, und musste an allen Fronten reagieren. Dazu gehörte nicht nur das Senken der Betriebskosten, sondern auch die Verkürzung seiner Time-to-Market, flexiblere Reaktionen auf die Kundennachfrage, eine Modernisierung des Supermarkt-Portfolios sowie eine bessere Erreichbarkeit und eine attraktivere Gestaltung seiner Märkte. Ein radikaler Rundumschlag musste her und Sainsbury beschloss, diesen Schritt zu wagen.

Die gewählte Lösung

Dieser Rundumschlag ereignete sich in Form eines siebenjährigen Outsourcing-Vertrags über 1,3 Milliarden Pfund Sterling (2,5 Milliarden US-Dollar) mit Accenture, den Sainsbury im Dezember 2000 verkündete. Diese Summe war zu ungefähr gleichen Teilen zwischen einem umfangreichen IT-Transformationsprojekt und den laufenden Betriebskosten für eine vollständig ausgelagerte IT-Funktion aufgeteilt. Zu jener Zeit sagte Sainsburys Chairman Peter Davis: „Die Weiterentwicklung unserer IT-Kompetenzen voranzutreiben ist ein grundlegender Bestandteil unserer Geschäftstransformationspläne." Neben dem Outsourcing der kompletten IT-Funktion beinhaltete die Vereinbarung den Transfer von rund 800 Mitarbeitern von Sainsbury an Accenture, wobei Sainsbury ein kleines IT-Team behielt, das die neue IT-Strategie überwachen sollte.

Die Struktur der Vereinbarung

Zu der Zeit füllten das transformierende IT-Outsourcing und der Outsourcing-Vertrag mit einer Laufzeit von sieben Jahren die Schlagzeilen. Ein Aspekt dieser Vereinbarung, der sich langfristig jedoch als außerordenttlich bedeutend erwies, war die von Sainsbury gewählte Finanzierung. Das Unternehmen entschied sich für eine bilanzexterne Finanzierungsstruktur, die langfristige Konsequenzen für seine Flexibilität haben und sich letztlich als Bremsklotz für eine aktive Teilnahme am M&A-Markt erweisen sollte. Im Rahmen der Vereinbarung wurde das IT-Asset durch ein Finanzvehikel verbrieft, das mehrheitlich von Barclays Capital über eine Struktur mit der Bezeichnung Swan finanziert wurde, die zwischen Sainsbury und Accenture angesiedelt war und die Cash- und Finanzströme dirigierte.

Die Geschäftsergebnisse

Zunächst verlief alles nach Plan. Die Belegschaft wechselte zu Accenture, welches das Management und die Projektbandbreite für Sainsburys IT-Funktion lieferte. Im Verlauf der Umsetzung des Change-Programms wurden Ergebnisse sichtbar. Die unmittelbaren IT-Betriebskosten sanken. Die große Mehrheit der Aktivitäten, der Finanzierung und Investitionen erfolgten gemäß dem festgelegten und vereinbaren Transformationsplan; darüber hinaus wurde eine kleinere zusätzliche Summe zur Deckung zusätzlicher Anforderungen oder Veränderungen des Umfangs reserviert.

Die Dynamik der Vereinbarung setzte sich bis ins Jahr 2003 fort. Im März 2003 führte Sainsbury eine neue Supply-Chain-Software ein und im August begann es, seine Supermarktkassen auf Self-Checkout umzustellen. Zur selben Zeit erfuhr das Wettbewerbsumfeld im britischen Supermarktsektor eine rapide Veränderung. Ende 2003 stand Safeway, eine der vier größten britischen Supermarktketten, zum Verkauf. Tesco, das inzwischen eindeutig zur Nummer eins aufgestiegen war, war aus Gründen des Wettbewerbs effektiv von der Ausschreibung ausgeschlossen. Für Sainsbury bot die Möglichkeit zur Übernahme des Konkurrenten Safeway eine einmalige Chance, sich schlagartig zu vergrößern und sein Geschäft neu zu beleben. Die Entscheidung für eine Verbriefung seiner IT- und anderer Geschäftsaktivitäten – zum Beispiel die Errichtung neuer Supermärkte – verhinderte jedoch die Nutzung der Bilanz zur Finanzierung eines Übernahmeangebots. Anfang 2004 wurde Safeway von William Morrison, einer konkurrierenden Supermarktkette, geschluckt. Für Sainsbury war es nur ein schwacher Trost, dass Morrison bei der Integration von Safeway größere Schwierigkeiten hatte, als erwartet.

Als Sainsbury erkannte, welche Einschränkung die Verbriefung für seine strategischen M&A-Optionen bedeutete, war es zu spät, um dieses Problem rechtzeitig vor einem Übernahmeangebot zu lösen. Im Februar 2004 vereinfachte Sainsbury seine Vereinbarung mit Accenture, indem es für 553 Millionen Pfund Sterling die zwischengeschaltete Einheit Swan erwarb. Aber zu diesem Zeitpunkt war das Angebot von Morrison für Safeway praktisch schon unter Dach und Fach. Zur selben Zeit begann Sainsburys Outsourcing-Beziehung – wenn auch nicht der gesamte Vertrag – ein ausgesprochen öffentliches Echo zu finden. Im Juli 2004 trat Chairman Sir Peter Davis aufgrund der anhaltend schlechten Unternehmensperformance zurück und im Oktober brachen zwischen dem Kundenunternehmen und Accenture offene Konfrontationen aus.

„Die IT-Systeme haben nicht die erwartete Produktivitätssteigerung geliefert und die Kosten machen heute einen größeren Teil der Umsätze aus als vor vier Jahren", so eine Feststellung von Sainsbury im August 2004, die weiter lautete: „Der Vertrag mit Accenture wird derzeit neu verhandelt, um das Unternehmen umfassender in die Auswahl und Implementierung von Systemen und IT-Lösungen zu involvieren. Entsprechend baut das Unternehmen seine internen Kompetenzen wieder auf." Während ein Großteil von Sainsburys IT an Accenture ausgelagert war, wiesen mit der Vereinbarung vertraute Quellen jedoch darauf hin, dass die vier automatisierten Servicedepots, welche die Wurzel für zahlreiche Schwierigkeiten waren, mit denen Sainsbury kämpfte, nicht Bestandteil der Vereinbarung waren. Accenture konterte: „Wir sind für die IT-Transformationsprogramme von Sainsbury verantwortlich, darunter auch einige der Supply-Chain-Systeme. Die IT-Automatisierungssyteme in Sainsburys vier neuen automatisierten Warenlagern sind nicht und waren nie Bestandteil der bestehenden Verträge. Für die Strategie, Entwicklung und den Betrieb dieser Systeme sind wir daher nicht verantwortlich."

Die Schlussfolgerung, dass Accenture als Sündenbock dienen musste, lässt sich nur schwer vermeiden. Im März 2005 wurde berichtet, Sainsbury plane, sein IT-Team wieder in seine Unternehmenszentrale in der Nähe von London zurückzuholen. Das Unternehmen bestätigte zudem, es befinde sich in Neuverhandlungen über den Vertrag mit Accenture, um die IT-Systeme effizienter zu gestalten.

Lektionen aus der Outsourcing-Strategie

Sainsburys Erfahrung hebt zwei wichtige Lektionen hervor. Die eine lautet, dass das Unternehmen durch die Verbriefung, mit der es effektiv seine zukünftigen Umsatzströme beliehen und das resultierende Bargeld zur Durchführung einer breiten Palette an Transformationen verwendet hatte, einen erheblichen Teil seiner Vermögenswerte aus seinen Büchern und damit seiner Bilanz entfernt hatte. Das wiederum führte dazu, dass diese Vermögenswerte in einem M&A-Kontext nicht gewinnbringend genutzt werden konnten. Während das grundlegende Change-Programm das Geschäft also auf der einen Seite theoretisch stärkte und sein Risikoprofil reduzierte, beschränkte diese Finanzierungsmethode auf der anderen Seite Sainsburys Möglichkeiten, seine Bilanz gewinnbringend zu nutzen. Die Verbriefung war somit ein auf eine einzige Anwendungsmöglichkeit begrenztes Instrument, das sich unter veränderten Bedingungen als kontraproduktiv erwies. Es bleibt strittig, ob Sainsbury mit einem Übernahmeangebot für Safeway erfolgreich gewesen wäre, aber seine Unfähigkeit, ein Angebot überhaupt zu finanzieren, bedeutet, dass wir es auch nie erfahren werden.

Die zweite Lektion lautet: Wenn Sie die Auswirkungen auf die Bilanz betrachten, die eine Verschiebung von Posten von der Aktivseite (Investitionen oder Vermögenswerte) auf die Passivseite ausweist, dann werden Sie feststellen, dass Sie sich damit auch die Möglichkeit nehmen, diese Schulden zur Finanzierung anderer Verbindlichkeiten zu nutzen. Es besteht das Risiko, dass Sie – sagen wir im dritten Jahr einer siebenjährigen Vertragslaufzeit – feststellen, dass der Vorteil, die Schulden externalisiert zu haben, von dem Nachteil aufgewogen wird, dass Sie diese nicht in Ihrer Bilanz stehen haben. In einigen Fällen könnte die bilanzielle Ausweisung der Schulden Steuervorteile in Höhe von mehreren hundert Millionen US-Dollar jährlich über die restliche Vertragsdauer bedeuten.

Diese Lektionen aus der Finanzierung der Outsourcing-Vereinbarung bildeten den Hintergrund für Sainsburys wachsende Unzufriedenheit mit der Vereinbarung; sie unterstreichen, bis zu welchem Grad der Outsourcing-Anbieter möglicherweise ein willkommener Sündenbock für andere Probleme gewesen ist. Sicher, als bekanntes und festgelegtes Transformationsprogramm neigte der Vertrag dazu, die Investitionen zu „deckeln", und er schränkte die Flexibilität des Unternehmens und dessen Handlungsspielraum ein, als sich die Bedingungen veränderten. Die zugrunde liegende mangelnde strategische Flexibilität wurzelte jedoch in der Verwendung eines auf einen einzigen Zweck beschränkten Vehikels, das sich schlecht an Veränderungen anpassen lässt. Heute, da Swan in Sainsbury aufgegangen ist und der Outsourcing-Vertrag umfassend neu verhandelt wurde, sind diese strukturellen Probleme gelöst. Allerdings weiß die neue Führungsriege unter Justin King, dass es durchaus sehr lange dauern kann, bis noch einmal eine britische Einzelhandelskette wie Safeway zum Verkauf steht.

Das abschließende Urteil

Für Unternehmen, die über Transformations-Outsourcing nachdenken, und selbst für die Zulieferer, die mit diesen Unternehmen arbeiten, liefert die Erfahrung von Sainsbury einige wertvolle Botschaften. Eine Botschaft lautet, dass man mit Vehikeln, die nur für einen einzigen Zweck nutzbar sind, extrem vorsichtig sein muss und sie gewiss nur so weit in die Zukunft einsetzen sollte, wie sich diese zuverlässig überblicken lässt. Im Rückblick kann man sagen, dass die Kombination der zugrunde liegenden Starre der Finanzierungsstruktur mit der Vertragsdauer von sieben Jahren zwischen Sainsbury und Accenture früher oder später beinahe unweigerlich zu Problemen führen musste. Bei eher ungewissen Perspektiven ist einfach eine größere Flexibilität erforderlich.

In diesem Buch haben wir wiederholt betont, dass sich ein Großteil der Macht des Outsourcings als Instrument zur Neuausrichtung und Transformation eines Unternehmens aus dessen Flexibilität und seiner Möglichkeit zur schnellen, agilen und flexiblen Veränderung ableitet. Es ist eine Ironie, dass Sainsbury in dem Versuch, diese Wirkung für sich zu nutzen, unbeabsichtigt eine derartige finanzielle Inflexibilität herbeigeführt hat, dass es nicht vollständig von den Nutzen profitieren konnte, die es zweifellos aus der Outsourcing-Vereinbarung an sich erzielt hat. Das ist eine Lektion, die Sainsbury und die Outsourcing-Industrie nicht vergessen werden.

Fallstudie 4: Aegon/GRE

Die Ausgangssituation

Im September 1999 kaufte die niederländische Versicherungsgesellschaft Aegon für umgerechnet 702 Millionen Pfund Sterling (1,33 Milliarden Dollar) Guardian Royal Exchange, das britische Lebensversicherungs- und Altersversorgungsgeschäft seines französischen Wettbewerbers AXA. Bei der Fusion stand Aegon im Hinblick auf die Frage, wie sich diese Akquisition in sein Geschäft integrieren ließ, vor einigen gravierenden Problemen. Aegon wollte die Integration möglichst schnell und reibungslos abschließen und die Störungen des laufenden Betriebs möglichst gering halten. Eine wichtige positive Überlegung bestand darin, dass eine unverzügliche Integration der GRE-Produkte in das Aegon-Portfolio nicht kritisch war, da ein Großteil des Wertes von GRE in seinem Kundenportfolio lag. Was Aegon brauchte, war eine schnelle, saubere und kontrollierbare Methode zur Integration von GRE und die Möglichkeit, die Akquisition innerhalb des Aegon-Konzerns schnell betriebsfähig zu machen, ohne dass in zu großem Umfang Managementzeit und Ressourcen absorbiert würden.

Die gewählte Lösung

Aegon fand die Lösung, indem es seine ausgiebige Erfahrung und sein Expertenwissen in der Nutzung von Outsourcing zur Förderung und Forcierung einer Neuausrichtung einsetzte. Es beschloss, den direkten Weg zu einem Outsourcing der gesamten IT- und Telekommunikationsinfrastruktur von GRE zu beschreiten. Das Ergebnis war geradezu ein Lehrbeispiel für die Nutzung von Outsourcing zur Beschleunigung einer erfolgreichen Post-Merger-Integration, wodurch eine schnelle und reibungslose Akquisition und Absorption von GRE möglich wurde. Durch die Entscheidung, die gesamte ICT-Infrastruktur direkt auszulagern, anstatt zu versuchen, diese Funktionen in Aegon zu integrieren, umging der Konzern zudem die Notwendigkeit, eine große Zahl an internen Mitarbeitern schulen zu müssen, und minimierte das Ausmaß und die Dauer der Integrationsanstrengungen.

Die Struktur der Vereinbarung

Die Struktur, die Aegon zur Durchführung dieses direkten Outsourcings verwendete, war ganz einfach. Aegon, das die Rolle des zentralen Integrators bei diesem Projekt selbst übernahm, stützte sich bei der Gestaltung einer Reihe von Outsourcing-Verträgen und -Beziehungen zur Auslagerung und zum Management der Schlüsselelemente von GREs ICT-Basis auf seine vorhandene Erfahrung. BT wurde als Telekommunikationszulieferer beauftragt, Computacenter lieferte die Desktop-Systeme und Fujitsu die Großrechner. Alle diese Vereinbarungen wurden innerhalb kurzer Zeit verhandelt und unterzeichnet; so wurden zahlreiche Probleme und Engpässe vermieden, die traditionell mit der Integration umfangreicher Akquisitionen verbunden sind.

Die Geschäftsergebnisse

Die Outsourcing-Strategie rund um die Systeme und Telekommunikation von GRE erzielte für Aegon eine ganze Reihe von Nutzen. Der eindeutigste Vorteil bestand darin, dass Aegon dadurch in der Lage war, die strategischen Ziele der Akquisition zu erfüllen. Bei der Ankündigung der Übernahme hatte Aegon verlauten lassen, mit dieser Akquisition ließen sich Skaleneffekte realisieren und die Distributionskapazitäten verbessern sowie gleichzeitig die bestehende Produktpalette in Großbritannien erweitern. „Als Ergebnis dieser Transaktion wird Aegon UKs Prämienaufkommen um rund 20 Prozent und die verwalteten Gelder werden um 50 Prozent zunehmen“, verkündete das Unternehmen. Zu den wichtigsten akquirierten GRE-Produktlinien gehörten seine Produkte im Bereich Vermögensschutz, die das Angebot an Produkten zum Vermögensaufbau von Aegon UK laut Unternehmensaussagen ergänzen würden.

Gleichermaßen wichtig ist der Umstand, dass das direkte Outsourcing dafür sorgte, dass das Management beider Seiten nicht zu sehr durch die Aquisition abgelenkt wurde. Dieser Weg ermöglichte Aegon und GRE, mit dem Prozessmanagement der Zusammenführung der Unternehmensorganisationen fortzufahren, anstatt sich von den Details der Integration der zugrunde liegenden Serviceleistungen aufhalten zu lassen. Das Management wurde um diese Aufgabe entlastet, die im Hintergrund effektiv und effizient von den ausgewählten Outsourcing-Partnern durchgeführt wurde.

Insgesamt ermöglichte die Outsourcing-Initiative dem fusionierten Unternehmen eine vollständige Ausschöpfung der geplanten Synergien und Effizienzen. Die Integration verlief so reibungslos, dass Guardian Royal Exchange nur zwei Jahre später, im August 2001, seinen Namen in Aegon UK änderte und Teil der Konzernmarke wurde.

Lektionen aus der Outsourcing-Strategie

Mit seiner Entscheidung, Outsourcing als Mittel zur Integration von GRE zu nutzen, schuf Aegon ein Musterformat, das vielen anderen Unternehmen nur zur Nachahmung empfohlen werden kann. In diesem Buch haben wir viele Parallelen zwischen den Kompetenzen und Ansätzen für ein erfolgreiches M&A und ein erfolgreiches Outsourcing gezogen Mit seinem Outsourcing-Ansatz demonstrierte Aegon, dass M&A und Outsourcing nicht zwingend alternative Optionen zur Neuausrichtung sein müssen, sondern sich bei der Umsetzung verschiedener Teile derselben Strategie durchaus ergänzen können.

Anstatt das eigene Management in die Komplexitäten eines intern gesteuerten Systemintegrationsansatzes zu verstricken, hielt Aegon nach anderen Instrumenten Ausschau, mit denen sich dieselben Ergebnisse erzielen ließen. Angesichts seines ausgefeilten Einsatzes von Outsourcing in anderen Geschäftsbereichen musste es nicht lange suchen.

Das abschließende Urteil

Diese Fallstudie ist kürzer als alle anderen in diesem Kapitel, was zum großen Teil damit zusammenhängt, dass es bei der Analyse des Zusammenhangs von Ursache und Wirkung in einer gut geplanten und umgesetzten Vereinbarung weniger zu sagen gibt. Aegon war klug genug, die Outsourcing-Strategie für GRE aus seinen eigenen Managementreihen heraus zu formulieren und umzusetzen, und verfügte über die nötigen Kompetenzen und die nötige Erfahrung, die Integration der verschiedenen Outsourcing-Verträge und ihre Wechselbeziehungen zu managen.

Viele andere Unternehmen haben vielleicht das Gefühl, dass sie nicht so gut mit internen Kompetenzen im Beschaffungsmanagement ausgestattet sind. Aber das schließt einen direkten Outsourcing-Ansatz für Akquisitionen nicht aus. Wie beschrieben gibt es inzwischen eine Fülle von erstklassigen unabhängigen Outsourcing-Beratern ohne Eigeninteressen, auf deren Service Unternehmen, welche die Vorteile dieses Ansatzes für sich nutzen wollen, zurückgreifen können. Mit GRE schuf Aegon ein Lehrbeispiel für die Verwendung von Outsourcing, das auch solche Unternehmen nachahmen können, die nicht über eine so außerordentliche Erfolgsbilanz in erfolgreichen Outsourcing-Projekten verfügen wie Aegon.

Fallstudie 5: BP

Die Ausgangssituation

Nach unserer Auffassung ist BPs CEO Sir John Browne wahrscheinlich der führende Nutzer und Vertreter von Outsourcing als strategisches Instrument zur Risikoreduzierung und Neuausrichtung. Die Ausgangssituation, mit der er seit seinem Antritt als CEO im Jahr 1995 konfrontiert war, ist eindeutig, aber allumfassend: BP zu einem Wachstum zu verhelfen, das aus einem respektablen, aber eindeutig mittelgroßen Ölunternehmen einen globalen Energiegiganten macht, der im gleichen Atemzug mit Branchenführern wie Exxon und Royal Dutch/Shell genannt wird. Sein Erfolg bei der Erreichung dieses äußerst ehrgeizigen Ziels und seine meisterhafte Verwendung von M&A-Transaktionen und Risikomanagement bei der Zielverfolgung haben ihm den Ruf eines der herausragendsten Unternehmensführers der Welt eingetragen.

Sir Browne hat diese Reputation durch eine konsistente Erfüllung seiner Versprechen aufgebaut und gewahrt - und diese seine Fähigkeit wurde und wird durch Outsourcing untermauert. Risiko ist ein zentraler Faktor in BPs Strategie. Analysten haben bei der Bewertung der Transaktionen, die von der Übernahme von Amoco im Jahr 1998 bis zur Gründung des Joint Ventures TNK-BP im Jahr 2003 reichen, mit der BP als erster Ölkonzern nach Russland ging und damit anderen westlichen Ölfirmen den Weg bahnte, signifikante Risikoelemente hervorgehoben. Eines der Kennzeichen von Sir Brownes Führungsstils ist seine geschickte Nutzung von Outsourcing-Initiativen zur Reduzierung dieser Risiken und zum Management der negativen Ereignisse, die den Aktienkurs des Unternehmens beeinträchtigen könnten, falls sich die erhofften Synergien aus einer Fusion nicht so schnell wie erhofft einstellen.

Die gewählte Lösung

Zwar nutzt BP das effiziente Procurement von externen IT-Services als Quelle seines Wettbewerbsvorteils bereits seit Anfang der 1990er-Jahre, aber der Beginn von BPs fein ausgewogener Mischung aus M&A, Risikoreduzierung und Outsourcing unter Sir Brownes Führung lässt sich bis August 1998 zurückverfolgen. Die Ölindustrie, die zu dem Zeitpunkt mit einem dramatischen Verfall der Ölpreise zu kämpfen hatte, erlitt einen weiteren Schock durch BPs Übernahme des US-amerikanischen Ölunternehmens Amoco zum Preis von 52 Milliarden US-Dollar, die BP mit einem Schlag in die Liga der führenden Ölkonzerne katapultierte. Amoco war nur die erste einer Reihe aufsehenerregender Übernahmen auf der ganzen Welt – dazu gehören das ebenfalls amerikanische Atlantic Richfield für 27 Milliarden US-Dollar im Jahr 1999, der britische Schmierstoffhersteller Burma Castrol für 4,7 Milliarden US-Dollar im Jahr 2000 und der deutsche Konzern Veba Öl für 4 Milliarden Dollar, gefolgt von einer Investition über 8 Milliarden US-Dollar in Russlands TNK im Jahr 2003. Mit jeder Akquisition überholte BP auf dem Weg an die Weltspitze einen weiteren Mitbewerber.

Dieser Akquisitionsfeldzug hat weltweit für Schlagzeilen gesorgt. Und es waren hohe Risiken damit verbunden. Es ist kein Zufall, dass die Umsetzung von BPs gewagter Akquisitionsstrategie von sukzessiven Outsourcing-Wellen begleitet wurde. Ebenso klar ist, dass sich Sir Brownes strategische Nutzung von Outsourcing, die von 1999 an von dem Informationsvorstand (CIO) John Leggate kompetent unterstützt wurde, im Verlauf der Jahre weiterentwickelte und dabei zunehmend an Sicherheit und Stabilität gewann. Im Jahr 2001 wurde Sir Browne anlässlich eines Vortrags an der Universität von Oxford mit den Worten zitiert: „Wir haben eigentlich erst vor zwei oder drei Jahren wirklich damit begonnen, IT als ein Set an integrierten Technologien mit einem echten Geschäftspotenzial zu betrachten.“

In Leggate fand Sir Browne einen Verbündeten, der BPs Outsourcing-Philosophie verstand und sowohl bereit als auch in der Lage war, Probleme frontal anzugehen, Risiken proaktiv zu reduzieren, Kosten zu senken, Systeme zu integrieren und Outsourcing als Instrument zur Erreichung dieser Ziele einzusetzen. Als Leggate im Jahr 1999 zum CIO ernannte wurde, wurden in BPs gesamter Organisation 10.000 verschiedene Softwareanwendungen verwendet. Ein Jahr später waren es bereits 3000 weniger, und das Management von weiteren 5000 Anwendungen war an Drittunternehmen ausgelagert worden.

Die Struktur der Vereinbarung

Ein Schlüsselaspekt von Sir Brownes und BPs Initiierung von Outsourcing-Projekten ist die Ausnutzung der Flexibilität, die Outsourcing bietet. Das hat sich in unterschiedlichen Ansätzen und Strukturen manifestiert, die bei den verschiedenen Outsourcing-Aktivitäten angewendet wurden und durch die Sir Browne die Herangehensweise immer wieder an veränderte Chancen und Bedingungen anpasste. Diese Leichtigkeit im Umgang mit Outsourcing spiegelt Sir Brownes Erfahrung aus der Zeit wider, als er noch nicht CEO, sondern für die Ölsuche von BP verantwortlich war. Während dieser Zeit griff er Berichten zufolge wiederholt zum Outsourcing, um sein IT-Budget von 360 Millionen US-Dollar im Jahr 1989 auf schließlich 132 Millionen US-Dollar im Jahr 1995 zu senken.

Nachdem er erkannt hatte, was Outsourcing leisten kann, machte er dieses Instrument zum Schlüsselelement seiner Expansionsstrategie als CEO, deren erste Welle von strategischen konzernweiten Outsourcing-Initiativen mit der Übernahme von Amoco im Jahr 1998 ihren Anfang nahm. Zu dem Zeitpunkt verfolgte BP eine „Best-of-Breed"-Politik der Auswahl von spezialisierten Zulieferern mit spezifischen Kompetenzen in definierten Geschäftsbereichen anstelle einer Zusammenarbeit mit Generalisten, die eine ganze Bandbreite an Aktivitäten managen konnten.

An der ersten großen Outsourcing-Welle war ein Triumvirat an IT-Anbietern beteiligt, die jeweils mit dem Management eines bestimmten Aspekts auf globaler Basis beauftragt wurden. Dadurch wurde die Integration von Amoco vereinfacht und das Integrationsrisiko für den BP-Konzern reduziert. BT Syncordia zeichnete für die Telekommunikationsservices verantwortlich, SEMA für die Desktop-Services und EDS für die Großrechnersysteme. Während andere Anbieter weiterhin das Management einzelner Elemente für Sparten wie zum Beispiel die Ölsuche übernahmen, wurde die Mehrheit der IT-Aktivitäten konzernweit zwischen diesen drei globalen Zulieferern aufgeteilt.

Die drei großen IT-Vereinbarungen sorgten allesamt für Schlagzeilen. Ein paralleler Schritt, der damals unbeachtet blieb, war allerdings von ebenso großer Bedeutung. Dabei handelte es sich um BPs Entscheidung, sich von seinen internen Finanz- und Verwaltungsservices zu trennen und sie an Accenture auszulagern. Das war eines der ersten Male, dass ein Konzern mit Sitz in Europa einen solchen Schritt unternahm, und dieser Schritt war ebenso ambitioniert und zukunftsorientiert wie BPs IT-Outsourcing.

Im Jahr 1999 sorgte BP mit der Ankündigung einer Outsourcing-Initiative in Höhe von 600 Millionen Dollar, in deren Rahmen es seine HR-Prozesse an Exult auslagerte – einen noch sehr jungen Anbieter, dessen einziger großer Kunde vergleichbarer Größenordnung die Bank of America war –, erneut für Schlagzeilen. Gemäß dieser Vereinbarung sollten 100.000 BP-Mitarbeiter weltweit auf eine Reihe von HR-Leistungen per Computer Zugriff haben, die von Exults ausgelagerten Shared-Service-Centern in Großbritannien und den USA bereitgestellt und verwaltet wurden. Über die folgenden Hochs und Tiefs dieser bahnbrechenden Initiative ist viel geschrieben worden, aber nur wenig wurde über einen ihrer zentralen strategischen Impulse verlautbart: die Notwendigkeit zur Schaffung einer Basis für eine konsistente Kommunikation innerhalb des Konzerns.

Berichten zufolge präsentierte Sir Browne kurz nach der Übernahme von Amoco Zahlen, die besagten, dass ganze 34 Prozent der Mitarbeiter des gesamten Konzerns an ihrem Arbeitsplatz keinen Zugang zu Computern hatten. Eine der anerkannten Stärken Sir Brownes als Unternehmensführer ist seine Kommunikationsfähigkeit – und er wusste, dass ein zentraler Erfolgsfaktor für den Akquisitionspfad, den er soeben eingeschlagen hatte, darin bestand, klare und konsistente Botschaften an alle Konzernmitarbeiter weltweit zu senden, unabhängig von ihrem Ursprungsunternehmen, ihrer Funktion oder ihrem geografischen Standort. Das ließ sich jedoch nur mittels Technologie bewerkstelligen und das wiederum setzte voraus, dass jeder Mitarbeiter Zugang zu einem Computer hatte. Ein weiterer nützlicher Effekt würde in der Verbesserung der Computerkenntnisse im gesamten Unternehmen liegen.

Die Frage lautete also: Wie bringt man alle Mitarbeiter dazu, einen Computer zu benutzen? Die Antwort war eindeutig: Man muss den Wunsch beziehungsweise die Notwendigkeit herstellen, einen Computer zu benutzen, indem bestimmte Informationen, zum Beispiel Gehaltsinformationen, angesammelte Sozialleistungen, Steuern, Urlaubsansprüche, Firmenwagen etc., ausschließlich elektronisch zur Verfügung gestellt werden. Das wiederum würde den Computer in einen idealen Kommunikationskanal für konsistente, konzernweite Unternehmensbotschaften verwandeln. Der Weg zu einer effektiven Kommunikation lag im Outsourcing und in der Automatisierung von HR-Funktionen. Und Exults „Kiosk"-Technologie war dafür hervorragend geeignet.

Im Laufe der Umsetzung des Vertrags mit Exult – begleitet von einigen breit publizierten Stolpersteinen entlang der Route – bereitete sich BP vier Jahre nach der ersten Welle auf die zweite große Welle des IT-Outsourcings vor. Kontinuierliche Überprüfungen der ursprünglichen „Triumvirat"-Vereinbarung mit BT Syncordia, SEMA und EDS deuteten darauf hin, dass BP nicht die bestmöglichen Preise für die ausgelagerten Serviceleistungen erhielt. In Abkehr vom ursprünglichen „Best-of-Breed"-Ansatz schloss BP Verträge auf globaler Ebene mit IBM und EDS, wobei EDS hauptsächlich die Bereiche Telekommunikation und Kommunikation übertragen wurden und IBM die Hauptrechner- und Desktop-Systeme.

Diese Vereinbarungen fanden zwar ein ausführliches Presseecho, unerwähnt blieb jedoch, das ein erheblicher Teil der daraus resultierenden Synergiekosten von den Zulieferern übernommen wurden, wodurch das Risiko der Outsourcing-Initiativen für BP erheblich sank. Dies spiegelte Sir Brownes ausgeprägte Einsicht wider – die er mit dem Outsourcing der Finanz- und Verwaltungsfunktionen an Accenture bereits unter Beweis gestellt hatte –, dass die Integration eine Schlüsselkompetenz des Outsourcing-Anbieters ist. Folglich, so seine Begründung, würden die Zulieferer bereit sein, das Risiko einzugehen, für die angestrebten Nutzen zu haften, und zwar aufgrund der Tatsache, dass ein wirklich erstklassiger Outsourcing-Anbieter in der Lage sein sollte, diese Ziele zu übertreffen.

Umfangreiche Outsourcing-Initiativen bleiben für BPs operatives und Risikomanagement von entscheidender Bedeutung. Externe Zulieferer liefern Serviceleistungen wie Rechenzentren, Telekommunikation, Helpdesks und Anwendungsentwicklung. Obwohl dieses Reifeniveau bedeutet, dass sich das Tempo seines Outsourcing-Programms unweigerlich verlangsamt hat, stellt BP alle seine Vereinbarungen kontinuierlich auf den Prüfstand. Üblicherweise werden die Verträge über eine relativ kurze Laufzeit von drei Jahren abgeschlossen und BP verlangt von seinen externen Zulieferern nicht mehr die Bildung von Allianzen untereinander, wie es zu „Best-of-Breed"-Zeiten geschah. Dieser Ansatz trägt wiederum dazu bei, potenzielle politische Probleme zwischen den Anbietern zu vermeiden.

Die Statistiken über BPs globale Positionierung unter Sir Brownes Führung sprechen für sich selbst. Im Jahr 1996, als Sir Browne sein erstes volles Amtsjahr als CEO hinter sich hatte, rangierte der Konzern unter den Global 500 an 27. Stelle. Ende 2003, als BP sich anschickte, in das russische TNK zu investieren, stand BP im selben Ranking an fünfter Position. Auch in Bezug auf die Aktionärsrendite hat BP die meisten seiner Branchenwettbewerber hinter sich gelassen. Die Fähigkeit zum Management und zur Reduzierung des Risikos von M&A-Transaktionen sowie zur schnellen und reibungslosen Integration großer Akquisitionen war zentrale Voraussetzung für seine Performance. Und diese Fähigkeit wird von BPs Outsourcing-Strategie unterstützt.

Lektionen aus der Outsourcing-Strategie

Zwar ist Outsourcing eindeutig der Hauptthema dieses Buches, dennoch gibt es nur sehr wenige Unternehmen, die so deutlich wie BP demonstrieren, welche Macht in der Kombination einer gut geplanten M&A-Strategie mit einer ebenso durchdachten strategischen Anwendung von Outsourcing als Instrument zur Risikoreduzierung und Integrationsförderung liegt. Diese Lektion aus Sir John Brownes Verknüpfung von Outsourcing mit M&A, die daraus effektiv zwei Seiten derselben Medaille macht, ist positiv: Sehen Sie, was sich damit erreichen lässt. Interessanterweise stellt Outsourcing noch kein signifikantes Element der BP-Strategie in Russland dar. Eines Tages wird das höchstwahrscheinlich der Fall sein – allerdings nur dann, wenn der russische Markt der Outsourcing-Anbieter ausreichend hoch entwickelt ist und die nötige Qualität bietet, um BPs Anforderungen erfüllen zu können.

Das abschließende Urteil

Nur wenige Unternehmen haben eine bessere Erfolgsbilanz beim Outsourcing aufzuweisen als BP. Die klare Richtung und strategische Vision seines charismatischen CEO in Verbindung mit einer konsistenten und offenen Unterstützung seines Senior-Managements sind die Triebfedern der Veränderungsrate und der Gewissheit über die Nutzenerzielung. BP verwendet Outsourcing, um die Integration von Akquisitionen zu erleichtern und sicherzustellen, dass die prognostizierten Kosteneinsparungen die Markterwartungen erfüllen und zur Stabilität des Aktienkurses beitragen. Diese geplante strategische Ausschöpfung des ultimativen Potenzials des Outsourcings ist etwas, das alle CEOs klarer im Blickfeld haben sollten.

Fallstudie 6: **Nextel Communications**

Die Ausgangssituation

Das US-Unternehmen Nextel Communications ist ein führender Anbieter vollständig integrierter drahtloser Kommunikationsservices. Es hat das größte garantiert volldigitale drahtlose Netz der USA aufgebaut, das viele tausend Gemeinden im ganzen Land abdeckt. Zu den Nextel-Kunden zählen inzwischen 95 Prozent der Fortune-500-Unternehmen. Nextel und Nextel Partners Inc. – seine Tochtergesellschaft für ländliche und mittelgroße Märkte – bedienen derzeit 297 der 300 US-Topmärkte, in denen schätzungsweise 263 Millionen Menschen leben oder arbeiten. Im Dezember 2004 konsolidierte Nextel seine führende Marktposition durch die Bestätigung seiner Pläne eines Zusammenschlusses mit Sprint.

Während des vergangenen Jahrzehnts wuchs Nextels Geschäft kontinuierlich stark. Nach der Gewinnung seines millionsten Kunden im Oktober 1997 beschleunigte sich Nextels Marktpenetration dramatisch. Innerhalb von neun Monaten war seine Kundenbasis auf 2 Millionen angewachsen. Neun Monate später hatte eine weitere Million Kunden einen Servicevertrag abgeschlossen. Das Risiko eines derart rapiden Wachstums liegt in der Entstehung von Problemen wie einem reaktiven IT-Ansatz und einer unkontrollierten Informationsinfrastruktur, die buchstäblich Hunderte von Anwendungen unterstützt.

Im Jahr 2001 musste Nextel eine effiziente Informationsumgebung entwickeln, um dem anhaltenden Nachfragewachstum gerecht zu werden. Gleichzeitig kämpfte das Unternehmen aufgrund seiner Kundenfluktuationsrate, die über dem Branchendurchschnitt lag, mit steigenden Kosten. Es musste diese Kosten schnell in den Griff bekommen und gleichzeitig seinen Kundenservicestandard verbessern, um sein Umsatzwachstum halten zu können.

Die gewählte Lösung

Beide Herausforderungen lagen außerhalb Nextels Kernkompetenzen in der Erbringung von drahtlosen Datenservices. Um die für eine Bewältigung dieser Aufgaben notwendige Rigorosität und Disziplin zu finden, beschloss Nextel, Partner mit den richtigen Kompetenzen und der richtigen Erfahrung zu suchen. Bei der Wahl seiner Zulieferer achtete Nextel neben den Kriterien Preis und Kompetenzen auch auf andere Faktoren. Nextel erkannte, dass eine wahrhaft erfolgreiche Partnerschaft ähnliche Kulturen, eine Bereitschaft zur Kommunikation und Engagement für die Gestaltung einer Beziehung voraussetzt, die beiden Seiten Nutzen bringt.

Nextels Auswahl seines IT-Partners „war eine Entscheidung, die nicht allein auf Kosten und nicht allein auf technologischen Kompetenzen basierte", kommentiert Nextels CIO, Dick LeFave. „Wir fanden ein Unternehmen, bei dem wir den Eindruck hatten, dass wir gut miteinander würden arbeiten können, und das hat sich bewahrheitet. Wir glauben, dass das wahrscheinlich einer der wichtigsten Aspekte ist."

Die Struktur der Vereinbarung

Anfang 2002 lagerte Nextel seine Rechencenter-Funktionen, seinen Helpdesk-Support und seine Desktop-Services an EDS aus. Im selben Jahr lagerte es zudem seinen gesamten Kundenservice an IBM und dessen Partner TeleTech aus.

Im Rahmen des Helpdesk- und Desktop-Vertrags wechselten ungefähr 300 Nextel-Mitarbeiter zu EDS und auch Nextels Rechenzentrum ging an EDS. Die erste Aufgabe bestand darin, die Servicelevels zunächst zu stabilisieren und anschließend zu verbessern. Im Anschluss identifizierten die Teams 46 separate Kategorien, von der Server-Verfügbarkeit bis zur Anwendungsreaktionszeit, und setzten anspruchsvolle Leistungsziele fest. Zu Vertragsbeginn war die Benchmark-Performance zahlreicher Bereiche inakzeptabel; mehr als die Hälfte der Kategorien erhielten eine unbefriedigende Bewertung. Innerhalb von zwei Jahren konnte diese Zahl auf gerade einmal 11 Prozent gesenkt werden.

Anstatt nur zu gemeinsamen Ergebnisprüfungen setzen sich Nextel und seine Outsourcing-Anbieter nun zusammen, um strategische Fragen zu diskutieren. Das hat aus einem zuvor informellen Teil zahlreicher Outsourcing-Beziehungen ein standardisiertes Verfahren gemacht, das dazu beiträgt, den Fokus aller Beteiligten auf ein gemeinsames Ziel zu richten: Nextel darin zu unterstützen, sich für weiteres Wachstum zu positionieren.

Zur Zeit der Entstehung dieses Buches liegt der Fokus des Diamond Teams vorrangig auf Prozessverbesserung und technologischen Innovationen. Eine kürzliche Innovation von Nextel ist die Implementierung einer Fernunterstützung bei Computerproblemen gewesen, die Helpdesk-Mitarbeiter in die Lage versetzt, Computerprobleme zu lösen, ohne einen Techniker rufen zu müssen. EDS hat sich zudem mit Nextel zusammengetan, um seine BlackBerry©-Geräte zur Verbesserung der Unterstützung der Kundenservicemitarbeiter bei Problemen einzusetzen, die eine Hilfe vor Ort erfordern. Die Technologie beschleunigt nicht nur die Erbringung der Serviceleistungen, sondern hat sich auch als Quelle für wertvolle Erkenntnisse in Bezug auf häufig auftretende Performance-Probleme erwiesen.

Die Geschäftsergebnisse

Nach der Hälfte des Fünfjahresvertrags hatte Nextel bereits ungefähr 70 Prozent der Kosteneinsparungen erzielt, die es sich aus dem Outsourcing erhofft hatte. Darüber hinaus waren die IT-Kosten als Prozentsatz des Gesamtumsatzes in weniger als zwei Jahren um fast 10 Prozent zurückgegangen.

Diese Einsparungen gelangen Nextel während einer Phase des kontinuierlichen Wachstums seiner Kundenbasis. In der Vergangenheit hatte eine wachsende Zahl von Servicekunden eine Zunahme der Kosten der Leistungserbringung bedeutet. Im Jahr 2003 gewann Nextel ungefähr 2,3 Millionen Neukunden, während seine IT-Kosten pro Kunde um fast 9 Prozent sanken. Diese Kosteneinsparungen sind in erster Linie ein Ergebnis der Steigerung der Zuverlässigkeit von Nextels Informationssystemen, deren Servicebetriebszeit nun durchschnittlich zwischen 99,2 und 99,9 Prozent liegt.

Andere Geschäftsentwicklungen deuten auf einen ähnlichen Erfolg der Vereinbarung mit IBM über das Outsourcing der Kundenbetreuung hin. Nur ein Jahr nach Vertragsunterzeichnung belegte Nextel in einer Umfrage von J.D. Power & Associates über die Zufriedenheit der Kunden mit drahtlosen Services in drei der vier US-Regionen, in denen die Umfrage durchgeführt worden war, den ersten Platz. Gleichzeitig wurde Nextels Kundenfluktuationsrate zu einer der niedrigsten der ganzen Branche. Über die gesamte Vertragslaufzeit von acht Jahren erwartet Nextel Kosteneinsparungen von insgesamt 1 Milliarde US-Dollar.

Lektionen aus der Outsourcing-Strategie

Für Nextel haben die Ergebnisse bestätigt, dass das Outsourcing eine kluge Entscheidung war. CIO Dick LeFave fasst die geschäftlichen Nutzen des Desktop-Outsourcings zusammen: „Nextels Wachstum ist ausgesprochen konsistent gewesen. Mit jedem Wachstumsschub mussten wir unsere IT-Plattformen erweitern und verbessern. Wir brauchten diese Kapazitäten, um weiter wachsen zu können. Unser Outsourcing-Anbieter liefert das Management, er übernimmt die Aufsicht, er liefert technologische Innovationen und er erbringt Serviceleistungen für uns, die wir selbst nicht hätten erbringen können."

Henry Green, der Vice President für IT Operations von Nextel, äußerst sich gleichermaßen positiv: „Es war sehr wichtig für Nextel, einen Partner auszusuchen, mit dem wir eng zusammenarbeiten können", sagt Green. „Bei unserem rapiden Wachstum sind immer Herausforderungen zu bewältigen. Unsere Beziehung hat ein hohes Maß von Vertrauen geschaffen, das uns ermöglicht, unseren Kunden den bestmöglichen Service zu bieten."

Die abschließende Beurteilung

Die IT-Partnerschaft hat ganz eindeutig die mit der Outsourcing-Initiative angestrebten Kosteneinsparungen und Produktivitätssteigerungen gebracht. Der eindrucksvollste Aspekt an Nextels Erfahrung ist jedoch wahrscheinlich die Art und Weise, in der die Beziehung für beide Seiten kontinuierlich und auf immer neuen und unerwarteten Wegen Wert generiert.

Ein spezielles Nextel/EDS-Team, das für die Entwicklung gemeinsamer Marketingaktivitäten gebildet wurde, hat zum Beispiel die prognostizierten Fünfjahresumsatzziele in nur 14 Monaten übertroffen. Darüber hinaus hat EDS mehr als 12.000 Nextel-Geräte in seiner eigenen Organisation eingesetzt, um die Effizienz seiner Callcenter und Helpdesk-Funktionen für seine Kunden zu verbessern. Und Nextels Bereitschaft, auf eine zentralisierte Overnight-Distribution von Ersatzcomputern und Peripheriegeräten umzustellen, trug dazu bei, die internen Supportkosten seines Outsourcing-Partners zu senken.

Es überrascht nicht, dass sich Nextel im Rahmen seines fortgesetzten Wachstums weiterhin zum Outsourcing bekennt. Auf seiner Website äußert das Unternehmen: „Durch seinen Fokus auf Schlüsselbranchen ist

Nextel in der Lage, die genauen Bedürfnisse seiner Kunden zu ermitteln. Und die Zusammenarbeit mit Marktführern wie IBM, EDS und Raytheon ermöglicht es Nextel, seinen Kunden einzigartige Lösungen anzubieten und die Geschäftsprozesse zu optimieren.“

Fallstudie 7: JP Morgan

Die Ausgangssituation

Im Juli 2004 setzte JP Morgan Chase, ein weltweit führendes Unternehmen für Investmentbanking, Finanzdienstleistungen für Verbraucher und Unternehmenskunden, Abwicklung von Finanztransaktionen, Asset und Wealth Management sowie für Private Equity, mit der Fusion mit Bank One die letzte Phase seiner Strategie um. Die Wurzeln dieser Strategie lassen sich bis Anfang der 1990er-Jahre zurückverfolgen, als JP Morgan eine Pionierstrategie auf dem Gebiet des Outsourcings verfolgte. Seine Erfahrungen seit dieser Zeit haben die Bedeutung, welche die Governance für eine erfolgreiche Nutzenerzielung aus Outsourcing-Initiativen hat, sowie den Wert der externen Disziplin, die Outsourcing dem Wunsch nach einer Kostensenkung verleiht, deutlich hervorgehoben. Die zugrunde liegenden Nutzen aus der Outsourcing-Strategie für die Kostensenkung und Steigerung des Shareholder-Value sind auch heute noch offensichtlich.

Der Antrieb für JP Morgans Outsourcing-Strategie lag in den vielfältigen Problemen, mit denen das Unternehmen 1991 konfrontiert war. Das Geschäft hatte einen Punkt erreicht, an dem seine jährlichen Technologieausgaben 1 Milliarde US-Dollar überstiegen. Gleichzeitig herrschte auf den höheren Führungsetagen der Eindruck, das Unternehmen erziele nicht genug Wert aus seinen Investitionen. Daneben gab es die Erkenntnis, dass mit zunehmender Umwandlung des Unternehmens von einer Geschäfts- in eine Investbank der Bedarf an kontinuierlichen Investitionen in Technologie stieg – vor allem in den Bereichen festverzinsliche Anlagen, Wertpapierhandel und Brokerage.

Die gewählte Lösung

Als Ergebnis begann JP Morgan eine ziemlich aggressive Suche nach Wegen zur Kosteneindämmung und zur Steigerung der Werterzielung aus seinen Investitionen. Outsourcing wurde von zwei Blickwinkeln aus als attraktive Option angesehen. Der eine bestand in seinem Potenzial zur Ausschöpfung von Skaleneffekten. Der andere bestand in der Chance, eine größere Verantwortlichkeit in Bezug auf die Einhaltung der Budgetrahmen zu schaffen – ein Aspekt, der sich im Rahmen des bestehenden unternehmensinternen Ansatzes als besonders problematisch erwies. Weitere Untersuchungen deuteten darauf hin, dass diese Nutzen erzielbar sein würden, und so initiierte JP Morgan im Jahr 1992 eine Outsourcing-Strategie, die der neue CIO Peter Miller ausgetüftelt hatte.

Die Struktur der Vereinbarung

JP Morgans erster großer ICT-Outsourcing-Vertrag, der 1992 unterzeichnet wurde, war eine Vereinbarung mit AT&T über ein Netzwerk-Outsourcing. Zu dem Zeitpunkt arbeitete JP Morgan mit einer Reihe unterschiedlicher Kommunikationsprotokolle. AT&T bot eine Lösung auf Basis von Ciscos Multi-Protokoll-Routern und eine Methode zur Lieferung einer effizienteren und kostengünstigeren Netzwerkkommunikation für das gesamte Unternehmen auf konsistenter, globaler Basis. Diese Vereinbarung machte unweigerlich auf der ganzen Welt Schlagzeilen, da sie zum damaligen Zeitpunkt als eine der größten und ambitioniertesten Transaktionen im Netzwerk-Outsourcing galt.

Ein weiterer Schwerpunkt der Outsourcing-Strategie waren JP Morgans Rechenzentren. Ende 1992 nahm JP Morgan Verhandlungen mit IBM International Shared Service Center (ISSC) über eine mögliche Vereinbarung auf, die eine ausgelagerte Lösung mit einer Kosteneinsparung von 10 Prozent und einer 50/50-Aufteilung aller darüber hinaus erzielten Kostensenkungen vorsah. Allerdings beschloss JP Morgan, diese Vereinbarung nicht weiter zu verfolgen – nicht etwa aufgrund der Vereinbarung selbst, sondern weil das Unternehmen sich damals kulturell nicht reif genug für den Transfer einer signifikanten Zahl an Mitarbeitern an einen Outsourcing-Anbieter fühlte. Im Rahmen der bisher durchgeführten Outsourcing-Initiativen waren entweder nur sehr wenige oder gar keine Mitarbeiter ausgelagert worden.

Der Druck auf ein verstärktes Outsourcing hielt jedoch an. Das lag zum großen Teil daran, dass die IT-Ausgaben ständig zunahmen, und zwar um rund 15 bis 20 Prozent oder 200 Millionen US-Dollar jährlich. Die Diskussionen im Unternehmen konzentrierten sich auf Governance-Themen zwischen dem Unternehmen und der Technologieorganisation. Es wurden eine Reihe von Initiativen durchgeführt, darunter auch die Einführung „horizontaler" Exzellenzzentren, die zahlreichen Geschäftsbereichen des Unternehmens Kompetenzen und Technologie liefern und eine bessere Weitergabe und Nutzung des Wissens sowie geregeltere Berufslaufbahnen für IT-Spezialisten ermöglichen sollten. Zunehmend setzte sich jedoch der Eindruck durch, dass interne Lösungen niemals die für eine Einhaltung der Budgetrahmen notwendige Rigorosität, Disziplin und Verantwortlichkeit liefern würden.

Im Jahr 1994 war JP Morgan bereit, eine ziemlich lückenlose IT-Outsourcing-Lösung für beinahe alle seine Geschäftsbereiche außer Private Banking und Investmentmanagement zu betrachten. Der Vorschlag lautete, ungefähr 70 Prozent der IT-Organisation inklusive Netzwerk, Infrastruktur und Anwendungen auszulagern – ein Schritt, mit dem der Transfer einer erheblichen Zahl an Mitarbeiter verbunden war. Zunächst bewarben sich drei Konsortien, die jeweils von IBM, EDS und CSC angeführt wurden, wobei alle im Bereich Netzwerk mit AT&T zusammenarbeiteten, da sich dieses (im Jahr 1992 ausgelagerte) Element unverändert bewährte.

Persönliche Differenzen zwischen dem IBM-Ausschreibungsteam und JP Morgan führten dazu, dass IBM relativ früh aus dem Ausschreibungsprozess ausschied und sich EDS und CSC ein Kopf-an-Kopf-Rennen lieferten. Ende 1995 erhielt CSC schließlich den Zuschlag und firmierte mit Accenture (damals noch Arthur Andersen) als Hauptauftragnehmer, der sich um die Anwendungen kümmern sollte. AT&T übernahm das Management des Kommunikationsnetzwerks. Die Vereinbarung mit „Pinnacle Alliance“, wie das Konsortium bezeichnet wurde, hatte eine Laufzeit von sieben Jahren und belief sich auf mehr als 2 Milliarden Dollar, womit die Outsourcing-Transaktion eine der größten war, die jemals durchgeführt wurden.

Im Rahmen der Vereinbarung, die insgesamt eine Kostensenkung von rund 15 Prozent der Technologiekosten erzielen sollte, übernahm die Pinnacle Alliance das Management von JP Morgans Rechenzentren in New York, London und Delaware, von dezentralisierten Rechenvorgängen (zum Beispiel Desktop-Support und LANs) sowie von Sprach- und Datenservices in New York, Delaware, London und Paris und von einigen Unternehmensanwendungen auf die USA und Europa. Rund 900 Mitarbeiter von JP Morgan aus Bereichen, die der Outsourcing-Vertrag betraf, verblieben in ihren Positionen, aber wechselten zu einem Unternehmen der Allianz.

In einem seiner damaligen Kommentare äußerte sich CIO Peter Miller wie folgt: „Die Allianz wird uns Zugang zu den Kompetenzen führender Firmen verschaffen, damit wir die wachsenden Bedürfnisse unseres globalen Geschäfts erfüllen können. Sie wird darüber hinaus unsere internen Technologie-Experten freisetzen, damit diese sich auf Strategien und Innovationen konzentrieren können, die JP Morgan einen Wettbewerbsvorteil verschaffen." Den Hintergrund dazu bildete die Auffassung auf Senior-Ebene von JP Morgan, die einzige Methode zur Kontrolle der IT-Kosten bestünde in der Schaffung einer Governance, die echte Verantwortlichkeiten verteilte. Und das wiederum war die einzige mögliche Maßnahme zur Steigerung des Marktwertes ohne Störung des Tagesgeschäfts.

Die unternehmensinterne Leistungserbringung hatte es der IT-Funktion immer ermöglicht, Ausreden für Überschreitungen des Budgets zu finden, die von unerwartet hohen Volumina bis zu der einfachen Erklärung reichten: „Wir haben es versucht, aber es ist uns nicht gelungen". Durch die Einführung der Disziplin und Governance eines externen Serviceanbieters ließ sich eine Politik etablieren und durchsetzen, die keine Ausreden tolerierte. Durch die Vereinbarung mit Pinnacle Alliance konnten die angestrebten Nutzen umgesetzt werden und das löste eine positive Marktreaktion aus, die JP Morgan zu einer erheblichen Steigerung seines Marktwertes verhalf.

Doch während die Vereinbarung aus der Sicht von JP Morgan ein Erfolg war, machten sich zwischen den Mitgliedern des Konsortiums allmählich Spannungen breit. Zunehmende Verarbeitungskapazitäten und fallende Desktop-Preise wirkten sich negativ auf das Preisgefüge innerhalb der Vereinbarung aus, wobei sich die Kostenbasis für CSC positiv veränderte. Accenture jedoch, das für das Management der Anwendungen verantwortlich war, sah sich zwischen sinkenden Vertragspreisen und rapide steigenden Gehältern für die Spezialisten eingeklemmt, die es für die Erfüllung seiner vertraglichen Verpflichtungen brauchte: fähige, erfahrene Programmierer mit einem soliden kaufmännischen Know-how. Also nahm Accenture Gespräche mit CSC und JP Morgan über die Neugestaltung der Preise auf, um den veränderten Bedingungen Rechnung tragen zu können. Gleichzeitig war JP Morgan zunehmend über die Personalbesetzung verschiedener Projekte unzufrieden. Ziemlich bald war die Atmosphäre vergiftet. Ende 1998 verklagte Accenture CSC wegen angeblich mangelnder Verteidigung der Interessen Accentures und einer daraus resultierenden Schädigung der Interessen von JP Morgan.

Schließlich wurde ein Vergleich erzielt, in dessen Rahmen ein großer Teil des Vertrags herausgetrennt und ein Teil der Aufgaben direkt von JP Morgan an Accenture übertragen wurde, ohne den Umweg über CSC zu nehmen. Gleichzeitig konnte JP Morgan aber weiterhin von den Nutzen in Bezug auf Kostensenkung, Service, Aktienkursentwicklung und Shareholder-Value profitieren. Als Chase JP Morgan Anfang 2000 übernahm, bestand der Vertrag mit CSC also weiter.

An dieser Stelle kam eine weitere Schiene der Outsourcing- und IT-Strategie von JP Morgan unter Peter Miller zur Geltung: Offshoring. Im Jahr 1992 war JP Morgan nach einer systematischen Überprüfung der operativen Kosten zur Einrichtung regionaler Knotenpunkte für Sachbearbeitung übergegangen. Singapur wurde zum Beispiel zum größten regionalen Knotenpunkt für Asien; die gesamte Verarbeitung aus anderen Zentren, inklusive Japan, lief dort zusammen. Zu jenem Zeitpunkt hielt JP Morgan zudem einen kleinen Anteil an dem indischen Investmentinstitut ICICI und das ermutigte JP Morgan zu einem frühzeitigen Eintritt in den indischen Markt für Office Processing. Nach dem Aufbau einiger operativer Kompetenzen in Indien Ende der 1990-er Jahre verlagerte JP Morgan Chase – unter diesem Namen firmierte das Unternehmen inzwischen – im Jahr 2001 einen Teil seiner Equity-Research-Kapazitäten im Rahmen einer kontrollierten, kontinuierlichen Expansion seiner indischen Niederlassung dorthin.

Im Jahr 2002 holte JP Morgan Chase Angebote für ein umfangreiches Outsourcing-Projekt ein, das weithin als das größte in der Geschichte des Finanzdienstleistungssektors galt. Nachdem sich CSC zurückgezogen beziehungsweise auf die Rolle eines Subunternehmers beschränkt hatte, verblieben als führende Anbieter IBM und EDS im Rennen, wobei die damals ausführlich publizierten Kreditprobleme von EDS dem Unternehmen IBM Global Services dabei halfen, den Zuschlag für einen Vertrag mit einer siebenjährigen Laufzeit zu erhalten, in dessen Rahmen eine Reihe von IT-Funktionen, inklusive des Betriebs der Rechenzentren, des Helpdesk-Supports, des operativen Managements der dezentralisierten Computing-Ressourcen sowie der Sprach- und Datennetzwerke, an IBM ausgelagert wurden.

Ungefähr ein Jahr später, im Januar 2004, entschloss sich JP Morgan Chase jedoch zur Übernahme von Bank One zum Preis von 58 Milliarden US-Dollar. Die Fusion brachte ein neues Führungsteam ins Unternehmen, das wesentlich weniger Vertrauen in die kulturellen und geschäftlichen Nutzen des Outsourcings hatte als seine Vorgänger. Noch im selben Jahr wurde der Vertrag mit IBM beendet und die Mitarbeiter, die von CSC an IBM transferiert worden waren, wurden wieder ins Unternehmen zurückgeholt.

Die Geschäftsergebnisse

JP Morgans zwölfjährige Reise, die von einer internen IT-Lösung über Outsourcing schließlich wieder ins Unternehmen zurückführte, illustriert zahlreiche der Vorteile des Outsourcings – und auch einige der Fallstricke, vor allem für die Zulieferer. Ganz wesentlich ist, dass das Outsourcing exakt die langfristige und nachhaltige Steigerung des Aktienkurses erzielte, auf die das Unternehmen gehofft hatte. Damit konnte JP Morgan seine strategischen Optionen erweitern und seine Verhandlungsposition in dem sich rasch konsolidierenden Finanzdienstleistungsmarkt und letztlich seinen Shareholder-Value steigern.

Lektionen aus der Outsourcing-Strategie

Trotz der Stolpersteine auf dem Weg dahin, zum Beispiel die juristischen Auseinandersetzungen zwischen CSC und Accenture, unterstreicht JP Morgans erfolgreicher Outsourcing-Ansatz den Wert externer Verantwortlichkeit und Governance bei der Implementierung einer Strategie zur rigorosen Kostenkontrolle. Wie eine Führungskraft, die sich nicht dazu aufraffen kann, um 6 Uhr morgens aufzustehen und ins Fitnessstudio zu gehen, ohne dass ein Personal Trainer an die Tür klopft, nutzte JP Morgan die Disziplin eines externen Drittunternehmens, um seine Kosten zu trimmen.

Auch der Wechsel von CSC zu IBM sowie der letztendliche Ausstieg aus dem IT-Outsourcing durch die Vertragsbeendigung in 2004 bieten eindeutige Lektionen. Viele Unternehmen glauben instinktiv, es sei bei Projekten dieser Größenordnung und Komplexität einfach nicht möglich, den Anbieter zu wechseln oder sich von Zulieferern zu trennen. JP Morgan demonstrierte jedoch, dass sich das durchaus bewerkstelligen lässt, wenn ein Kundenunternehmen seine IT-Funktionen ins Unternehmen zurückholen oder eine richtige Wettbewerbsausschreibung veranstalten will. Zu jener Zeit wurde die Stornierung der Vereinbarung mit IBM als ein lauter Weckruf für Zulieferer empfunden, die dabei waren, in Selbstzufriedenheit zu verfallen. Die Vertragsbeendigung verdeutlichte zudem die Tatsache, dass ein Kunde bei der Vertragsverhandlung eine mögliche spätere Trennung berücksichtigen und seine Verpflichtungen im Falle einer Trennung von vornherein eingrenzen sollte.

Die abschließende Beurteilung

Unabhängig von der Sichtweise der Zulieferer war JP Morgans Erfahrung mit Outsourcing und seinen Vorteilen positiv und erfolgreich. Die Outsourcing-Initiative bot JP Morgan die Möglichkeit, für echte Verantwortlichkeit zu sorgen, wo es bisher daran gemangelt hatte, und – neben der Realisierung von operativen und von Kostenvorteilen – seinen Marktwert zu steigern. Insgesamt handelt es sich hier um ein großartiges Beispiel dafür, was Outsourcing in strategischer Hinsicht leisten kann, sowie dafür, dass Governance der Ausgangspunkt dafür ist.

Fallstudie 8: BT/Accenture und HR-Outsourcing

Die Ausgangssituation

Als British Telecommunications (BT) im Jahr 1984 von der britischen Regierung privatisiert wurde, hatte die frühere staatliche Monopoltelefongesellschaft sich bereits zu einer dringend notwendigen Transformation in ein schlankes, hochmodernes globales Kommunikationsunternehmen entschlossen. Ein zentraler Schwerpunkt waren dabei seine HR-Funktionen. Im Jahr 1990 bestanden diese aus 14.500 HR-Spezialisten, die BTs 250.000 Mitarbeiter betreuten. Ende der 1990er-Jahre hatten die Disziplin und Rigorosität der Privatwirtschaft BT bereits zu einer Reduzierung seiner Mitarbeiterzahl auf weniger als 100.000 Köpfe und die Verkleinerung seiner HR-Funktion auf weniger als 2000 Köpfe veranlasst. Diese Verschlankung fand im Rahmen eines umfassenden Change-Programms statt, das von einem breiten Prozess-Reengineering und Innovationen im gesamten Unternehmen unterstützt wurde.

Neben einer Verschlankung wurde die HR-Funktion zudem radikal neu ausgerichtet und an die neuen Unternehmensstrukturen angepasst. Nachdem BT im Jahr 1991 mit der Konsolidierung der 26 regionalen Einheiten seiner bisherigen HR-Verwaltungsstruktur begonnen hatte, konzentrierte das Unternehmen seine HR-Transaktionsservices in neun Zentren und rationalisierte seine HR-Systeme. Im Jahr 1998 wurde BTs HR-Funktion auf eine Shared-Service-Struktur für Transaktionsdienstleistungen umgestellt – eine Veränderung, die eine Konzentration auf übergeordnete Themen wie strategische und operative Geschäftsfragen ermöglichte. Zudem verfolgte BT die Absicht, seine Kompetenzen in HR-Transformation und seine Wissensbasis kommerziell zu nutzen – zwei Bereiche, in denen es einen möglichen Wettbewerbsvorteil gegenüber anderen Anbietern auf dem externen Markt erkannte.

Die gewählte Lösung

Die Lösung, für die sich BT entschied, kombinierte zwei radikale Elemente zu einem Ansatz, der zur damaligen Zeit bahnbrechend war – vor allem in Europa. Ein Element bestand in der Auslagerung der HR-Transaktionen an einen Drittanbieter. Das an sich war schon ein großer Schritt. BT wollte jedoch noch weiter gehen und lagerte diese Prozesse an ein Joint Venture aus, an dem BT beteiligt war und in das es sein gesamtes Wissen über HR-Transformation einbrachte. Das Ziel für dieses Joint Venture lautete, weitere externe Kunden zu gewinnen und diesen erstklassige ausgelagerte HR-Serviceleistungen zu erbringen.

Dieser Weg wurde 1998 durch die Umstellung auf Shared Services für transaktionsbezogenes HR eröffnet. Auf diese Weise gelang es BT, die Qualität der HR-Services im gesamten Unternehmen anzuheben, seine Kosten zu senken und die Produktivität der HR-Funktion zu steigern. Zudem war BT dadurch in der Lage, mit möglichen Partnern über die Gründung eines Joint Venture zu sprechen, an das es seine HR-Prozesse auslagern wollte.

Zum damaligen Zeitpunkt nahm auch Accenture gerade das Potenzial des HR-Outsourcings (HRO) unter die Lupe. Im Jahr 1999 nahmen beide Unternehmen ernsthafte Gespräche über eine Partnerschaft auf, um BTs operatives Know-how in HR-Transaktionen mit Accentures Stärken auf den Gebieten Technologie und Geschäftstransformation zu verknüpfen.

Die Struktur der Vereinbarung

Im Jahr 2000 kündigten BT und Accenture die Gründung von e-peopleserve an, ein Joint Venture, an dem beide zu jeweils 50 Prozent beteiligt waren und das sowohl für die beiden Gründungsunternehmen wie auch für externe Kunden HR-Serviceleistungen erbringen sollte. Mehr als 1000 Mitarbeiter von BT wechselten zu e-peopleserve, wodurch sich die im Unternehmen verbliebene HR-Organisation auf 600 Mitarbeiter reduzierte – weit entfernt von den einstigen 14.500 Mitarbeitern, die nur ein Jahrzehnt zuvor in BTs HR-Funktion beschäftigt waren. Mitarbeiter aller drei Organisationen – BT, Accenture und e-peopleserve – arbeiteten gemeinsam an der Schaffung einer umfassenden HR-Organisation, die end-to-end sämtliche HR-Transaktionen für den gesamten Employee Life Cycle anbieten konnte.

In den Pressekommentaren zur Gründung von e-peopleserve wiederholten Führungskräfte von BT die Bedeutung der kulturellen Kompatibilität beider Partner für die Vereinbarung. Stephen Kelly, BTs Senior Vice President für Human Resources, der im Jahr 2003 im Magazin *HRO Today* zitiert wurde, sagte dort: „Nicht alle Zulieferer konnten unsere komplexe

Kultur verstehen. Die kulturelle Übereinstimmung war wichtig, da wir zu unserem Zulieferer eine echte Beziehung aufbauen wollten. Das ist ein bisschen wie bei einer Ehe – Sie müssen sich ganz sicher sein, dass Ihr Partner jemand ist, mit dem Sie auch nach vielen Jahren noch glücklich sein werden. Das erfordert einen beträchtlichen Glauben, bestärkt durch Vertrauen." Auch andere Führungskräfte von BT betonten, dass technische Kompetenz nur ein Kriterium neben der richtigen Einstellung und dem entsprechenden Engagement darstellt.

Zu Beginn des neuen Joint Venture sahen alle Beteiligten eine glänzende Zukunft für die Neugründung voraus. Mit der Begeisterung, Teil eines innovativen neuen Unternehmens zu sein, und dem Glauben an die hoch angesetzten Prognosen über das Wachstum von HR-Outsourcing blickten Management und Mitarbeiter gleichermaßen optimistisch in eine verheißungsvolle Zukunft.

Die Geschäftsergebnisse

Wie bei jeder Transformation dieser Größenordnung gab es jedoch einige Startschwierigkeiten. Die Umstellung von einer internen Shared-Service-Funktion auf einen Outsourcing-Anbieter erwies sich als kulturelle Hürde, die sich nicht ohne Weiteres überwinden ließ. Vielen Mitarbeitern von e-peopleserve fiel es schwer, die Auswirkung des neuen Joint Venture zu erkennen. Sie blieben im selben Gebäude und verrichteten dieselbe Arbeit für dieselben Leute; folglich waren die Veränderungen im Tagesgeschäft für sie kaum merklich. Die anhaltende Neigung, Ad-hoc-Projekte und Aktivitäten „für meinen Kollegen John aus Abteilung X" durchzudrücken – wann immer solche Anliegen vorgetragen wurden –, sollte zu einem späteren Zeitpunkt vertragliche Auswirkungen für das Unternehmen haben.

Nichtsdestotrotz machte das Management große Fortschritte – e-peopleserve entwarf ein Betriebsmodell und investierte Zeit und Geld in Partnerschaften und Allianzen zur Entwicklung einer Best-of-Breed-Lösung für den HRO-Markt. Im Jahr 2001 gewann e-peopleserve seinen ersten externen Kunden, auch wenn BT weiterhin mit Abstand sein größter Einzelkunde blieb. In weniger als einem Jahr machten sich weitreichendere strategische Realitäten bemerkbar. Im März 2001, nach einer Serie ambitionierter Transaktionen weltweit und dem Platzen der Dotcom-Blase, erreichte BTs Schuldenberg rund 28 Milliarden Pfund Sterling und löste echte Befürchtungen in Bezug auf die langfristige Stabilität des Unternehmens aus.

Als Reaktion beschlossen das Führungsteam unter Chairman Sir Christopher Bland und der brandneue CEO Ben Verwaayen ein aggressives Programm zum Schuldenabbau. Innerhalb eines Jahres konnten die Nettoschulden durch eine erfolgreiche Bezugsrechtsemission in Höhe von 5,9 Milliarden Pfund Sterling und ein Programm über den Verkauf von Unternehmensteilen in Höhe von 8 Milliarden Pfund Sterling – darunter der Verkauf seiner Beteiligung am Adress-Service Yell, die Auflösung des Concert-Joint-Venture mit AT&T und das Spin-Off des mm02-Mobilfunkgeschäfts – um die Hälfte auf 13,7 Milliarden Pfund Sterling gesenkt werden.

Es war von jeher unwahrscheinlich, dass die 50-prozentige Beteiligung an e-peopleserve die Verkaufswelle überleben würde. Im Februar 2002, gerade einmal zwei Jahre nach Gründung des Joint Venture, verkaufte BT seine Anteile an Accenture. Im Rahmen des Kaufvertrags sollte BT zusätzliche Zahlungen aus einem Earn-out-Agreement auf Basis der Umsätze erhalten, die e-peopleserve in den folgenden fünf Jahren mit anderen Kunden als BT und Accenture erzielen würde. Anschließend wurde e-peopleserve von Accenture in die eigene Organisation integriert und unter dem Namen Accenture HR Services als Core-Service-Angebot für den HRO-Markt repositioniert und belieferte weiterhin BT mit HR-Dienstleistungen.

In einem Kommentar, den Philip Hampton, Konzernfinanzdirektor von BT, seinerzeit abgab, heißt es: „Der Verkauf [von e-peopleserve] steht im Einklang mit unserer Strategie der Fokussierung auf Kernaktivitäten und reflektiert unseren anhaltenden Erfolg in der Senkung unserer Nettoverschuldung. Wir glauben, dass der Zukunft von e-peopleserve mit der Eingliederung in die Organisation von Accenture am besten gedient ist, da Accenture dieses Geschäftsfeld global ausbauen und seine Entwicklung weiter beschleunigen will. BT behält durch das Earn-out-Agreement auch in Zukunft einen erheblichen Wert und ein großes Interesse am Erfolg des Geschäfts."

Während dieser Periode vollzogen sich auch einige weitere bemerkenswerte Veränderungen bei Accenture HR Services. Seit seiner Gründung war bereits der dritte CEO im Amt und der vierte stand schon vor der Tür.

In der Tat verließ nicht nur der CEO mit dem Verkauf der BT-Anteile an Accenture das Unternehmen, auch der Finanzvorstand und der Vorstand für das operative Geschäft (COO) schieden aus. Die Mehrheit der Gründungsmitglieder des BT-Managements wurden durch hochrangige Accenture-Partner ersetzt.

Seinerzeit stellte Accenture HR Services fest, dass sich der gerade erst in der Entwicklung begriffene HRO-Markt weitaus schwieriger entwickelte, als erwartet. Die HR-Organisation hatte Mühe, relevante neue Kunden zu gewinnen, und die operativen Kosten stiegen unaufhaltsam. Mit dem neuen Managementteam musste die Organisation nun ihren Fokus neu ausrichten und sich auf die operative Effektivität konzentrieren. Daher war es keine Überraschung, dass sich das nächste Change-Programm der Eliminierung von Redundanzen widmete. Unter der neuen Führung und mit einer verschlankten Organisation konnte sich die Organisation nun auf die Gewinnung neuer Kunden konzentrieren.

Diese Veränderungen trafen jedoch mit einigen ernsthaften Problemen in Bezug auf die Kosten der für BT erbrachten Serviceleistungen zusammen. Berichten zufolge hatte BT im Rahmen des Vertrags Kosten von rund 75 Millionen Pfund Sterling für das Jahr 2002 kalkuliert. Die zusätzlichen Kosten hatten die Unternehmensausgaben für HR jedoch auf 80 Millionen Pfund Sterling anwachsen lassen und es gab Anzeichen dafür, dass BT darüber alles andere als erfreut war. Angesichts der Tatsache, dass sich die Neukundengewinnung schwieriger gestaltete als erwartet, sowie der realen Gefahr, BT mit dem Auslaufen des Vertrages im Jahr 2005 als Kunden zu verlieren, gab es für Accenture eindeutig Handlungsbedarf. Und so wurde der Fokus erneut auf die Vereinbarung mit BT gelenkt, womit BT zum ersten Mal als echter Kunde und nicht als Muttergesellschaft behandelt wurde. Es wurden größte Anstrengungen unternommen, um die Beziehung zu BT zu kitten, den Service für BT zu verbessern und die Kosten effektiv zu managen.

Es funktionierte. Im Februar 2005 erneuerte BT den bestehenden HRO- und Transformationsvertrag mit Accenture mit Wirkung ab August 2005 für weitere zehn Jahre. Die Vertragssumme: 306 Millionen Pfund Sterling. Das ist auf dem Gebiet HRO bis heute die umfangreichste Vertragserneuerung der Welt. BT zufolge bietet die Vereinbarung dem Unternehmen „ein höheres Niveau des Personalmanagements und der Performance-Services in 38 Länderniederlassungen weltweit in Kombination mit weiteren Kosteneinsparungen. Darüber hinaus hat Accenture HR Services inzwischen eine Reihe neuer Kunden aus unterschiedlichen Ländern gewonnen und verfügt inzwischen über eine stabile Managementstruktur und eine gesunde finanzielle Perspektive.

Lektionen aus der Outsourcing-Strategie

In einem Kommentar, den Alex Wilson, Human Resources Director der BT Group, zur Zeit der Vertragsverlängerung im Jahr 2005 abgab, summierte er die Nutzen, die sich aus Sicht von BT aus dem Vertrag ergeben: „Diese Vereinbarung wird es unseren Mitarbeitern ermöglichen, sich noch stärker auf die strategische Rolle des Human-Resources-Managements für unser wachsendes globales Geschäft zu konzentrieren", so Wilson. David Clinton, President von Accenture HR Services, fügte hinzu: „British Telecoms kühne Entscheidung im August 2000, ein groß angelegtes Outsourcing-Projekt im Bereich HR zu initiieren, wird durch diese neue Vereinbarung bestätigt."

Das sieht zwar nach einer fairen Bewertung aus, aber der Weg dorthin war mit zahlreichen kulturellen Stolpersteinen gepflastert. Eine der größten Hürden waren die Bemühungen, die Mitarbeiter von e-peopleserve dazu zu bewegen, BT als Kunden und nicht als Arbeitgeber und Muttergesellschaft zu betrachten. Eine weitere Hürde war die Notwendigkeit, die Erwartungen sowohl des Managements als auch der Mitarbeiter der Organisation zu steuern. Wie bei vielen neuen Vorhaben endeten die hoch gesteckten anfänglichen Hoffnungen für die Zukunft in einem Weg, der sich als länger und steiniger erwies als erwartet.

Die abschließende Beurteilung

Durch den fünfjährigen Lebenszyklus der HR-Transaktionsfunktion von BT von einer unternehmensinternen Funktion über das Joint Venture e-peopleserve bis zu dem erneuerten Zehnjahresvertrag mit Accenture zieht sich ein roter Faden, der darin besteht, dass HRO sich in jeder Phase für BT bewährt hat. Gleichzeitig konnte das Unternehmen seine ursprünglichen Ziele – Schaffung einer kosteneffektiven HR-Serviceorganisation auf Weltklasseniveau, Freisetzung seiner HR-Spezialisten für eine Fokussierung auf strategische Fragen und die Ausnutzung des kommerziellen

Potenzials seines eigenen HR-Know-hows - erreichen. Accenture seinerseits verfügt nun über eine marktführende HRO-Organisation. Kurzum, beide Unternehmen konnten ihre Ziele letztlich erreichen, wenn auch über Umwege.

Was die Erfahrung mit e-peopleserve jedoch auch zeigt, ist, dass BPO-Anbieter oft die Bereitschaft und die Reife ihrer potenziellen Kundenbasis für einen Sprung zu neuen und innovativen Betriebsmodellen überschätzen. Wie Fin-Force (siehe Fallstudie auf Seite 272 ff.) musste auch e-peopleserve feststellen, dass seine Kundenbasis langsamer wuchs als erwartet. In beiden Fällen lag das keineswegs an einem mangelhaften Nutzenversprechen, sondern eher an der mangelnden Bereitschaft potenzieller Kunden, sich den radikalen Veränderungen zu stellen, die in ihren eigenen Unternehmen notwendig gewesen wären. Und HR, das für das Management des Humankapitals so überaus wichtig ist, ist ein besonders sensibler Bereich für diese Art von Veränderungen. Die ursprüngliche Vision von BT und Accentures wurde zum größten Teil umgesetzt - allerdings nicht ganz auf die Art und Weise und in dem Tempo, wie sich beide Unternehmen zu Beginn vorgestellt hatten.

Register

H

I

J

K

L

M

N

O

P